作って楽しむ
プログラミング

iPhoneアプリ
超入門

Xcode 11 & Swift 5 で学ぶ
はじめてのスマホアプリ作成

WINGSプロジェクト
片渕彼富 著／山田祥寛 監修

日経BP

はじめに

本書は簡単なゲームアプリを作成しながら、iPhoneプログラミングの基礎を学べる入門書です。全11章を順番に進めることで、iPhoneアプリの基礎知識から、開発環境の準備、iPhoneアプリ作成の基本、アプリ公開の手順までを学ぶことができます。

実施環境

●本書の執筆にあたって、次の環境を使用しました。
- macOS Catalina（バージョン10.15）を搭載したmac端末
- xDSLや光ファイバーなどでインターネットに接続できる環境
- iOS 13.3のiPhone実機（第10章）

●本書で使用した開発環境のバージョンは、次のとおりです。
- Xcode 11.3 & Swift 5.3.1
- iOS 13.3

●お使いのパソコン/スマートフォンの設定や、ソフトウェアの状態によっては、画面の表示が本書と異なる場合があります。

●本書に掲載の情報は、本書執筆時点で確認済みのものです。iPhoneアプリ開発の分野は更新が頻繁に行われるため、本書の発行後に画面や記述の変更、追加、削除、URLの移動、閉鎖などが行われる場合があります。あらかじめご了承ください。

本書の使い方

●表記について
- メニュー名やコマンド名、ボタン名など、画面上に表示される文字は［ ］で囲んで示します。
  例：［File］メニューから［Save］を選択する。
- キーボードで入力する文字は、色文字で示します。
  例：**Quiz**と入力する。
- コードは次のような書体になっています。➲は、次の行に続いていることを示します。実際に入力するときは、改行せずに続けて入力してください。また、アルファベットのO（オー）と区別するために、数字の0（ゼロ）を「Ø」という文字で示しています。実際に入力するときは、数字の0を入力します。

```
func transformQuisCard(gesture: UIPanGestureRecognizer) {
(中略)
    if translation.x > Ø {
    (中略)
    }
}
```

●囲み記事について

・「ヒント」は他の操作方法や知っておくと便利な情報です。
・「注意」は操作上の注意点です。
・「用語」は本文中にある用語の解説です。
・「参照」は関連する機能や情報の参照先を示します。
・「参照ファイル」は本文中で使用するファイルが保存されている場所を示します。

●手順の画面について

・左側の手順に対応する番号を、色の付いた矢印で示しています。
・手順によっては、画面上のボタンや入力内容などを拡大しています。

サンプルファイルのダウンロードと使い方

本書で作成するサンプルアプリの完成例、およびサンプルアプリの作成に使用する素材（画像ファイルなど）は、日経BPのWebサイトからダウンロードすることができます。サンプルファイルをダウンロードして展開する手順は次のとおりです。

1. Webブラウザを起動して、次のURLにアクセスする。
   https://shop.nikkeibp.co.jp/front/commodity/0000/P53910/
2. 「関連リンク」の「サンプルファイルのダウンロード」をクリックする。
3. ダウンロード用のページが表示されるので、説明や動作環境を確認してからダウンロードする※1。
4. ダウンロードしたZIPファイルを解凍すると［EnjoySwift］というフォルダができる。

それぞれのフォルダと本文との対応は、次の表のようになります。いくつかの章を通じて1つのアプリを作っていきますので、各章の終わりや作業を途中でいったんやめるときには、必ず作成したアプリを保存しておいてください。

フォルダ名	内容
ch2〜ch11	各章で作成したアプリの完成例がすべて保存されています。完成例のファイル（プロジェクト）の開き方は、第3章のコラム「サンプルプロジェクトの開き方」で説明しています。
images	本書で使用する画像ファイルが保存されています。画像を利用する方法は、第5章、第10章、第11章で説明しています。

※1　ファイルのダウンロードには日経IDおよび日経BPブックス＆テキストOnlineダウンロードサービスへの登録が必要になります（無料）。ダウンロードページに表示されるリンクからご登録いただけます。

目次

第1章　iPhoneアプリについて知ろう

第2章　アプリを作る準備をしよう

第3章　Xcodeでアプリ作成を始めよう

目次

第4章　アプリでSwiftの基本を学ぼう

第5章　アプリの画面を作ろう

第6章　画面遷移を実装しよう

目次

第7章 アプリの画面の動きを実装してみよう

第8章 アプリの機能を作成しよう

第9章 アプリを完成させよう

目次

第10章　アプリをiPhoneで動かしてみよう

第11章　アプリをApp Storeで公開しよう

第1章

iPhoneアプリについて知ろう

iPhoneアプリの作成を始めるにあたって、この章ではアプリを作成する概要について学びましょう。iPhoneアプリの作成方法からApp Storeでアプリを公開する流れ、本書で作成するiPhoneアプリの確認までを行います。

この章では、アプリを作成する概要の理解と、これから学習する内容のおおまかな確認まで行います。

(1) iPhoneアプリやApp Storeの概要
(2) iPhoneアプリを作成する方法
(3) 本書で作成するiPhoneアプリ

その過程を通じて、この章では次の内容を学習していきます。

- **iPhoneアプリの概要や作成方法**
- **iPhoneアプリを作成するために必要なもの**
- **本書で学ぶ内容の確認**

この章ではiPhoneアプリの作成についての概要を学びます。

概要を学ぶ

開発手法を学ぶ

公開手順を学ぶ

iPhoneとiPhoneアプリとは

はじめに、iPhoneとiPhoneアプリの概要を把握しておきましょう。

iPhoneとは

iPhone（アイフォン）とは、Appleが販売する**スマートフォン**のことです。日本国内では、NTTドコモ、KDDI、ソフトバンク、Y!mobileの携帯電話キャリアのほか、格安SIMを扱うMVNO各社でiPhoneを契約し、利用できます。iPhoneに搭載されている**OS**は、**iOS**といいます。iOSは、子供からお年寄りまで説明書を読まなくても直感的に操作できるように設計されており、初めてiPhoneを使う人でも機能の高さを実感できます。

iPhoneは2007年の発売以降、毎年新しいモデルが発売されています。現在販売中のiPhoneについては、Appleのホームページ内で各モデルの詳細を確認できます（https://www.apple.com/jp/iphone/）。

iPhoneのモデルと同様に、iOSも毎年のようにバージョンアップが行われ、2020年1月現在では、iOS 13というバージョンが最新です（https://www.apple.com/jp/ios/）。

用語

OS

コンピューターやスマートフォンを動かすための基本的なソフトウェアのことで、「オペレーティングシステム（Operating System）」の略です。よく利用されているOSには、Windows、macOS、iOS、Androidなどがあります。iPhoneのOSはiOSです。

スマートフォン

iOSやAndroidなどの高機能なOSを備えた携帯電話のことです。略して「スマホ」と呼ばれます。従来の機能の少ない携帯電話と区別するために使われます。

MVNO

携帯電話キャリアなど他社から携帯電話回線などの無線通信インフラを借り、比較的安い料金で音声通信やデータ通信を提供する事業者のことです。「仮想移動体通信事業者（Mobile Virtual Network Operator）」の略です。

格安SIM

携帯MVNO業者から提供される利用料金の安いSIMのことです。携帯電話キャリアの料金よりも安い料金で音声通信やデータ通信などのサービスを利用できるため、このように呼ばれます。

iPhoneアプリとは

ブラウザ／メーラー／表計算／画像処理などの特定の目的に応じて作成された機能のことを

アプリケーションと呼びます。略して単に「アプリ」と呼ぶこともあります。iPhoneで利用できるアプリのことを、他のアプリと区別して**iPhoneアプリ**と呼ぶこともあります。本書では、単に「アプリ」という場合はiPhoneアプリのことを指します。

iPhoneアプリは、Appleが運営する**App Store**（アップストア）で配布されています。iPhoneでは、App Store内でアプリを検索したり、ダウンロードしてインストールすることができます。

App Storeでは、Appleが定める条件を満たせば、誰でもiPhoneアプリを作成して公開することができます。iPhoneアプリを作成するための方法も、Appleが公開しています。

スマートフォンについて整理しよう

スマートフォンの世界では、新しい機種やモデルが次々と発売されるほど流れが速いので、最初にここで整理しておきます。

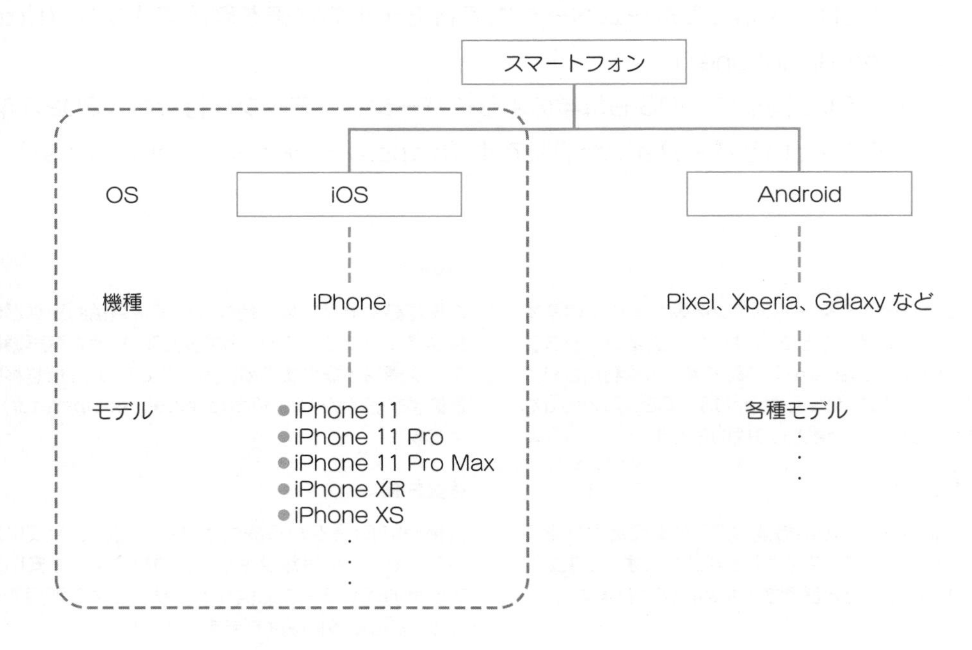

まず、スマートフォンのOSに使われるiOSとAndroidで2種類に分けられます。iOSを搭載するスマートフォンの機種はiPhoneのみですが、Androidの場合はPixel、Xperia、Galaxyなど、各メーカーからさまざまな機種が発売されています。さらに各機種単位で、モデルという型番が存在します。

本書で扱う範囲は、iOSを搭載する、図の左側の部分です。

iPhoneアプリの作成について学ぼう

iPhoneアプリはどのようにして作成するか、作成するに必要なものは何かなど、アプリの作成の概要について学びましょう。

iPhoneアプリを作成するには

iPhoneアプリは**Xcode**（エックスコード）というmac用のアプリケーションを利用して作成します。Xcodeとは、Appleが配布しているiPhoneアプリを含め、Appleの製品で利用できるアプリを開発するためのアプリケーションです。Xcodeは、App Storeで無料で配布されています。Xcodeは、アプリを開発するという機能だけでなく、開発に必要なソフトウェアやエディタ、**シミュレーター**などをまとめて利用できる**統合開発環境**（IDE）です。Xcodeの外観は次のとおりです。

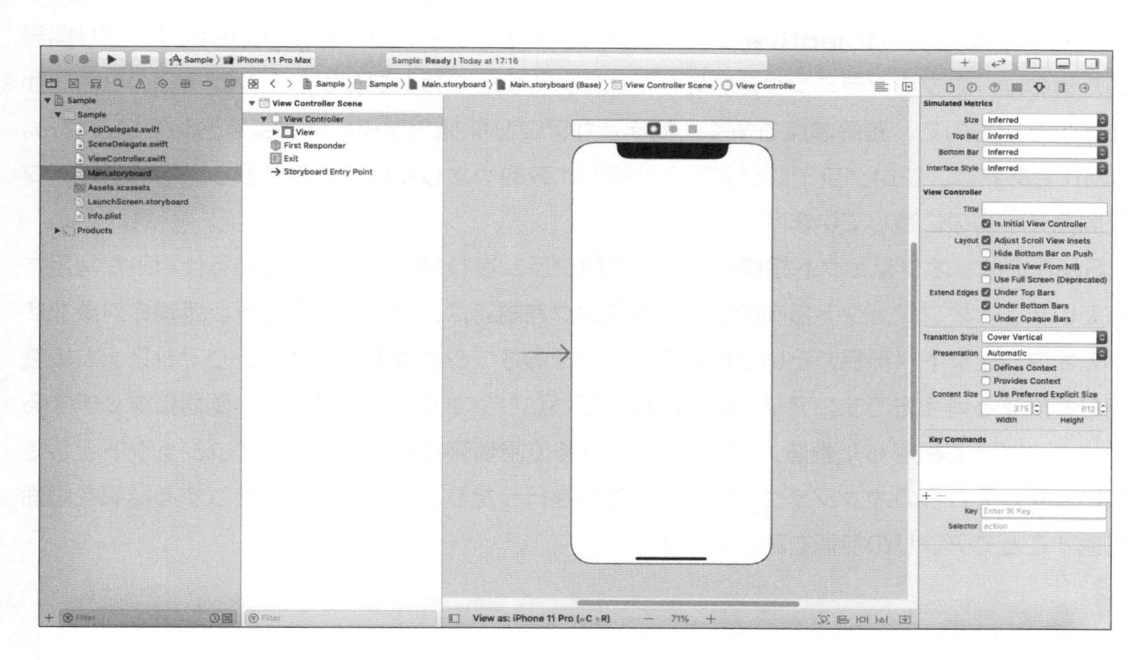

XcodeはGUIで画面を作成するツール、テキストエディタ、その他にも開発に利用するウィンドウなど、さまざまな機能を備えています。アプリを作成する環境は、Xcodeをインストールすればすべて準備できます。

Xcodeでは、SwiftまたはObjective-Cといった**プログラミング言語**を用いてアプリを開発します。プログラミング言語とは、パソコンやスマホを動かすための命令（**コマンド**）をまとめた**プログラム**を作るための言語です。プログラミング言語で書かれたプログラムのことを**ソースコード**、または単に**ソース**と呼びます。

用語

シミュレーター

iPhoneアプリの作成は、macOSで動作するXcodeで行います。iPhoneアプリはiOSで動作しますので、アプリを作成する環境と動作する環境が異なります。Xcodeでは、macOSで仮想的にiPhoneを起動して、macOSでもiPhoneアプリの動作を確認することができます。このように擬似的に動作を確認できるソフトウェアのことを**シミュレーター**といいます。

本書では、Xcodeを利用してSwiftを用いたiPhoneアプリの開発を、順を追って説明します。

Swiftとは

Swift（スウィフト）とは、Appleの製品であるOS XやiOS向けのアプリを開発するために、2014年にAppleが発表した比較的新しいプログラミング言語です。

2014年以前は、**Objective-C**（オブジェクティブシー）がOS XやiOS向けアプリ開発のための唯一のプログラミング言語でした。Objective-Cは、プログラミング言語のC言語から派生したもので、難解な点も多く、初学者がアプリ開発を学ぶにはあまり適していません。Swiftであれば、プログラミング言語の仕様も比較的やさしく設計されており、初心者がアプリ開発を学ぶのに適しています。

Swiftには、**オブジェクト指向**という、プログラムをわかりやすく管理する仕組みが採用されています。オブジェクト指向のプログラミング言語では、プログラムで行う処理の対象をすべて**オブジェクト**（部品）という概念で扱い、そのオブジェクト間のやりとりでシステムの機能を実現する考え方です。アプリ開発に絞ってわかりやすく例を挙げると、画面にタッチする動作／カメラで撮影した画像／ GPSで得られる位置情報などを、すべてオブジェクトとして扱います。それらのオブジェクトに対して処理を行ったり、相互に作用したりする結果を画面に返すことでアプリの機能を実装します。

用語

実装

実装とは、機能を新しく作成したり組み込んだりすることをいいます。本書では、プログラミング言語Swiftを使ってアプリの機能を作成することを指します。

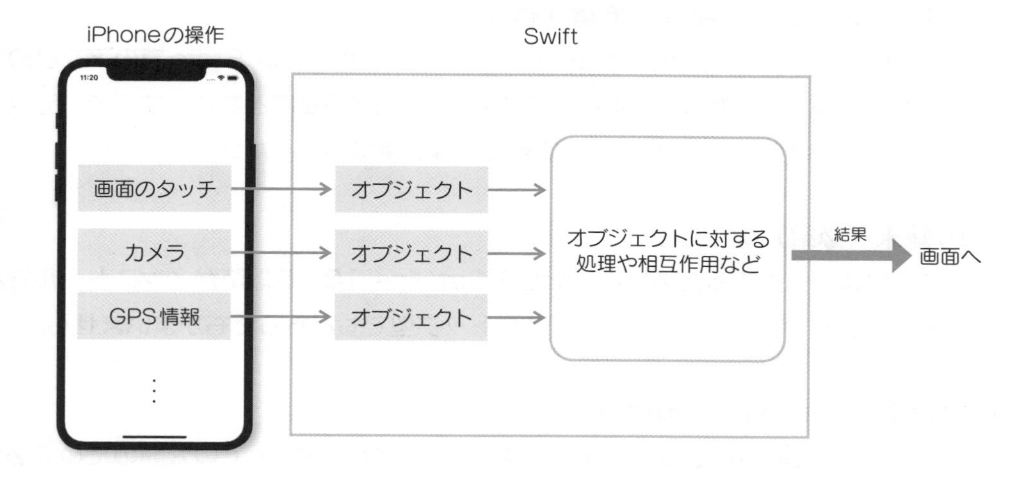

オブジェクト指向プログラミングでは、短いプログラムで多くの機能を実装したり、他の人にも読みやすいプログラムを書くことができます。

iPhoneアプリの作成に必要なもの

iPhoneアプリを作成するために必要なものを順番に見ていきましょう。

(1) Apple ID(必須)

Apple ID(アップルアイディ)とは、App StoreやiTunesなどのAppleのサービスを利用するためのアカウントです。実際のアプリの作成に入る際に、mac版のApp Storeにサインインして Xcodeをダウンロードするために必要です。iPhoneを利用している読者なら持っているアカウントなので、特別にApple IDを用意する必要はありません。

まだApple IDを持っていない場合は、Appleのホームページ(https://www.apple.com/jp/)の上辺右端のアイコンをクリックして[サインイン]リンクからApple IDを新規に作成してください。

また、個人で複数のApple IDを持つことも可能ですので、個人用とアプリ開発用でApple IDを分けておきたい場合なども同様の手順で事前に作成しておいてください。

(2) Wi-Fiなどのインターネット環境（必須）

Swiftでプログラムを行うためのXcodeのダウンロードや、App Storeでのアプリの公開のために必要です。Xcodeの容量は本書執筆時点でおよそ6GBほどありますので、光ファイバーやxDSLなど、大容量のデータを受信できる回線を用意してください。

(3) mac端末（必須）

Xcodeをインストールするために、macOS Catalina 10.15以降がインストールされているmac端末が必要です。ノート型でもデスクトップ型でもどちらでもかまいません。

(4) Apple Developer Program

作成したアプリを実機に転送して動作を確認したり、App Storeでの公開のために必要な開発ライセンスです。Macの中だけで作成したアプリの動作確認ができればいい、App Storeでの公開までは行わなくていい、という場合には必要ありません。詳しくは第11章で説明します。

(5) iPhone実機

作成したアプリを実機に転送して動作の確認を行いたい場合は、iPhoneの実機が必要です。実機での動作確認は、iPhoneで行うのが望ましいですが、ない場合はiPod TouchやiPadなどのiOS搭載端末でも代用できます。また、実機での動作確認は行わなくていい、という場合は、iOS搭載端末は不要です。

本書で作成するアプリの動作確認を行うには（1）（2）（3）が必須で、App Storeでアプリの公開まで行う場合は（4）（5）も用意してください。（4）のApple Developer Programは11,800円（本書執筆時点）の年間利用料がかかりますので、その点には注意してください。（3）まででも本書のアプリの作成を十分に学ぶことはできます。

iPhoneアプリ作成の流れを見てみよう

本書で説明するiPhoneアプリを作成する流れは次のとおりです。

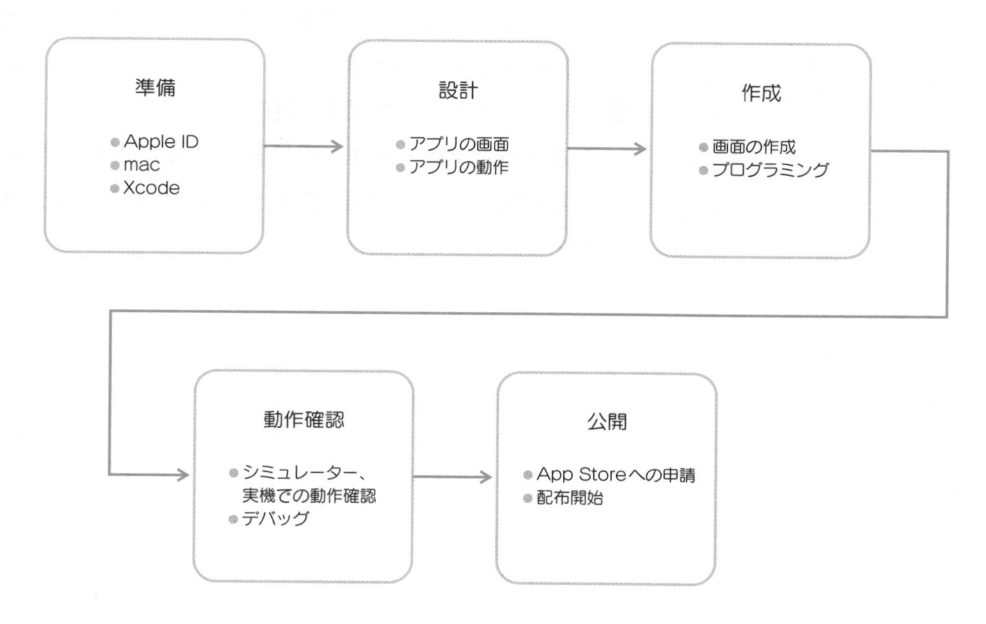

最初に、iPhoneアプリを作成するために必要なものを準備します。次にどのようなアプリを作成するか、**設計**を行います。設計では、どんな画面にするか、アプリにどういう操作をさせるかを決めます。この設計に基づいて、画面の作成や、プログラミングを行ってアプリを作成します。作成したアプリは、シミュレーターやiPhoneの実機で動作確認を行います。動作確認で問題があれば、問題点を見つけ出してソースコードを修正（**デバッグ**といいます）します。

最後に、作成したアプリをApp Storeに申請して公開します。

iPhoneアプリを公開する手順を知っておこう

iPhoneアプリの作成と、App StoreでのiPhoneアプリの公開は、別の手順で行います。iPhoneアプリの作成はmac端末のみで可能です。App StoreでのiPhoneアプリの公開は、作成したアプリをAppleに提出し、Appleによる審査を通過した後に行われます。iPhoneアプリを審査に提出する具体的な手順は第11章で説明します。大まかな手順は次のとおりです。

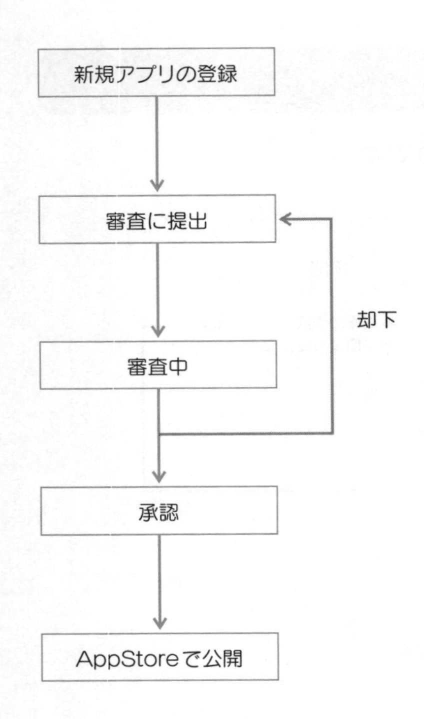

最初に、審査に提出するiPhoneアプリを専用のサイトに登録します。そこから審査に提出して、承認された後にApp Storeで公開されます。審査で承認されなかった場合は、審査を通過しなかった旨のメッセージが届き、審査前の状態に差し戻されます。そこからアプリを修正し、再び審査に提出することができます。

このようにApp Storeで公開されるiPhoneアプリは、すべてAppleによる審査によって品質がチェックされています。

本書で学ぶこと

本書で作成する iPhone アプリと、これから学習する内容を確認しておきましょう。

本書で作成するアプリ

本書では次のようなクイズアプリを作成します。5問のクイズに順番に回答し、最後に正解率に応じたメッセージを表示します。作成するアプリの概要は次のとおりです。

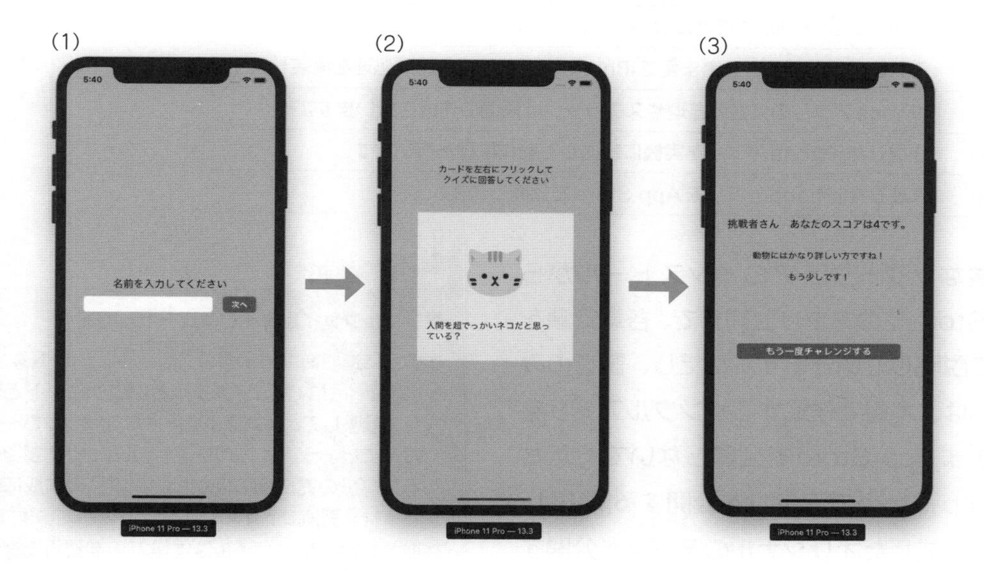

(1) 最初の画面では、クイズに回答する人の名前を入力します。その後に［次へ］ボタンでクイズ画面へと進みます。

(2) クイズの画面では、1問ごとにクイズ本文をカードで表示します。カードを左右にフリックさせてクイズに回答します。

(3) クイズが5問終了した後は、正解したクイズの数に応じてメッセージを表示します。もう一度最初の画面に戻れるボタンも設置します。

各画面の機能は、各章で順を追って説明していきます。

これから学習する内容

第2章から学習する内容は、次のとおりです。

章	学習内容
第2章	iPhoneアプリのプロジェクトやXcodeの機能を確認します。
第3章	Xcodeでファイルを編集する基本的な方法を学びます。
第4章	変数の使い方やクラスの概念などSwiftの基本的な事柄を学習します。
第5章	iPhoneアプリの画面を作成する方法を学びます。
第6章	iPhoneアプリの画面遷移や変数の受け渡しについて学びます。
第7章	画面上でUIを動かすことについて学びます。
第8章	これまで学んだことを踏まえてiPhoneアプリの総合的な処理を実装します。
第9章	iPhoneアプリの外観の整理やスプラッシュ画面の作成を行います。
第10章	作成したiPhoneアプリを実機に転送して動作確認を行います。
第11章	作成したiPhoneアプリをApp Storeで公開します。

必要なソフトウェアのインストールからApp Storeでのアプリ公開まで、各章で順を追って説明していきます。ただし、読者のみなさんは、本書で作成するサンプルアプリをそのままApp Storeで公開しないでください。App Storeでアプリを公開する際には、自分で作成したオリジナルのアプリを公開するようにしてください。

注意

サンプルファイルをダウンロードしておく

次の章に進む前に、本書の「はじめに」の（3）ページにある「サンプルファイルのダウンロードと使い方」を参照して、サンプルファイルをダウンロードしておきましょう。サンプルファイルには、本書で作成するアプリの完成例のほかに、アプリの作成に使用する素材（画像ファイルなど）が含まれています。なお、サンプルファイルは本書での学習用に提供しています。サンプルファイルの著作権は著者に帰属し、有償、無償を問わず、いかなる方法でも配布、公開を禁じます。

〜もう一度確認しよう！〜 チェック項目

- □ iPhoneアプリの作成と公開について概要を理解できましたか？
- □ プログラミング言語Swiftがどういうものかわかりましたか？
- □ iPhoneアプリの作成に必要な事柄を理解しましたか？
- □ 本書で学ぶおおまかな内容がつかめましたか？

第2章

アプリを作る準備をしよう

この章ではiPhoneアプリを作成するためにXcodeをインストールしましょう。Xcodeでのプロジェクトの作成、Xcode内の名称、iOSシミュレーターを起動する方法を学びます。

この章で学ぶこと

この章では、XcodeのインストールからiOSシミュレーターの使い方までを学びます。

(1) Xcodeのインストール
(2) プロジェクトの作成
(3) Xcode内の名称の確認
(4) iOSシミュレーターの起動

その過程を通じて、この章では次の内容を学習していきます。

- **Xcodeのインストールと基本的な使い方**
- **プロジェクトの作成と生成されたファイルの確認**
- **Xcode内の名称と基本的な機能の確認**
- **iOSシミュレーターの使い方**

この章では、Xcodeのインストールから作成したプロジェクトの実行までを行います。

Xcodeのインストールと起動　　作成したプロジェクトの実行

開発環境を準備しよう

これから iPhone アプリを作成するために、mac 端末に Xcode をインストールしてみましょう。

Xcodeをインストールしよう

Xcodeのインストールはmacアプリの App Storeから行います。

1 Dockの中にあるApp Storeのアイコンをクリックする。

結果 App Storeが起動する。

2 左上の検索ボックスにxcodeと入力してアプリを検索する。

3 検索結果から［Xcode］をクリックする。

結果 Xcodeの詳細画面が表示される。

4 画面右上の［入手］ボタンをクリックし、ボタンが［インストール］に変わったら［インストール］ボタンをクリックする。

結果 Xcodeのインストールが開始される。

ヒント

App Storeにサインインしていない場合

App Storeからアプリをダウンロードするときは、Apple IDでサインインしておかなければなりません。サインインしていないと、インストールするときに次の画面が表示されます。画面の指示に従ってサインインした後、以降の操作を続けてください。

5 インストールが終わると、[インストール] ボタンが [開く] ボタンに変わる。

結果 Xcodeのインストールが完了し、Xcodeが利用可能となる。

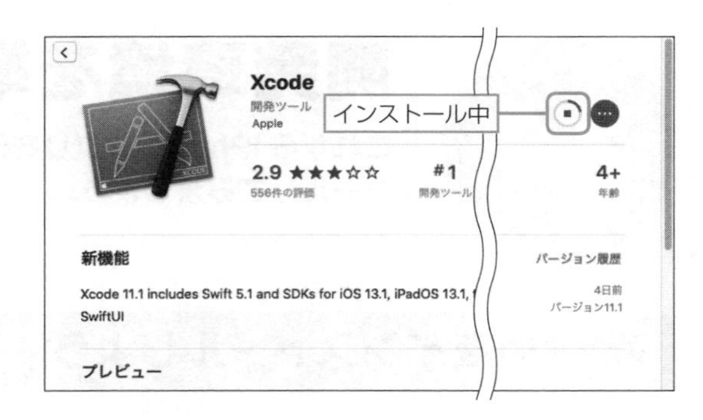

画面の表示や手順が変わることがある

App StoreでのXcodeの詳細画面の表示や [入手] ボタンの表示、インストール中の表示などはmacOSやApp Storeのアップデートに伴って変更されることがあります。そのようなときは、[入手] ボタンに該当するボタンからXcodeのインストールを行ってください。

アプリのインストール中の表示

Xcodeのインストールを行っている間は、App Storeの [インストール] ボタンが次のように円形のインジケーターに変わります。Xcodeのサイズはおよそ6GB以上もあるので、インストールが終わるまではしばらく時間がかかります。インストールが完了したかどうかは、インジケーターの表示で確認してください。

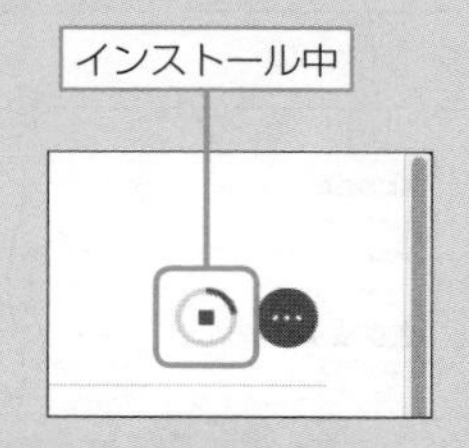

「開く」ボタンからも起動できる

Xcodeのインストールが終わると、[インストール] ボタンが [開く] ボタンに変わります。この [開く] ボタンをクリックしてもXcodeを起動できます。本書では練習のために、次の項でLaunchpadからXcodeを起動する操作を行います。

Xcodeを起動しよう

Xcodeが正常にインストールできたことを確認するために、Xcodeを一度起動して終了してみましょう。

1 Launchpadを起動して、Xcodeのアイコンをクリックする。

結果 Xcodeが起動し、Xcodeの追加コンポーネントをインストールするためのウィンドウが表示される。

2 ウィンドウ内の［Install］ボタンをクリックする。

結果 Xcodeの追加コンポーネントのインストールが開始される。

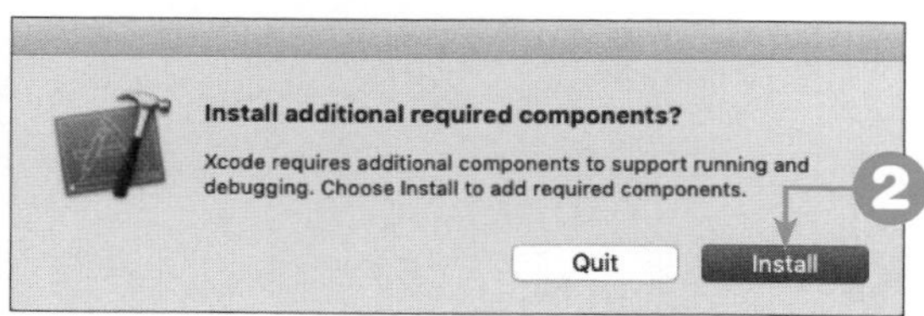

ヒント

License Agreement画面が表示されたときは

Xcodeを初めて起動するときに、License Agreement画面が表示されることがあります。この場合は［Agree］をクリックして同意し、続いて表示されるパスワード入力画面でパスワードを入力して［OK］をクリックすると、Xcodeの追加コンポーネントのインストールが始まります。

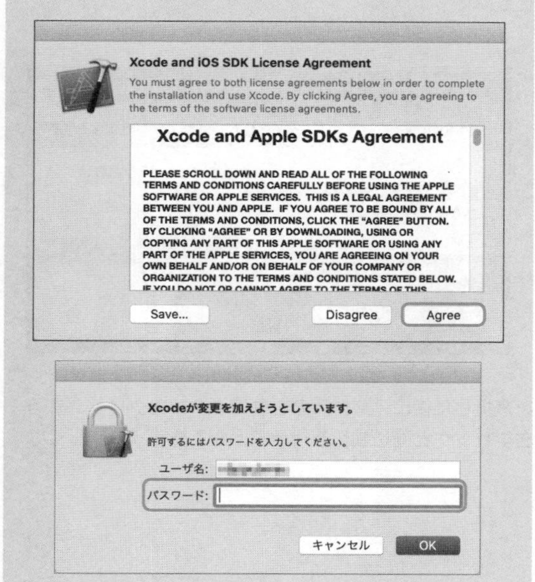

3 インストールが完了すると、Xcodeの起動ウィンドウが表示される。

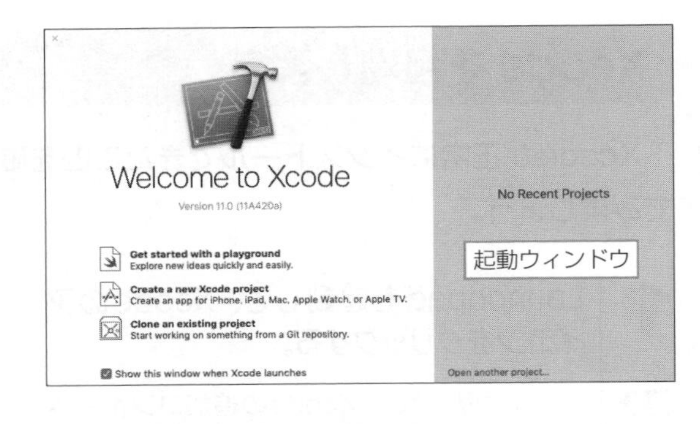

4 [Xcode] メニューから [Quit Xcode] を選択する。

結果 Xcodeが終了する。

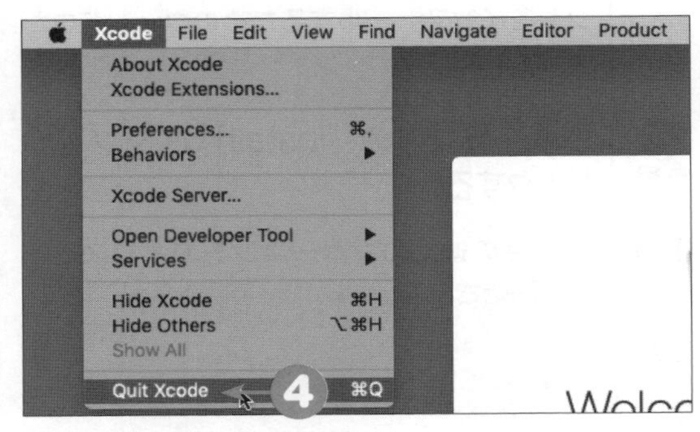

ヒント

Dockに追加するには

よく利用するアプリケーションはDockに追加しておくと便利です。XcodeをDockに追加するには、Xcodeを起動している状態でDock内のXcodeのアイコンを右クリックして[オプション]－[Dockに追加] を選択してください。Dockの中にXcodeのアイコンが常に表示されるようになります。Dockからアイコンを削除するには、同様の手順で [Dockから削除] を選択してください。

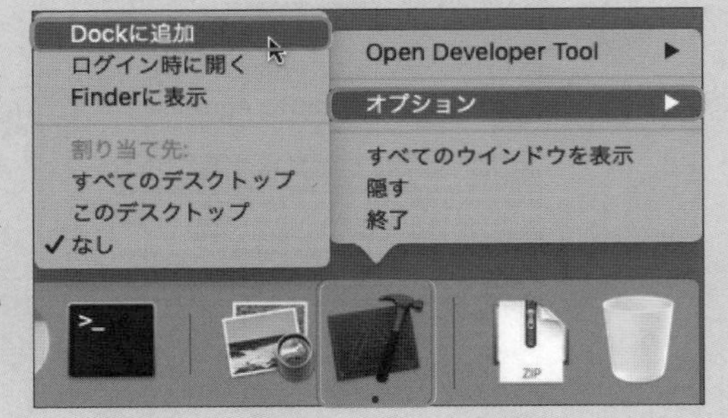

macで右クリックするには

macで右クリックするには、アイコンやファイルなどの対象を選択した後に、マウスの右側のボタンをクリックすることで行います。また、Ctrlキーを押しながら左クリックでも右クリックと同じ動作を行うことができます。詳しくはAppleのサポートページで確認できます。

「Macで右クリックする方法」
https://support.apple.com/ja-jp/HT207700

iPhoneアプリの作成を始めよう

ここからは本書で作成するクイズアプリの作成を始めます。1つ1つの手順を確認しながら進めましょう。

プロジェクトを作成しよう

XcodeでiPhoneアプリを作成するには、最初にプロジェクトを作成します。

1 Xcodeを起動し、[File] メニューから [New]－[Project] を選択する。

結果 iPhoneアプリのテンプレート（ひな型）を選択するウィンドウが表示される。

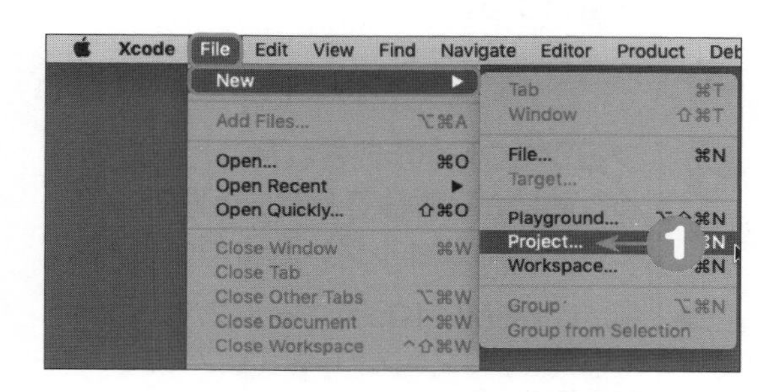

2 [Single View App]を選択して、[Next]ボタンをクリックする。

結果 プロジェクトの詳細設定ウィンドウが表示される。

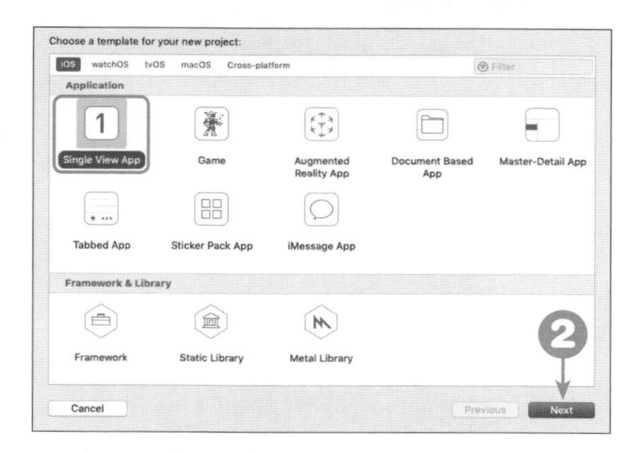

3 次の項目を設定し、そのほかの項目はそのままにして、[Next] ボタンをクリックする。

項目	本書での値
[Product Name]	Quizと入力
[Organization Name]	wingsと入力
[Organization Identifier]	jp.wings.appsと入力
[Language]	[Swift] を選択（デフォルト）
[User Interface]	[Storyboard] を選択
[Include Unit Tests]	チェックを外す
[Include UITests]	チェックを外す

結果 プロジェクトを保存する場所を指定するウィンドウが表示される。

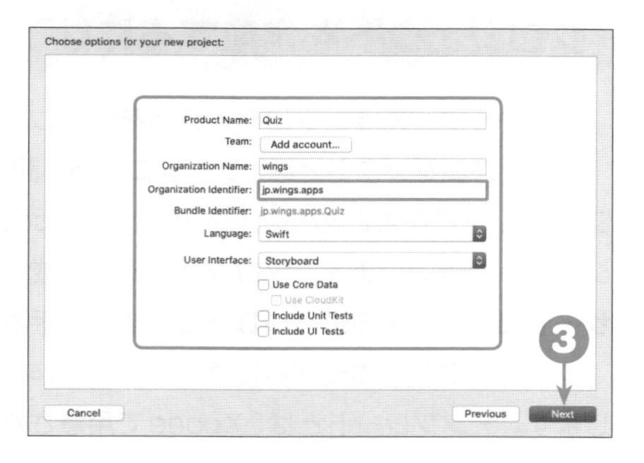

4 プロジェクトを保存する場所（本書では［Documents］フォルダ）を開き、［Create Git repository on my Mac］のチェックを外して［Create］ボタンをクリックする。

結果 指定した場所にプロジェクトが作成され、作成したプロジェクトの設定画面がXcodeに表示される。

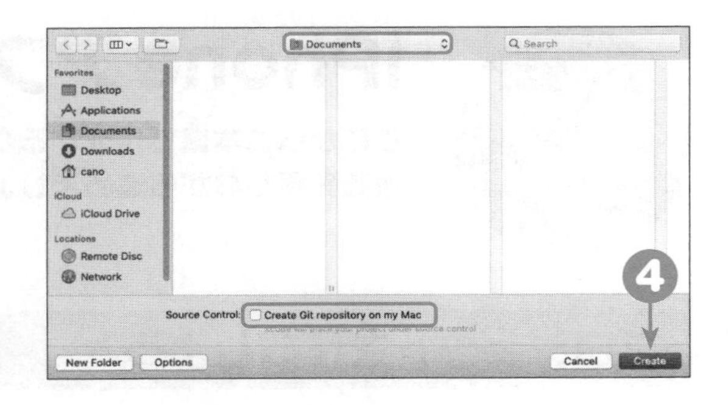

5 ［Xcode］メニューから［Quit Xcode］を選択する。

結果 Xcodeが終了する。

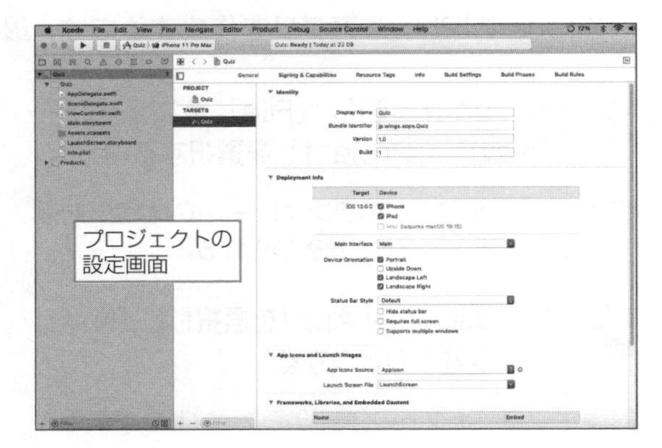

6 プロジェクトが作成されたことを確認するために、手順❹で指定した場所（ここでは［書類］フォルダ）をFinderで開く。

結果 指定した場所に［Quiz］フォルダが作成され、その中にプロジェクトに関するファイルが保存されている。

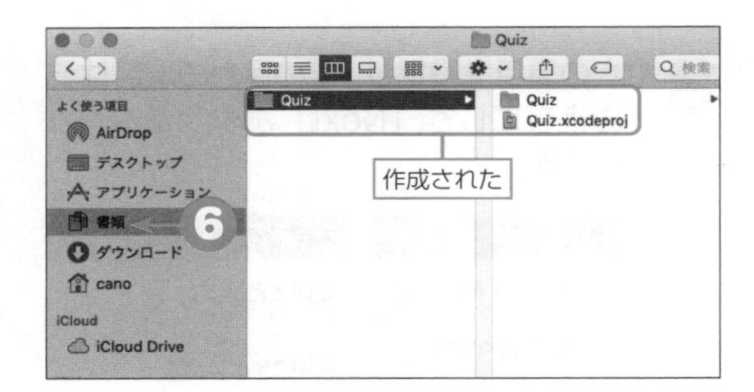

プロジェクトを作成するには

ここからは、先ほどプロジェクトを作成した手順を確認していきましょう。

まず、**プロジェクト**とは、ソースコード、設定ファイル、画像など、iPhoneアプリに必要なファイル一式がまとめられたものです。Xcodeでは、作成するiPhoneアプリを１つのプロジェクトで管理します。プロジェクトの作成は、設定ウィンドウに必要な項目を入力する**ウィザード形式**で行えるようになっています（手順❶～❸）。

プロジェクトを作成するには、最初に、作成するアプリの種類に応じた**テンプレート**を選択します。テンプレートとは、Xcodeで用意されているアプリを作成するために最適化された最低限の構成ファイルです。選択したテンプレートに対して、画面を作成したり、プログラムを記述して機能を追加していくことで、目的のアプリを作成します。

選択できるテンプレートには次のものがあります。本書で作成するクイズアプリは、１つの画面を持つアプリなので、[Single View App] を選択しました（手順❷）。

名前	概要
Single View App	１つの画面を持つアプリ
Game	2Dゲームアプリ
Augmented Reality App	3DのARアプリ
Document Based App	iCloudにファイルを保存できるアプリ
Master-Detail App	メニューと詳細の画面に分かれたアプリ
Tabbed App	タブのUIを持つアプリ
Sticker Pack App	ステッカーアプリ
iMessage App	iMessageアプリ

アプリの詳細情報を設定するには

プロジェクトを作成するときには、プロジェクトの名前や、アプリを公開するときの組織の名前といった詳細情報も同時に設定します（手順❸）。Xcodeは英語のみに対応したアプリなので、すべて半角英数字で入力します。設定する項目は次のとおりです。

項目名	内容	本書での値
[Product Name]	プロジェクトの名前	Quiz
[Team]	開発チーム	追加しない
[Organization Name]	組織の名前	wings
[Organization Identifier]	組織を識別するID	jp.wings.apps
[Bundle Identifier]	アプリを識別するID	jp.wings.apps.Quiz（自動入力される）
[Language]	利用するプログラミング言語	Swift
[User Interface]	アプリを開発するインターフェイス	Storyboard
[Use Core Data]	Core Dataフレームワークを利用するか	選択しない
[Include Unit Tests]	単体テストを利用するか	選択しない
[Include UI Test]	UIテストを利用するか	選択しない

[Product Name] とは、プロジェクトの名前です。作成するアプリに準じて好きな名前を設定することができます。本書では**Quiz**と入力しました。

［Team］は開発チームの追加です。ここでは何もせず、［Add account］のままで進めています。［Team］に関しては第10章の「10.3　アプリをiPhoneに転送してみよう」で改めて説明します。

［Organization Name］は、アプリを作成する組織の名前です。個人の場合は、個人名や屋号などを設定します。本書では**wings**と入力しました。

［Organization Identifier］は組織を識別するためのIDです。他の組織と同一のものにならないために、組織の持つインターネット上のドメインを逆にしたものを利用するのが一般的です。本書では**jp.wings.apps**と入力しました。これは、jp.wingsのドメインを持つ組織のアプリ（apps）部門という意味です。組織が区別できる文字列を入力してください。

［Bundle Identifier］は、アプリを識別する文字列です。［Organization Identifier］と［Product Name］に入力した文字列をカンマ（,）でつないだ値が自動的に表示されます。［Bundle Identifier］に関しては、第11章の「11.2　アプリを申請する準備をしよう」で改めて説明します。

［Language］は、アプリを開発するプログラミング言語の選択です。本書ではデフォルトの［Swift］を選択しています。

［User Interface］ではアプリを開発するインターフェイスを選択します。Swiftの高度な機能を利用する［SwiftUI］と、これまでのXcodeの標準である［Storyboard］のどちらかを選択できます。本書ではSwiftを基礎から学ぶために、［Storyboard］を選択します。

［Use Core Data］、［Include Unit Tests］、［Include UI Test］は、専門的にアプリを作成するときに利用する機能です。本書では利用しませんので、チェックを外しています。

ヒント

［Product Name］とiPhoneアプリの名前

ここで設定した［Product Name］はプロジェクトの名前であり、iPhoneアプリの名前とは無関係です。iPhoneアプリの名前は、第11章以降でApp Storeへ申請を行うときに設定します。

用 語

インターフェイス

インターフェイスとは、2つ以上の異なる種類のものを結びつけて利用する規格や仕様の総称のことです。ここでは、画面を作るために、アプリの開発者とXcodeの間で行う入出力のやり方のことを指しています。

フレームワーク

フレームワークとは、アプリケーションの開発に必要とされる基本的な機能をまとめたものです。Xcodeでは、画面の作成、位置情報の利用、動画の再生などさまざまな種類のフレームワークが用意されています。

SwiftUI

SwiftUIとは、アップルが毎年開催している開発者向けイベントであるWWDC（Worldwide Developers Conference）で2019年に発表された、Swiftでのアプリ開発のための新しいフレームワークです。SwiftUIを利用すると、アプリ全体のプログラムコードを短い構文で簡略的に記述することができます。SwiftUIでアプリ開発を行うには、SwiftとXcodeの基本的な使い方を理解していることが必要です。Swiftの初学者はまずStoryboardを利用してSwiftでのアプリ開発の基本的な事柄を覚えるようにしてください。

プロジェクトの保存場所を指定するには

最後に、作成したプロジェクトを保存する場所を指定します（手順❹）。プロジェクトを作成すると、指定した場所に、手順❸で設定した［Product Name］の名前でフォルダが新規に作成されます。作成されたフォルダの中に、プロジェクトのファイル一式が保存されます。このプロジェクトのファイル一式が保存されたフォルダのことを、**プロジェクトフォルダ**といいます。

プロジェクトを保存する場所は、Xcodeで自動的に決められるものではなく、任意の場所を指定できます。本書では、［Documents］フォルダに保存しています。［Documents］は、［書類］フォルダの英語名です。すでに説明したように、Xcodeは英語のみに対応したアプリなので、Xcodeではフォルダ名も英語で表示されます。

［Create Git repository on my Mac］というチェックボックスは、**Git**というソースコード管理の仕組みを利用するかどうかを指定します。本書ではGitを利用しないので、チェックを外します。

プロジェクトの作成が終わった後は、Xcodeをいったん終了しました（手順❺）。Xcodeを終了した後に、Finderで［書類］フォルダを開くと、「Quiz」という名前でフォルダが生成され、その中にプロジェクトに関するファイルが保存されていることが確認できます（手順❻）。

2.3 プロジェクトの構成を確認しよう

作成したプロジェクトには、プロジェクトの設定ファイルやソースコードなどのファイルが自動で生成されています。これらの生成されたファイルを確認しておきましょう。

プロジェクト内のファイルを一覧表示しよう

作成したクイズアプリのプロジェクトからXcodeを起動して、プロジェクト内のファイルを確認してみましょう。

1 プロジェクトの保存先である［Quiz］フォルダをFinderで開き［Quiz.xcodeproj］ファイルをダブルクリックする。

結果 Xcodeが起動し、QuizプロジェクトがXcodeで開かれる。

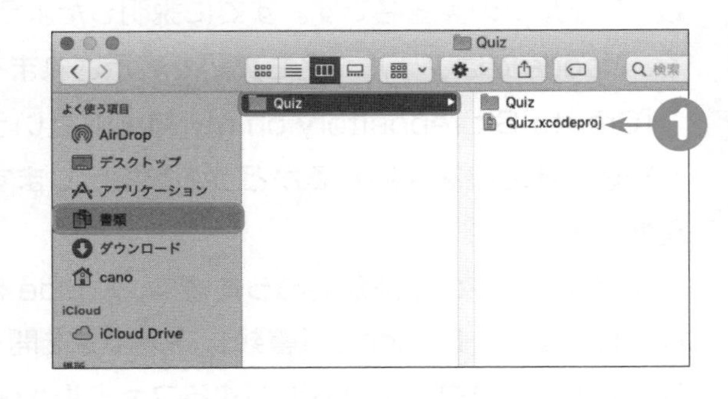

2 Xcodeの画面左側の領域に、プロジェクト内のファイルの一覧が表示されていることを確認する。

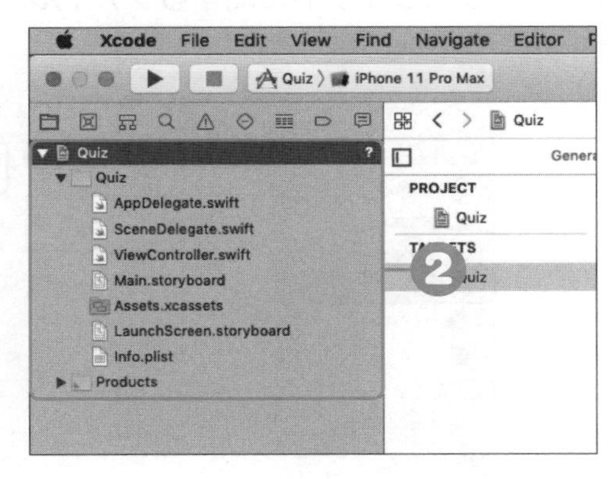

ヒント

プロジェクトを開く／閉じるには

作成したプロジェクトをXcodeから開くには、手順❶のとおり［プロジェクト名.xcodeproj］ファイルをダブルクリックします。プロジェクトを閉じるには、Xcodeの［File］メニューから［Close Project］を選択します。

各ファイルの概要を確認しよう

プロジェクトには、プログラムファイルや設定ファイルなどが含まれます。ファイルの中には、アプリを作成する上で必ず必要なファイルや、自動的に更新されるファイルもあります。

主なファイルやフォルダは次のとおりです。

(1) Quiz（フォルダ内のQuiz.xcodeproj）

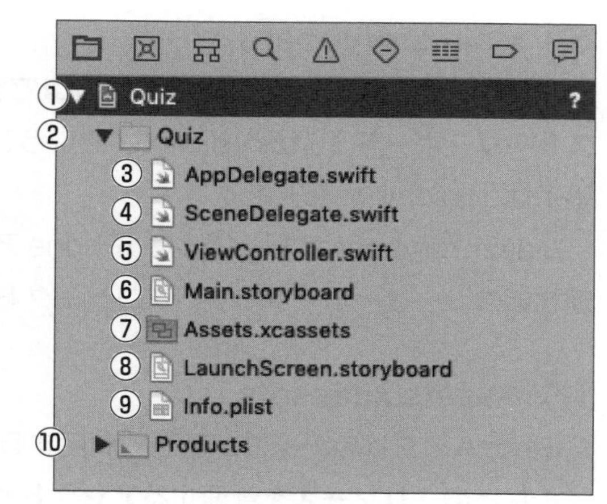

プロジェクトの最上位に位置するファイルです。Xcode上では表示されませんが、実際には「.xcodeproj」という拡張子がついています。プロジェクトを作成する際に［Product Name］で指定した名前がここに表示されます。選択すると、エディタエリア（詳しくは次の節で説明）にプロジェクトの詳細が表示されます。

(2) Quiz（フォルダ内のQuizフォルダ）

プロジェクトフォルダです。この中にSwiftのソースコードを記述したファイル（**ソースファイル**）、画像などの**リソース**、設定ファイルなどが保存されます。

iPhoneアプリを動かすには、CPUに対してさまざまな命令を書く必要があります。このような命令を記述したものを、**プログラム**または**ソースコード**、もしくは単に**コード**と呼びます。

(3) AppDelegate.swift

iPhoneアプリ全体を管理するためのプログラムが記載されたソースファイルです。プロジェクトを作成した段階で、自動的に作成されます。

なお、Swiftのソースファイルには「.swift」という拡張子がつきます。

(4) SceneDelegate.swift

iPhoneアプリの画面やUIに関する処理を管理するためのファイルです。プロジェクトを作成した段階で、自動的に作成されます。

本書のサンプルでは利用しません。

(5) ViewController.swift

iPhoneアプリを実行した際に、最初に表示される画面に該当するプログラムが記載されたソースファイルです。プロジェクトを作成した段階で、自動的に作成されます。作成された段階では、空の画面を表示するための最低限度の処理のみが記載されています。

なお、iPhoneアプリでは、画面を表示するプログラムを**ビューコントローラ（View Controller）**と呼びます。初期状態では特に処理のない画面なので、「ViewController.swift」というそのままの名前でソースファイルが作成されます。

(6) Main.storyboard

Xcodeでは、プログラムのほかにGUIで画面を作成します。GUIで画面を作成する際には、**ストーリーボード（Storyboard）**という、GUIで画面を管理するファイルを利用します。拡張子は「.storyboard」です。

Main.storyboardファイルは、iPhoneアプリを実行した際に、最初に表示される画面を管理するストーリーボードです。プロジェクトを作成した段階で、自動的に作成されます。

(7) Assets.xcassets

iPhoneアプリのアイコンとして利用する画像ファイルや、アプリの中で利用する画像ファイルなどの、**リソース**を管理する**アセットカタログ**です。解像度別に画像ファイルを登録する画像セット、色を登録するカラーセットなどの機能があります。

(8) LaunchScreen.storyboard

iPhoneアプリを起動したときに、一瞬表示されるスプラッシュ画面を作成するためのストーリーボードです。プロジェクトを作成した段階で、自動的に作成されます。

(9) Info.plist

アプリの詳細情報を格納しているファイルです。この章の「2.2　iPhoneアプリの作成を始めよう」で設定した内容がこちらに反映されます。

(10) Products

Xcodeで作成したiPhoneアプリを実行した後に生成されるバイナリファイルなどが格納されるフォルダです。プロジェクトを作成した段階で、自動的に作成されます。

Productsフォルダは、プロジェクトフォルダ内には作成されず、/Users/[ユーザ名]/Library/Developer/Xcode/DerivedData/［プロジェクト名］/Build/Productsの場所に作成されます。

このフォルダは他のフォルダやファイルと異なり、iPhoneアプリを作成する上で直接触る必要はありません。

用語

plist (property list) ファイル

plistとはMac OS Xで利用される設定ファイルの形式の1つです。plistでは、たとえば「Bundle identifier」というキーに対して「jp.wings.apps.Quiz」という値を設定する、といったキーと値のペアの形式で情報を保存するファイルです。Xcodeのプロジェクトでは、「Info.plist」という名前でプロジェクト作成時に自動的に生成されます。

GUI (Graphical User Interface)

GUIとはGraphical User Interfaceの略で、画面上のアイコンやメニューなどで操作の対象を表示し、それをマウスなどで操作できる入力方式のことです。

Xcodeの機能を確認しよう

クイズアプリのプロジェクトをXcodeで編集することで、アプリの機能を作成します。具体的なファイルの編集に進む前に、Xcodeの画面構成や基本的な機能を確認しておきましょう。

Xcodeの画面構成を確認しよう

Xcodeで作成したプロジェクトのファイル内容は、Xcodeの左側にある**ナビゲーターエリア**に表示されます。ナビゲーターエリアは、プロジェクトに含まれるファイルや設定内容を階層構造で管理します。

ナビゲーターエリア以外にも、Xcode内にはファイルの編集やiPhoneアプリの実行など、プロジェクトのタスクを行うための領域が存在します。大きく分けると次の領域があります。

番号	名前	場所	概要
①	ツールバー	上部	アプリの実行やエディタの切り替え
②	ナビゲーターエリア	左側	ファイルを一覧で表示
③	エディタエリア	中央	ファイルの編集やプロジェクトの設定
④	デバッグエリア	下部	プログラムのデバッグログなどを表示
⑤	ユーティリティエリア	右側	ファイルやオブジェクトの状態を表示

よく利用されるのは、ナビゲーターエリアとエディタエリアです。この2つの領域は、ファイルの選択とファイルの編集というXcodeの主な機能を担います。その他の領域は、補助的に利用する領域です。

ナビゲーターエリアの中で、ファイルの一覧が表示されている部分を**プロジェクトナビゲーター**と呼びます。

また、ツールバーの右端のボタンでナビゲーターエリア、デバッグエリア、ユーティリティエリアの各領域の表示と非表示を切り替えることができます。本書の説明においても、利用しない領域は非表示にしています。そのための操作は、後ほど説明します。

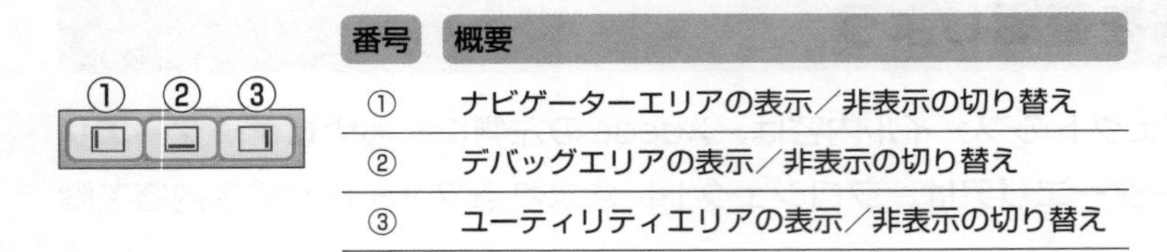

番号	概要
①	ナビゲーターエリアの表示／非表示の切り替え
②	デバッグエリアの表示／非表示の切り替え
③	ユーティリティエリアの表示／非表示の切り替え

Xcodeで編集するファイルの種類を確認しよう

アプリの作成を進めるにあたって、Xcodeで編集するファイルの種類は次の２つです。これら２種類のファイルを編集する具体的な方法は、第３章以降で手順とともに説明します。

(1) ソースコード

AppDelegate.swiftやViewController.swiftなどはソースコードです。編集はテキストエディタで行います。ナビゲーターエリアでViewController.swiftを選択すると、次のようにエディタエリアの表示がテキストエディタに切り替わり、ViewController.swiftの内容が表示されます。

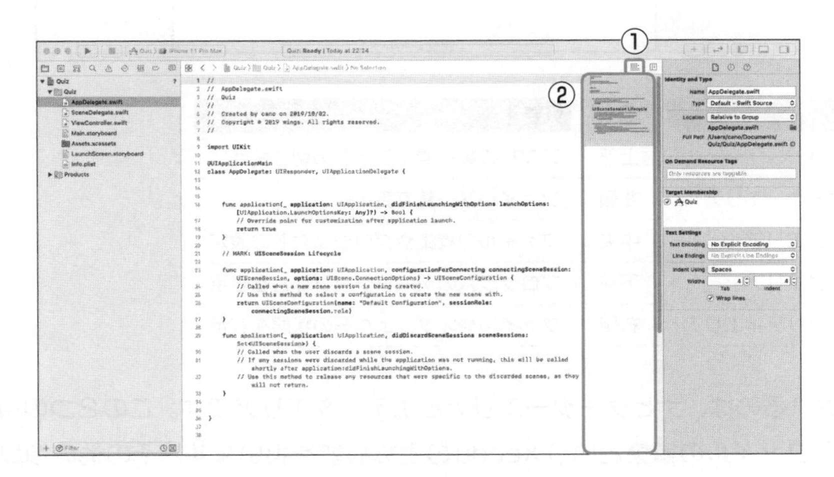

テキストエディタでの編集は、エディタエリアのみを利用します。エディタエリアの右側には、次のように補助的に使える機能があります。

番号	名前	概要
①	エディタオプション	ミニマップの表示などエディタの補助的なメニューを表示
②	ミニマップ	ソースファイル全体の中でエディタエリアに表示されている部分をフォーカス

(2) ストーリーボード

Main.storyboardは、GUIで画面を作成するストーリーボードです。ナビゲーターエリアでMain.storyboardを選択すると、次のように**Interface Builder（インターフェイスビルダー）**というGUIエディタにMain.storyboardの内容が表示されます。

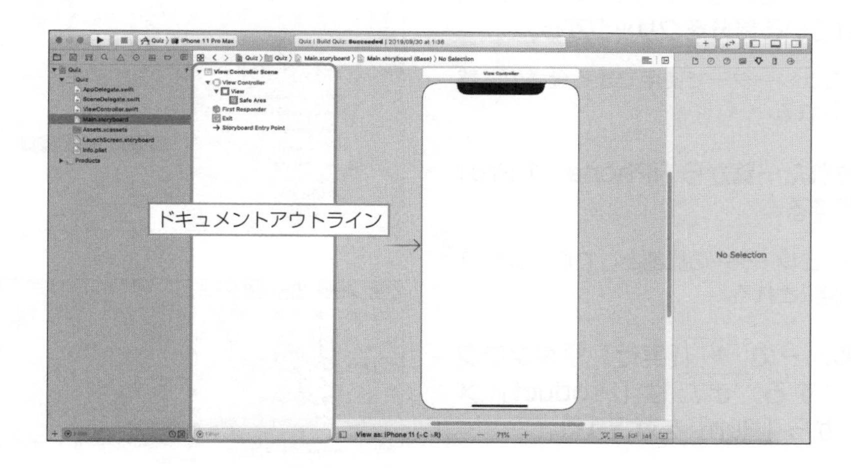

Interface Builderでは、左側の**ドキュメントアウトライン**で画面の構造を確認できます。

Interface Builderを利用するときは、ツールバーの右側とユーティリティエリアの上部にあるボタンも利用します。次のボタンがよく利用されます。

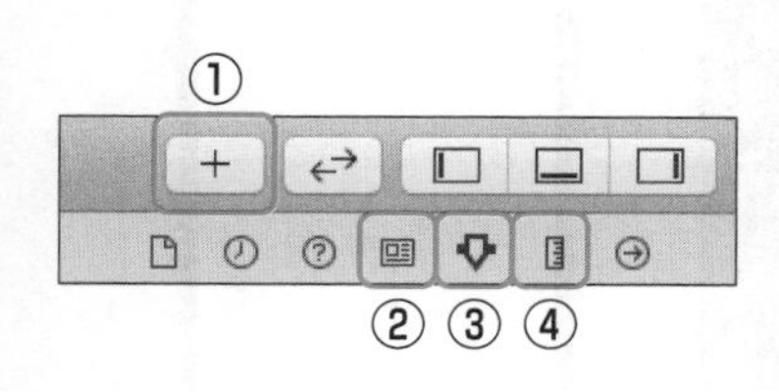

番号	名前	概要
①	ライブラリボタン	画面に配置するUIを一覧で表示
②	アイデンティティインスペクタ	UIのクラスやレイヤを設定
③	アトリビュートインスペクタ	UIの詳細を設定
④	サイズインスペクタ	UIのサイズを設定

GUIを編集するときは、Interface Builderの機能に加えてユーティリティエリアの機能など複数の機能を同時に利用します。

シミュレーターを使ってみよう

Xcodeをインストールすると、iOSシミュレーターも同時にインストールされます。作成したクイズアプリのプロジェクトを実行して、iOSシミュレーターの動作も簡単に確認しておきましょう。

iOSシミュレーターでアプリを実行してみよう

Xcodeで作成中のアプリは、XcodeからiOSシミュレーターを起動して実行することができます。

1 ツールバー左側の、デバイスの種類が表示されている部分をクリックする。

結果 iOSシミュレーターで使用できる機種の一覧が表示される。

2 表示された一覧から［iPhone 11 Pro］を選択する。

結果 iOSシミュレーターの機種としてiPhone 11 Proが選択される。

3 ツールバーの ▶ ［実行］ボタンをクリックする。または［Product］メニューから［Run］を選択する。

結果 iOSシミュレーターが起動する。iPhoneアプリが実行され、真っ白な画面が表示される。

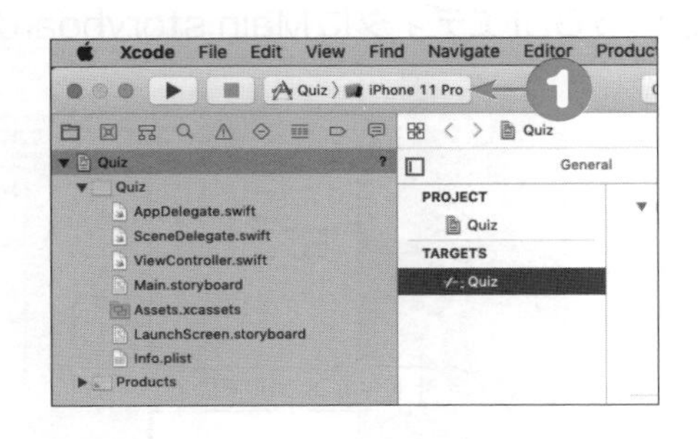

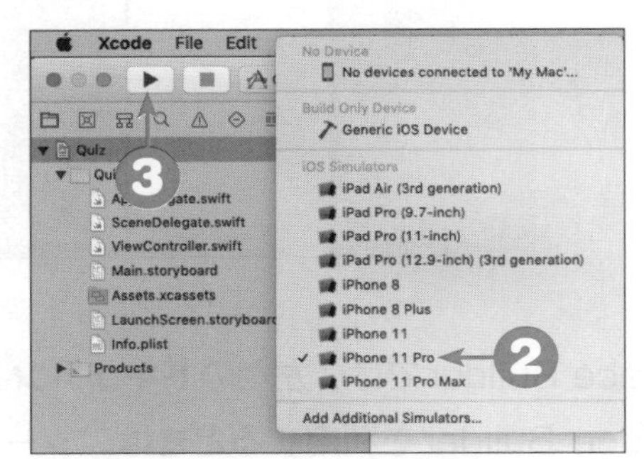

ヒント

シミュレーターが見つからないときは

iOSシミュレーターが起動しても、Xcodeの画面の裏に隠れて見つからないことがあります。その場合はDockからシミュレーターのアイコンをクリックすると、シミュレーターの画面が前面に表示されます。

4 ツールバーの［■］［停止］ボタンをクリックする。または［Product］メニューから［Stop］を選択する。

アプリが終了し、真っ白な画面が消える。

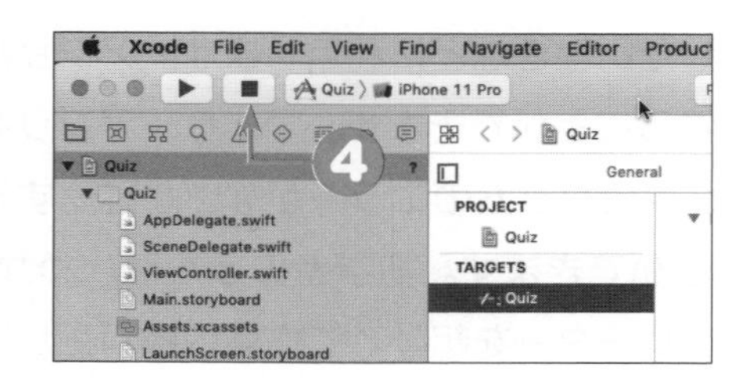

ヒント

iOSシミュレーターに表示されるアプリアイコン

XcodeからiPhoneアプリを実行すると、iOSシミュレーターに実行したiPhoneアプリがインストールされます。その際にはiPhoneの実機でのインストールと同様に、iOSシミュレーターにもアイコンが出現します。サンプルのアイコンファイルはまだ登録していないので、白いアイコンが表示されます。

iOSシミュレーターを終了するには

iOSシミュレーターの［Simulator］メニューから［Quit Simulator］をクリックします。

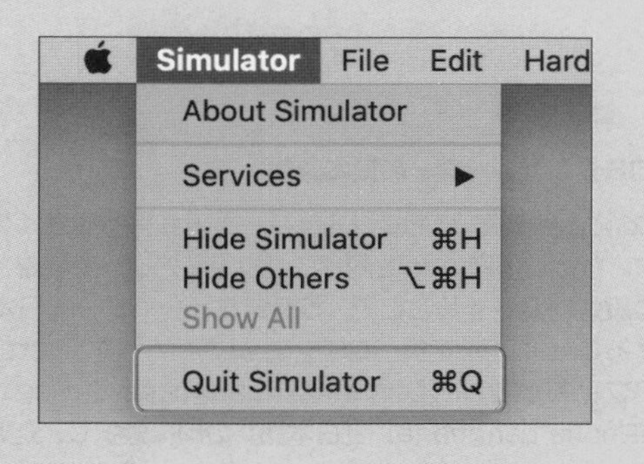

iOSシミュレーターでアプリを確認するには

第1章の「1.2　iPhoneアプリの作成について学ぼう」で触れたように、Xcodeにはmacの中で仮想的にiOSを実行するソフトウェアが備わっています。これが、**iOSシミュレーター**です。iPhoneは、機種によって画面のサイズや形状が異なります。iOSシミュレーターにおいても、実行する機種を選択することで、さまざまな機種でアプリを実行することができます（手順❶)。ここでは、［iPhone 11 Pro］を選択していますが、もちろん他の機種を選択してiOSシミュレーターを実行することも可能です。

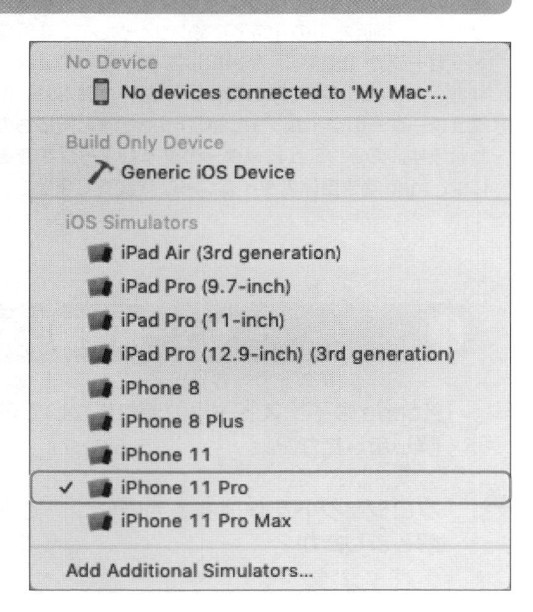

iOSシミュレーターは、作成途中のアプリの動

作を確認したいときなどに利用します。アプリが完成していなくても、現時点でのアプリの動作を確認することができます。つまり、アプリを作成する過程で、アプリのでき具合をチェックしたり、プログラムのエラーがないか確認するためのツールとしてiOSシミュレーターを利用することができます。初学者のうちは、わからないことも多いと思いますので、こまめにiOSシミュレーターを起動して作業内容が正しいかを確認するようにしてください。

iOSシミュレーターを実行すると、選択したiOSシミュレーターに作成中のアプリがXcodeで作成中の最新の状態でインストールされます。すでにアプリがインストール済みであれば、自動的に更新されます。

iOSシミュレーターの日本語化

Xcodeと同様に、iOSシミュレーターも言語設定は英語です。ただし、iPhoneと同様に［設定］アプリで地域と言語の設定を変更することで、iOSシミュレーターを日本語化することは可能です。iOSシミュレーターの［Settings］アプリを起動し、[General]－[Language & Region]－[iPhone Language]－[日本語］の順に選択し、変更確認のメッセージで［Change to Japanese］を選択します。iOSシミュレーターの言語設定が変更され、表示が日本語に変更されます。変更を元に戻すには、iOSシミュレーターの［設定］アプリを起動して［一般］－［言語と地域］の順に選択し、画面右上の［編集］をクリックします。[日本語］の左側にある赤いボタンをクリックして［削除］をクリックし、画面右上の［完了］をクリックして、変更確認のメッセージで［続ける］を選択します。
なお、Android SDKのエミュレーターと異なり、iOSシミュレーターのタイムゾーンは、mac端末と同じものが使われます。iOSシミュレーターのタイムゾーンを変更するには、mac端末自体のタイムゾーンを変更します。

～もう一度確認しよう！～ チェック項目

- □ Xcodeのインストールの流れについて理解しましたか？
- □ プロジェクトを作成する手順について理解しましたか？
- □ Xcode内の領域の名称がわかりましたか？
- □ iOSシミュレーターを実行する手順がわかりましたか？

第 3 章

Xcodeでアプリ作成を始めよう

この章ではXcodeでアプリの画面を作成しましょう。GUI、テキストでのファイルの編集、コードから画面のUIを操作する基本的な手順について学びます。

この章で学ぶこと

この章では、XcodeでGUIとテキストでのファイルを編集する手順を学びます。

(1) GUIでのUIの配置
(2) UIとコードの接続
(3) コードからのUIの操作
(4) iOSシミュレーターでの確認

その過程を通じて、この章では次の内容を学習していきます。

- **Interface Builderの基本的な使い方**
- **アシスタントエディタの使い方**
- **UIとコードを接続する方法**
- **接続したUIをコードから操作する方法**

この章ではXcodeで画面を作成し、iOSシミュレーターで結果を確認するところまでを行います。

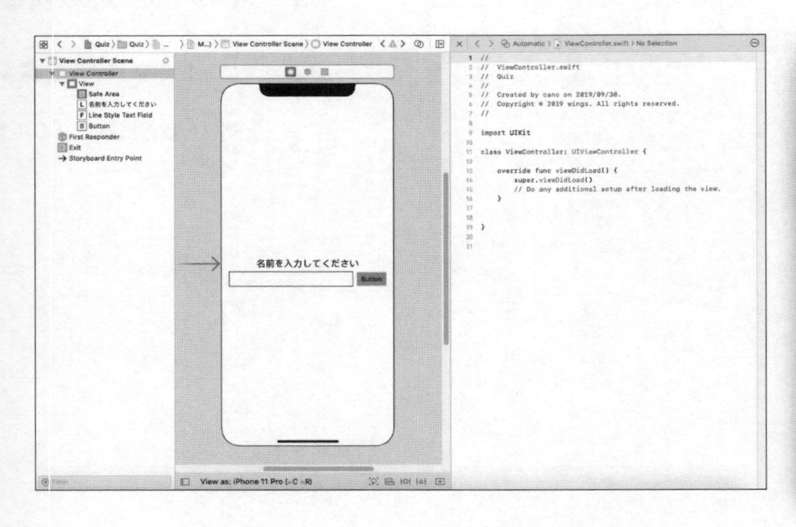

GUIでファイルを編集しよう

アプリの画面はGUIエディタのInterface Builderで作成します。ここでは、アプリの最初の画面を作成してみましょう。

GUIでファイルを編集する準備をしよう

Interface Builderでファイルを編集するときは、編集する画面をiPhoneとiPadの機種単位で指定することができます。ここでは、iPhone 11 Proの画面に指定してみましょう。

1 ナビゲーターエリアのプロジェクトナビゲーターで［Main.storyboard］を選択する。

結果 Interface Builderの表示に切り替わり、iPhoneの画面が表示される。

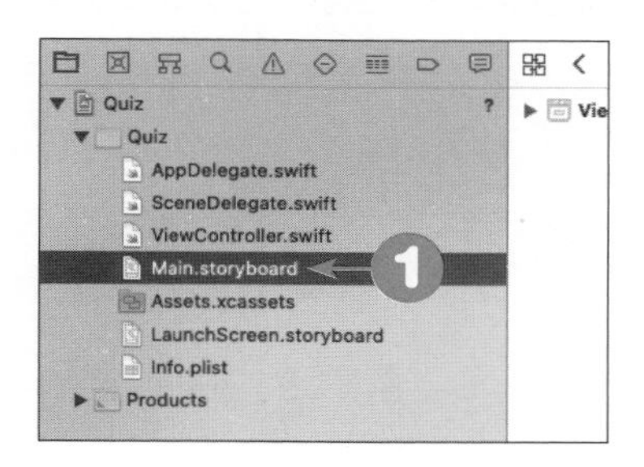

2 Interface Builderの左下の[View as: iPhone 11 (wC hR)］と表示されている部分をクリックする。

結果 Interface Builderの下部にiPhoneの機種や向きを選択できるメニューが表示される。

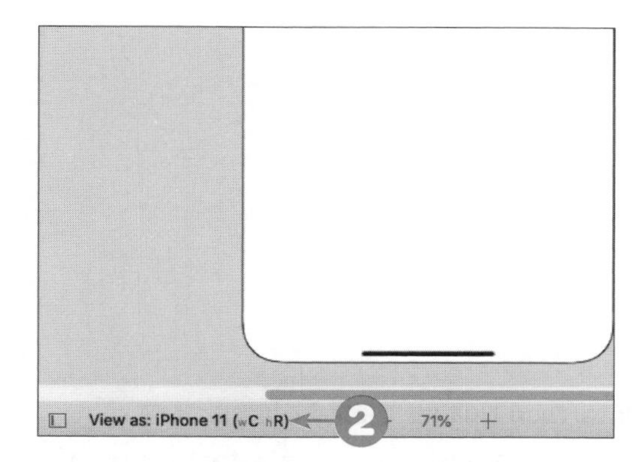

3 メニューのいちばん左にある［Device］をクリックする。

結果 iPhoneとiPadの機種の一覧が表示される。

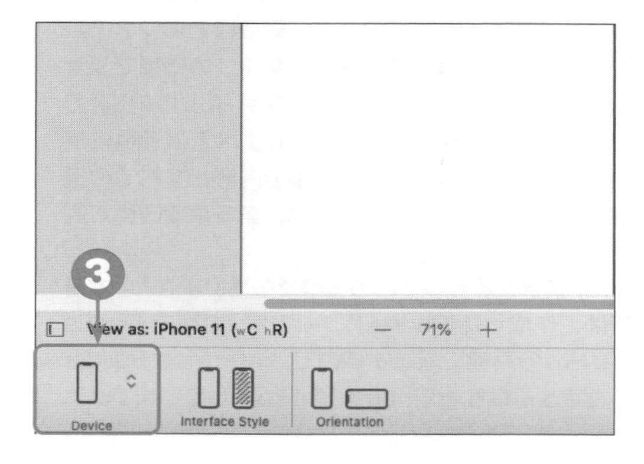

4 一覧から［iPhone 11 Pro］を選択する。

結果 Interface Builderに表示されるiPhoneの画面がiPhone 11 Proのサイズに変更される。機種の一覧が閉じられ、Interface Builderの左下の表示が［View as: iPhone 11 Pro (wC hR)］に変わる。

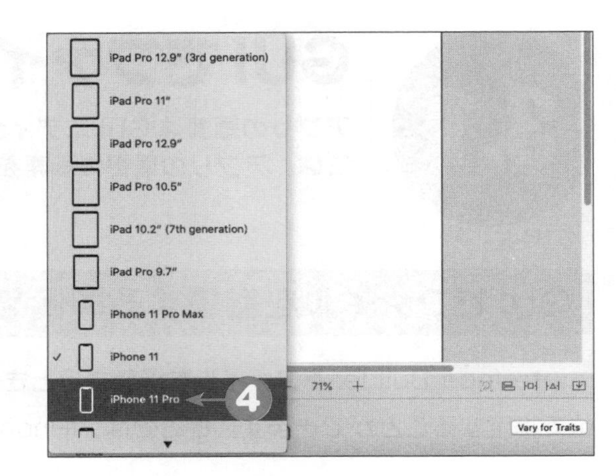

5 Interface Builderの左下の[View as: iPhone 11 (wC hR)]と表示されている部分をクリックする。

結果 iPhoneの機種や向きを選択できるメニューが閉じる。

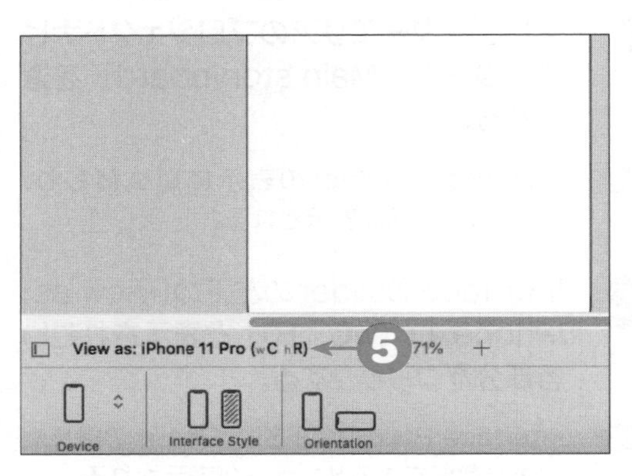

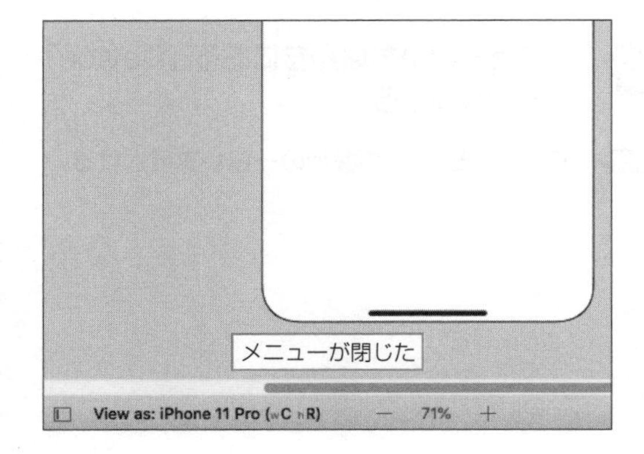

ヒント

Interface Builderで指定する機種について

Interface Builderでファイルを編集するときは、1つの機種を選択して行います。機種ごとにファイルを編集するのではなく、選択した1つの機種でファイルを編集します。編集したファイルの内容が、iPhoneアプリを実行するときにすべての機種に反映されます。編集したファイルの内容がすべての機種に反映されることについては、第5章で改めて説明します。

また、選択する機種はどの機種でも構いません。本書では、作成したiPhoneアプリを第10章でiPhone 11 Proの実機に転送するので、Interface Builderで指定する機種もiPhone 11 Proとしています。

アプリの画面に文字を表示しよう

最初の画面では「名前を入力してください」と文字を表示します。文字を表示するには**ラベル**（Label）を使います。この部分をInterface Builderで作成してみましょう。

1 ナビゲーターエリアのプロジェクトナビゲーターで［Main.storyboard］を選択する。

結果 Interface Builderの表示に切り替わり、iPhoneの画面が表示される。

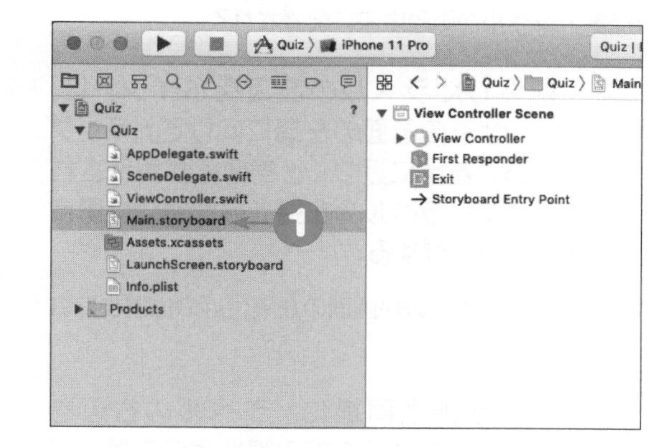

2 ［＋］ライブラリボタンをクリックする。

結果 画面上に配置できるUIの一覧が表示される。

3 一覧から［Label］をクリックして選択し、iPhoneの画面上にドラッグ＆ドロップする。

結果 画面にラベルが配置される。

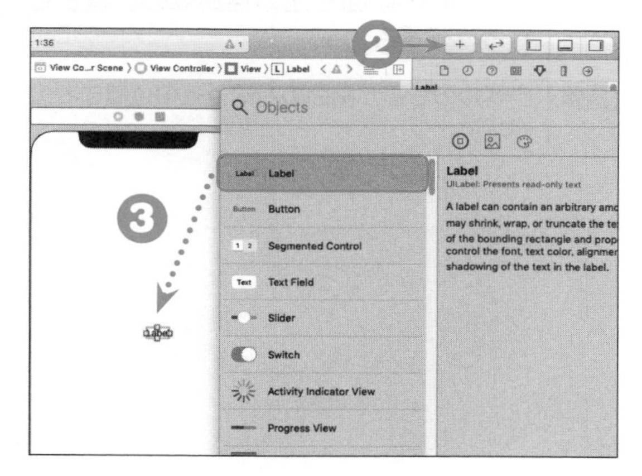

4 配置したラベルをクリックして選択し、iPhoneの画面の中央付近にドラッグする。中央に近づくと補助線が表示されるので、補助線に従って画面の中央にラベルをドラッグする。

結果 ラベルが画面中央に配置される。

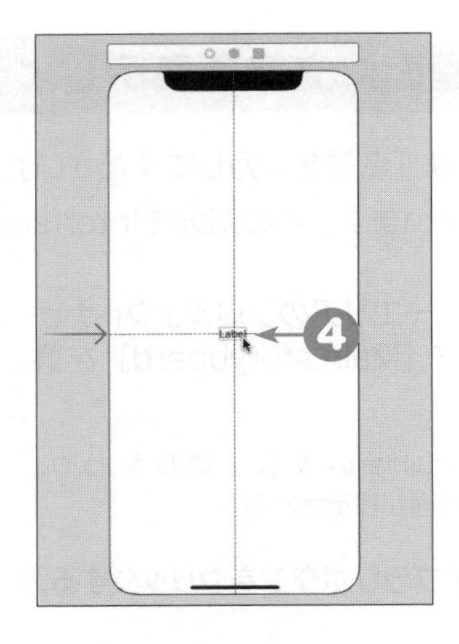

5 配置したラベルの左辺をポイントし、iPhoneの画面の左端に向けてドラッグする。左端に近づくと補助線が表示されるので、ラベルの左端を補助線の位置までドラッグする。

結果 ラベルの左辺が画面の左端付近の位置まで広がる。

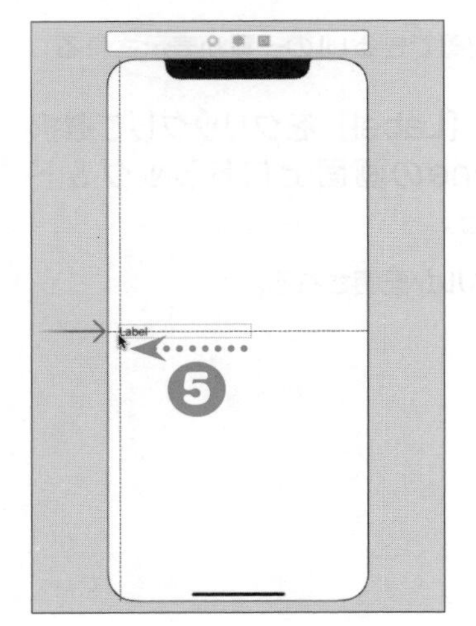

6 前の手順と同様に、ラベルの右辺をiPhoneの画面右端の補助線の位置までドラッグする。

結果 ラベルの右辺が画面の右端付近の位置まで広がる。

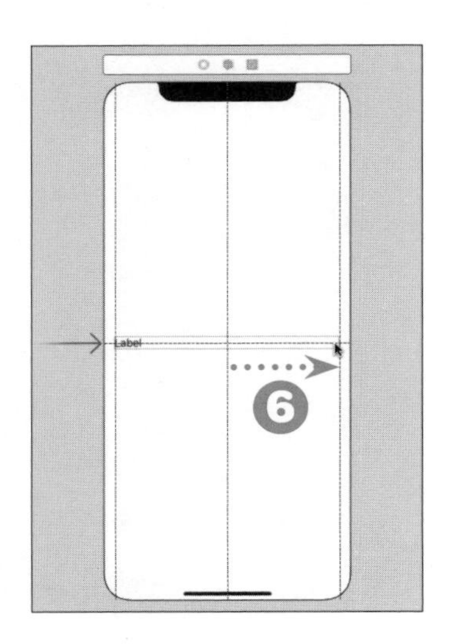

アプリの画面にUIを表示するには

UI（ユーザーインターフェイス）とは、コンピューターと人間との間で情報をやり取りするための仕組みのことです。アプリでは、画面に表示される文字、ボタン、画像のように、ユーザが認識して操作できるものをまとめてUIと呼びます。

Interface Builderで画面を作成するときには、最初にライブラリボタンをクリックしてUIの一覧を表示し、配置したいUIをiPhoneの画面上にドラッグ＆ドロップします（手順❶～❸）。ここでは、文字を表示する**ラベル**（Label）をドラッグ＆ドロップして画面に配置しています。UIの位置は後で変更できますので、画面のどこにドロップしても構いません。

手順❹では、ドロップしたラベルの位置を調整しています。位置を調整するには、UIをクリックして選択し、目的の位置までドラッグします。Interface Builderでは、UIが画面中央や上下左右の画面の端に近づくと、補助線が表示されます。ここでは補助線を利用してラベルを画面中央に配置しています。

手順❺～❻では、ラベルのサイズを調整しています。サイズを調整するには、UIの上下左右の辺をポイントし、ドラッグしてサイズを変更します。ここではラベルを、画面の左右に表示される補助線まで左右を伸ばしたサイズに変更しています。

マウスでUIを配置するには

UIの配置はマウスを使って行います。UIをポイントすると、次のようにマウスポインタが手の形に変わります。この状態でドラッグすると、UIを移動できます。

UIのサイズを変更するときには、変更したいUIの端をポイントすると、次のようにマウスポインタの形が変わります。この状態でドラッグすると、UIの端を伸ばしたり縮めたりしてサイズを変更することができます。

サンプルアプリで利用するUIを見ておこう

ライブラリボタンで表示されるUIの一覧には多くのUIが並んでいます。本書のサンプルアプリで利用するUIをここでまとめておきます。

UIの名前	読み	概要
Label	ラベル	少量の文字を表示
Text Field	テキストフィールド	文字を入力する欄
Button	ボタン	押したときに何らかの動作を行う
Text View	テキストビュー	多くの文字の表示や編集をする領域
Image View	イメージビュー	画像を表示
View	ビュー	汎用的に利用できるUI

ここからは、Interface Builderでの配置など操作の手順を説明する場合はUIの名前を利用します。オブジェクトとしてのUIを指す場合は読みで記述します。

UIの削除

画面上に配置したUIは、選択した状態でDeleteキーを押すことで、画面上から削除できます。配置するUIを間違えた場合や作業をやり直したいときはDeleteキーでUIを削除してください。

ラベルに文字を表示しよう

画面上に配置したラベルに文字を表示してみましょう。

1 iPhoneの画面上の「Label」と書かれた文字をクリックする。

結果 ラベルの周囲に小さな白い四角が表示され、選択された状態になる。

2 ラベルを選択した状態で、ユーティリティエリアの アトリビュートインスペクタのボタンをクリックする。

結果 ユーティリティエリアがアトリビュートインスペクタの表示に切り替わり、ラベルの詳細を設定する項目が表示される。

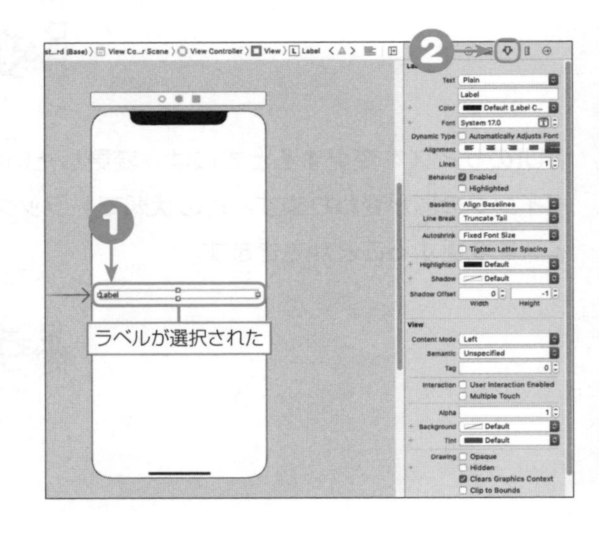

3 ユーティリティエリア内の［Text］の下にある入力欄に、あらかじめ入力されている「Label」という文字をDeleteキーで削除してから**名前を入力してください**と入力する。

結果 ラベルに表示される文字が「名前を入力してください」に変更される。

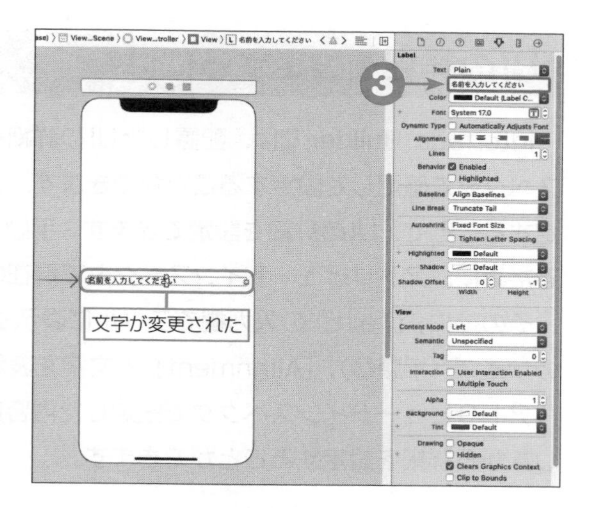

4 ユーティリティエリア内の［Font］の右にある［T］ボタンをクリックし、表示されたポップアップウィンドウで［Size］を［20］に変更して［Done］ボタンをクリックする。

結果 ラベルに表示される文字の大きさが20ポイントに変更される。

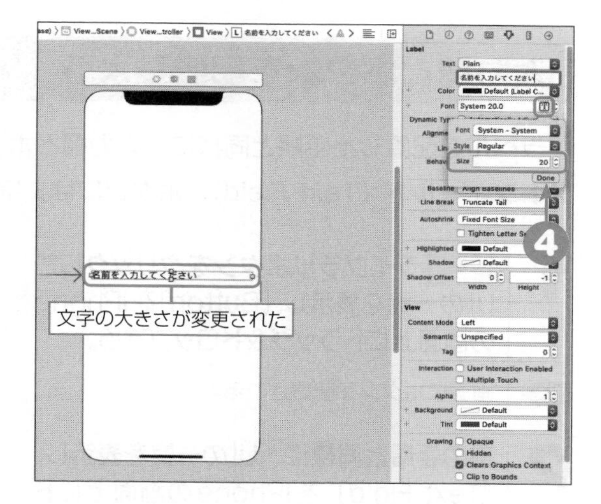

5 ユーティリティエリア内の［Alignment］の左から2番目のボタンをクリックする。

結果 ラベルに表示される文字の位置が中央揃えに変更される。

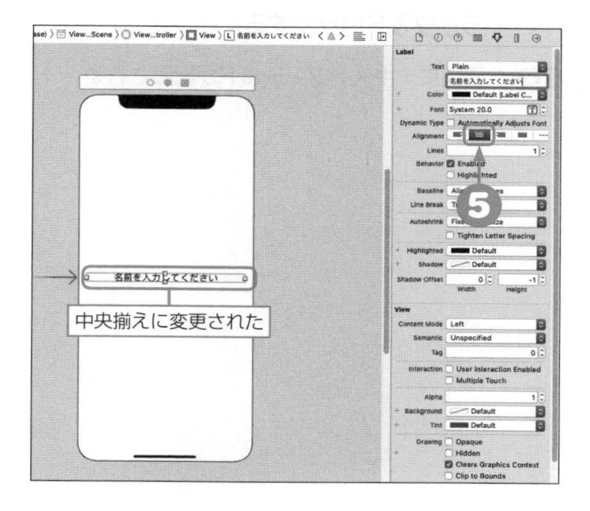

UIの詳細を設定するには

Interface Builderでは、配置したUIの詳細をユーティリティエリアのアトリビュートインスペクタで確認して設定することができます。アトリビュートインスペクタの各項目の値を設定することで、UIの詳細を設定できます。手順❷では、画面に配置したラベルの詳細を設定するために、アトリビュートインスペクタで現在の設定を表示しています。

その後に、[Text] の入力欄でラベルに表示する文字（手順❸)、[Font] の [Size] で文字のサイズ（手順❹)、[Alignment] で文字を表示する位置（手順❺）を指定しています。

アトリビュートインスペクタで設定した内容は、すぐにUIに反映されますので、表示を確認しながら詳細を設定することができます。

入力欄とボタンを配置しよう

ラベルを配置した手順と同様に、入力欄とボタンを画面に配置しましょう。入力欄には**テキストフィールド**（Text Field)、ボタンには文字どおり**ボタン**（Button）を使います。

1 [＋] ライブラリボタンをクリックしてUIの一覧を表示し、[Button]をiPhoneの画面上にドラッグ&ドロップする。

結果 画面にボタンが配置される。

2 前の手順と同様に、UIの一覧を表示し、[Text Field] をiPhoneの画面上にドラッグ&ドロップする。

結果 画面にテキストフィールドが配置される。

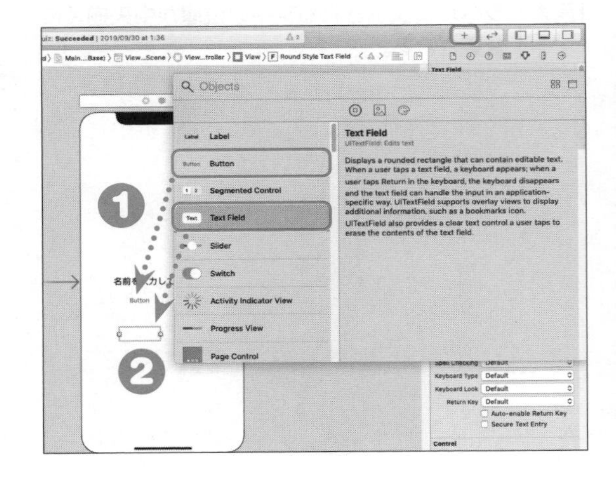

3 iPhoneの画面上でテキストフィールドをクリックして選択し、ラベルの左下にドラッグする。ラベルの下端と画面左端に補助線が表示されたら、補助線に合わせて移動する。

結果 テキストフィールドがラベルの下の画面左端に配置される。

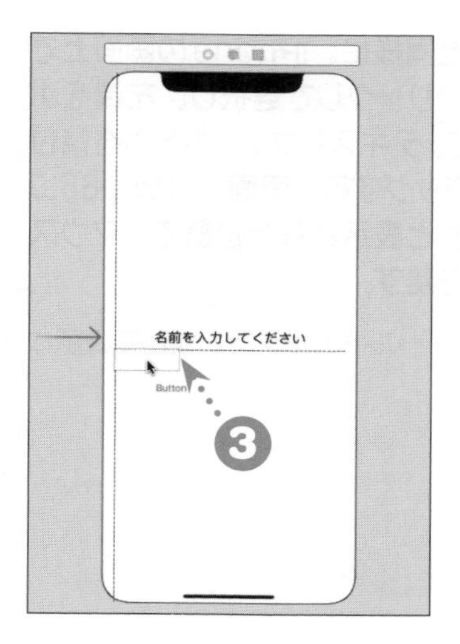

4 iPhoneの画面上でボタンをクリックして選択し、ラベルの右下にドラッグする。iPhoneの画面右端とテキストフィールドの高さ中央の位置に補助線が表示されたら、補助線に合わせて移動する。

結果 ボタンがラベルの下の画面右端に配置される。

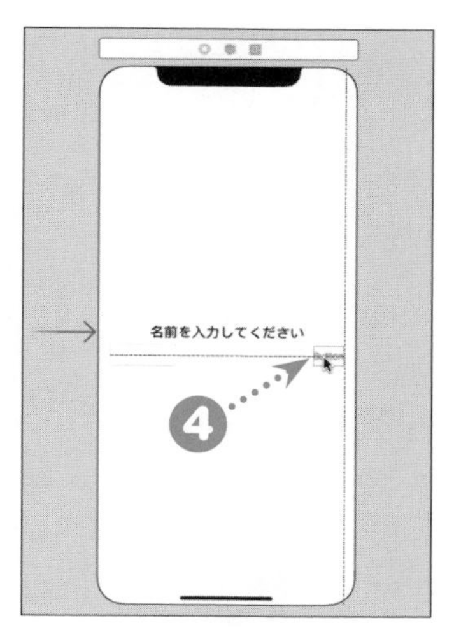

5 iPhoneの画面上でテキストフィールドをクリックして選択し、右端をポイントして、ボタンの左端付近までドラッグする。画面に「W：270.0　H:34.0」と表示された位置で、マウスのボタンを離す。

結果 テキストフィールドの幅がボタンの左端付近まで広がる。

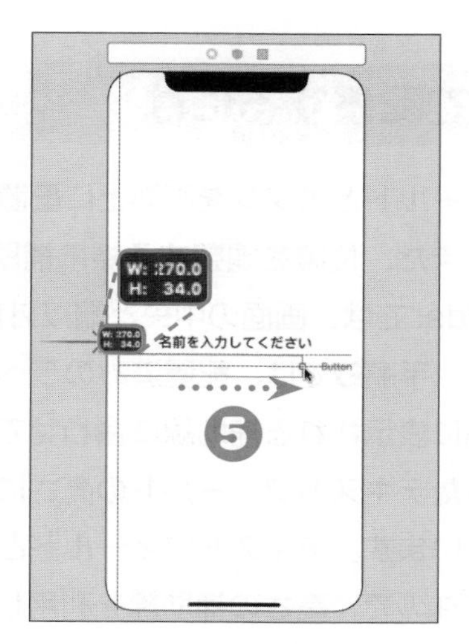

6 前の手順と同様に、iPhoneの画面上でボタンをクリックして選択し、左端をポイントして、テキストフィールドの右端付近までドラッグする。画面に「W：68.0 H：30.0」と表示された位置で、マウスのボタンを離す。

結果 テキストフィールドとボタンが並んで表示される。

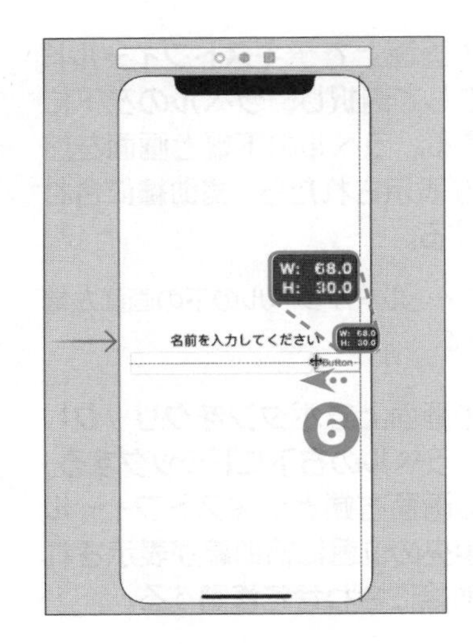

UIを並べて配置するには

テキストフィールドとボタンを画面上に配置する手順は、ラベルを配置したときと同じです(手順❶～❷)。また、位置を調整する際に補助線を利用するのも、ラベルのときと同様です。Interface Builderでは、画面の中央と端以外にも、配置済みのUIを基準とした補助線を自動的に表示します。手順❸では、配置済みのラベルの下端に補助線が表示されます。その補助線と、画面の左端に表示される補助線に合わせてテキストフィールドの位置を調整します。手順❹では、配置したテキストフィールドの高さに対して表示される補助線を利用して、ボタンの位置を調整しています。テキストフィールドとボタンでは、UIの一覧から選択して配置した直後は高さが同じなので、高さの補助線を利用して位置合わせをすることができます。最後に手順❺～❻で、テキストフィールドの右端とボタンの左端を近づけて2つのUIの位置を調整しています。

このように複数のUIを配置するときには、画面の端のほかに、先に配置したUIの位置を利用して位置やサイズを調整することができます。

入力欄とボタンの見た目を変えてみよう

ラベルのときと同様に、入力欄とボタンの詳細を設定してみましょう。

1 iPhoneの画面上のテキストフィールドをクリックして選択し、ユーティリティエリアの アトリビュートインスペクタのボタンをクリックする。

結果 ユーティリティエリアがアトリビュートインスペクタの表示に切り替わり、テキストフィールドの詳細を設定する項目が表示される。

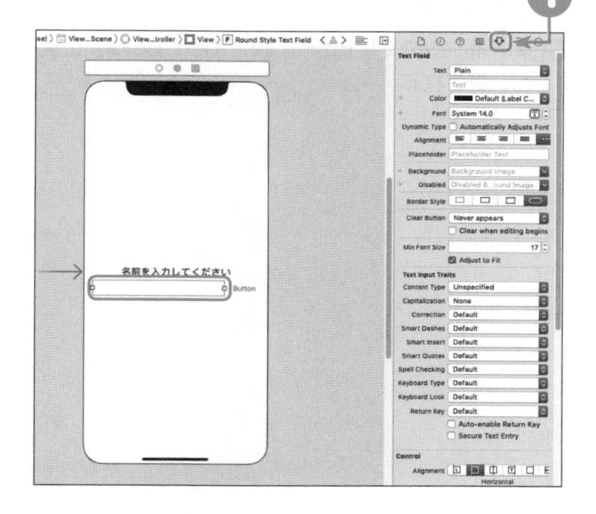

2 ユーティリティエリア内の［Border Style］で、左から2番目のボタンをクリックする。

結果 画面上のテキストフィールドの形状が角丸から四角に変わる。

3 iPhoneの画面上のボタンをクリックして選択し、ユーティリティエリアの [アイコン] アトリビュートインスペクタのボタンをクリックする。

結果 ユーティリティエリアのアトリビュートインスペクタにボタンの詳細を設定する項目が表示される。

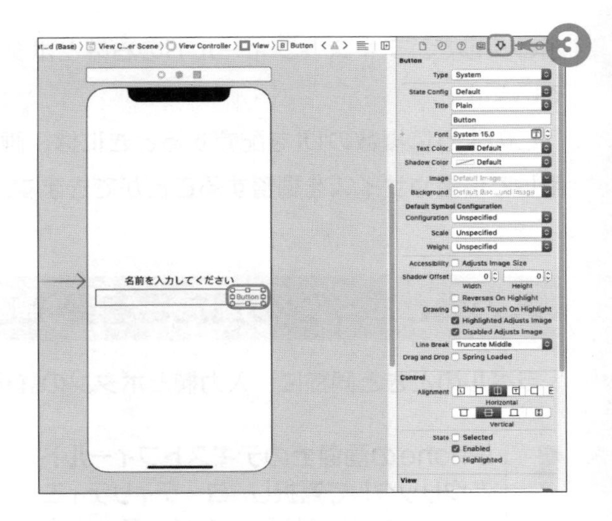

4 ユーティリティエリア内の[Text Color]の選択肢から［Dark Text Color］を選択する。

結果 ボタンの文字色が［Dark Text Color］に変更される。

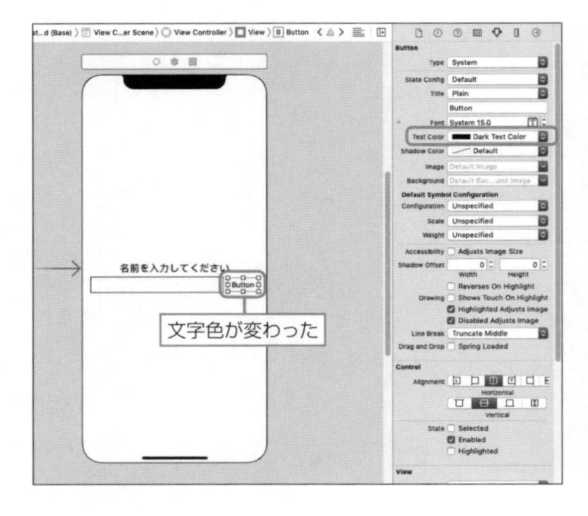

5

ボタンが選択状態のまま、ユーティリティエリアを下向きにスクロールして［View］という見出しの領域を表示し、［Background］の選択肢から［Light Gray Color］を選択する。

結果 ボタンの背景色が［Light Gray Color］に変更される。

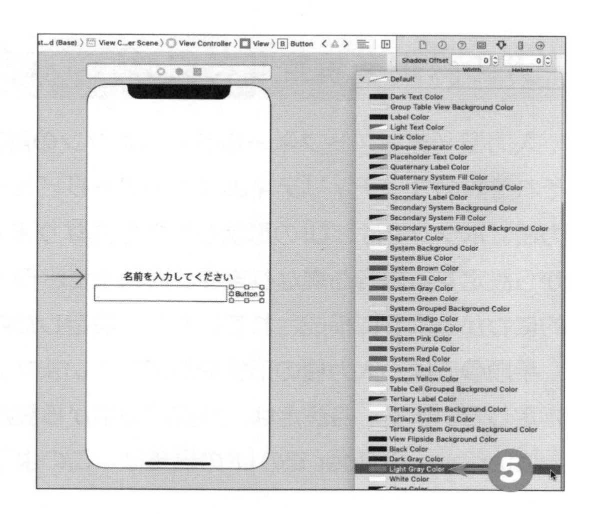

6

ツールバーの［▶］［実行］ボタンをクリックする。

結果 iOSシミュレーターが起動し、アプリが実行される。

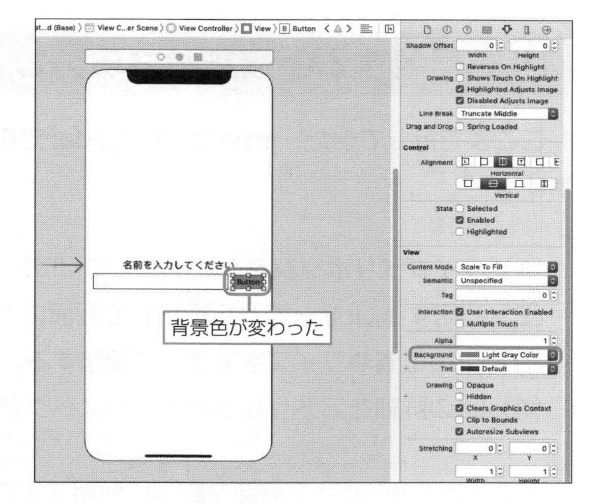

7

ラベル、入力欄、ボタンが、設定したとおりに画面上に表示されていることを確認する。

8

ツールバーの［■］［停止］ボタンをクリックする。

結果 アプリが終了する。

アプリを実行・停止する他の方法

アプリを実行するには、Xcodeの［Product］メニューから［Run］を選択する方法もあります。同様に、アプリを終了するには、Xcodeの［Product］メニューから［Stop］を選択して行うこともできます。

Product　Debug　Source Co

- Run ⌘R
- Test ⌘U
- Profile ⌘I
- Analyze ⇧⌘B
- Archive
- Build For ▶
- Perform Action ▶
- Build ⌘B
- Clean Build Folder ⇧⌘K
- Stop ⌘.
- Scheme ▶
- Destination ▶
- Test Plan ▶
- Create Bot...

UIの詳細を設定するには

入力欄（テキストフィールド）とボタンの詳細を設定するときも、ラベルのときと同様に、それぞれのユーティリティエリアのアトリビュートインスペクタから設定します。ラベル、入力欄、ボタンでは、UIの形状も機能も異なります。したがって、アトリビュートインスペクタから設定する内容も異なります。Interface Builderでは、各UIに対して設定する項目が直感的にわかるように構成されています。設定した内容もすぐにUIへ反映されます。

手順❷では、入力欄の形状を設定しています。手順❹〜❺では、ボタンの文字色と背景色を指定しています。各設定は、選択肢の中から設定したいものを選ぶ形式になっています。

Interface BuilderでのUIの編集は、このように簡単に行うことができます。

UIを配置する手順をおさらいしよう

ここまで行ってきた、Interface BuilderでのUIの配置の手順をまとめると次のようになります。

（1）ライブラリボタンをクリックしてUIの一覧を表示する。
（2）利用するUIを一覧から選択して画面にドラッグ＆ドロップする。
（3）UIの位置やサイズをマウスで調整する。
（4）UIの詳細をアトリビュートインスペクタで設定する。

Interface Builderの機能を順番に利用することで、容易に画面にUIを配置することができます。

ヒント

ファイルの保存

Xcodeでは、Interface Builderとテキストエディタの両方で、[File] メニューから [Save] を選択すると編集後のファイルを保存できます。そのほかに、シミュレーターでの実行やXcodeを終了するときには、自動的にファイルの保存が行われます。本書のようにファイルを編集した後にシミュレーターで確認していく手順では、ファイルの保存はあまり意識しなくても構いません。

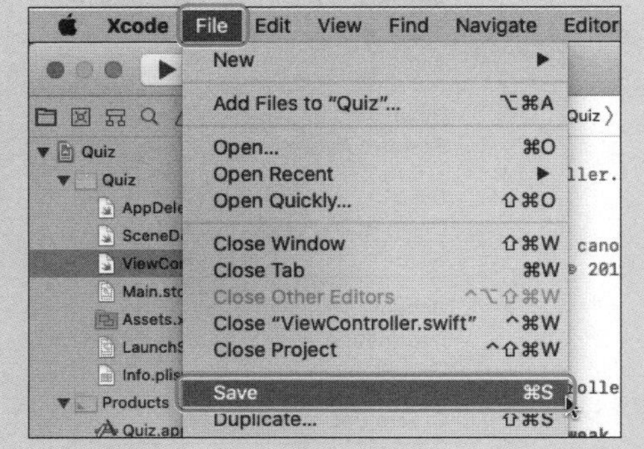

コードでファイルを編集しよう

画面に配置したUIは、コードから操作することができます。ここでは、配置したUIをコードから利用してみましょう。

UIとコードを接続しよう

画面に配置したUIをコードから利用するための手順を見てみましょう。コード自体の意味は、第４章以降で説明します。ここでは、UIをコードから利用する手順をまず覚えてください。

1 ナビゲーターエリアのプロジェクトナビゲーターで［Main.storyboard］を選択し、ドキュメントアウトラインから［View Controller Scene］を選択する。

結果 Interface BuilderにiPhoneの画面が表示される。

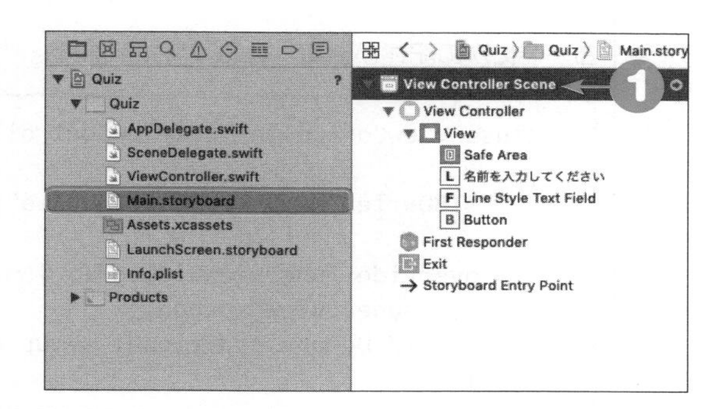

2 画面を広く使うために、ツールバーの右端の［□］ボタンをクリックして、ユーティリティエリアを閉じる。

3 ［≡］［エディタオプション］ボタンをクリックし、表示されたメニューから［Assistant］を選択する。

結果 アシスタントエディタが開き、ViewController.swiftの内容が表示される。

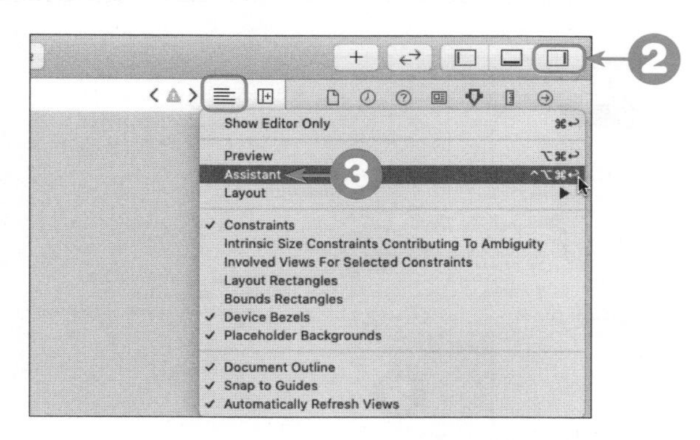

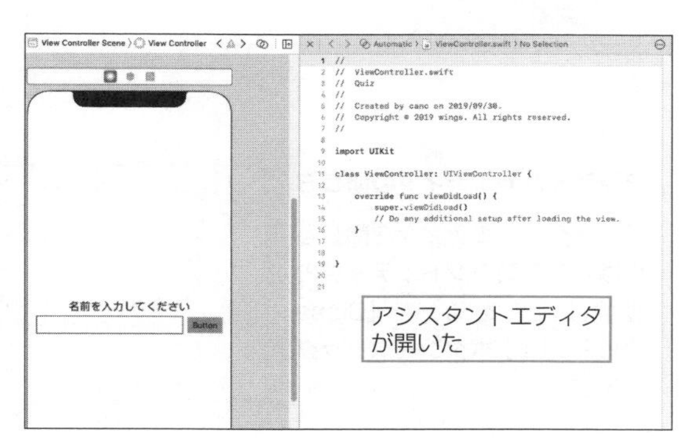

ヒント

ミニマップを非表示にする

本書では、テキストエディタを使うときに、ミニマップは使わないので非表示にしておきます。次のように［エディタオプション］ボタンから［Show Editor Only］を選択し、テキストエディタのみの表示にします。

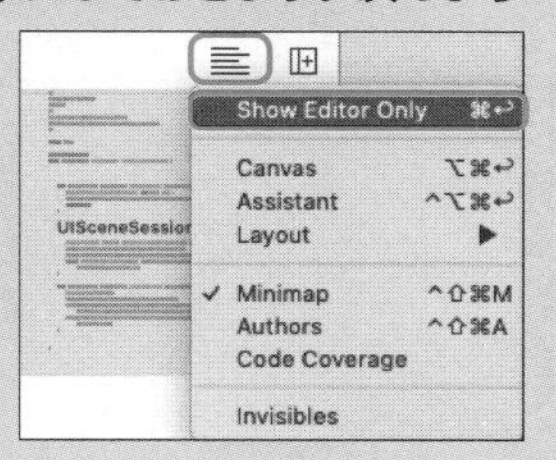

4 iPhoneの画面上のラベルをクリックして選択し、Ctrlキーを押しながら、アシスタントエディタの「class ViewController: UIViewController {」というコードの下の行にドラッグ&ドロップする。

結果 ラベルとコードを接続するための接続ウィンドウが表示される。

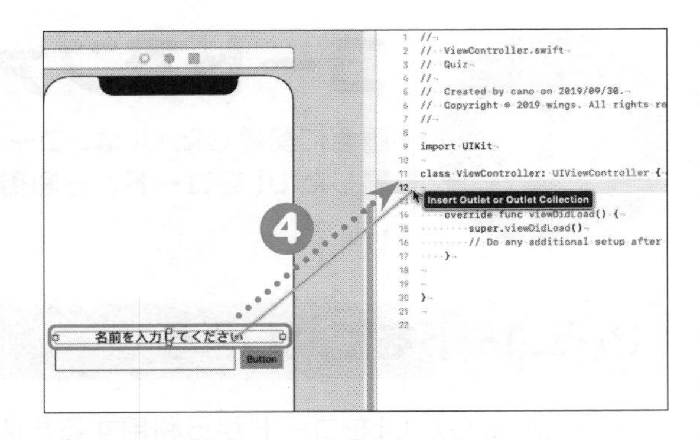

5 接続ウィンドウの［Name］に**label**と入力し、［Connect］ボタンをクリックする。

結果 コードに次の記述が追加される（色文字部分）。

```
class ViewController: UIViewController {

    @IBOutlet weak var label: UILabel!

    override func viewDidLoad() {
        super.viewDidLoad()
        // Do any additional setup after loading the view.
    }
```

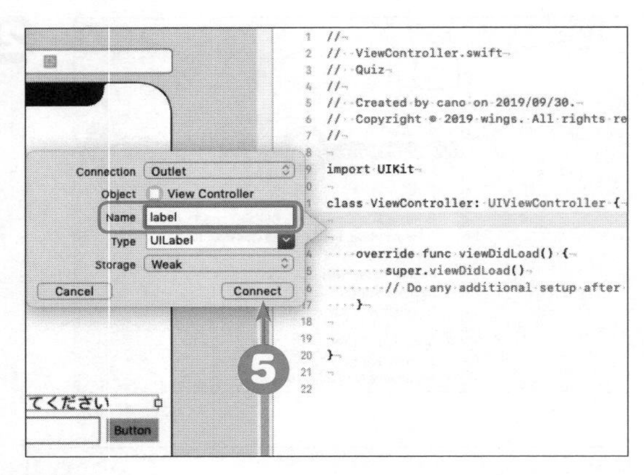

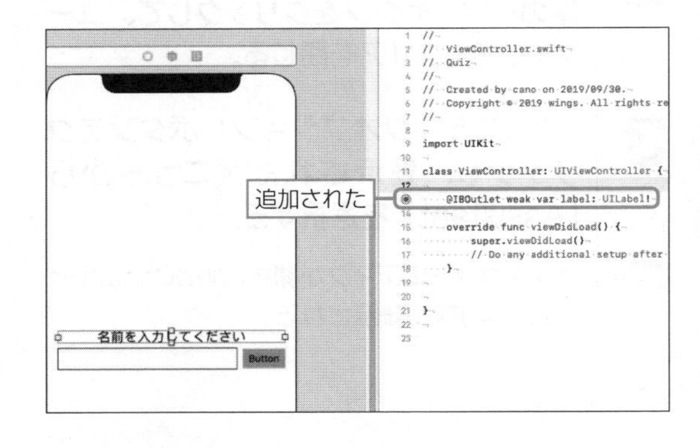

ヒント

アシスタントエディタの閉じ方

アシスタントエディタを閉じるには、アシスタントエディタの画面左上にある［Close this Editor］ボタンをクリックします。

```
1  //
2  // ViewController.swift
3  // Quiz
4  //
5  // Created by cano on 2019
6  // Copyright © 2019 wings.
7  //
8
9  import UIKit
```

UIとコードを接続するには

配置したUIに対して処理を行うためには、コードからUIをオブジェクトとして認識する必要があります。先ほど行った手順は、画面に配置したラベルをコードに認識させる作業です。

ストーリーボードでは、iPhoneアプリの画面を、**シーン**（Scene）という画面を管理するパーツで扱います。1つのシーンに対して、1つのビューコントローラが存在します。

［Main.storyboard］内の［View Controller Scene］は、プロジェクトを作成したときに自動的に作成されるViewController.swiftで定義されたViewControllerクラスが管理しています。**クラス**とは、一定の機能がまとめられたプログラムの単位のことです。詳しくは、第4章で説明します。したがってUIを配置するときと違って、手順❶では［Main.storyboard］を選択した後に、ドキュメントアウトラインから［View Controller Scene］を選択する必要があります。

手順❷～❸では、Interface Builderに表示されたiPhoneの画面（［View Controller Scene］のUI）とViewControllerクラスのコードを接続するために、**アシスタントエディタ**を開いてViewControllerクラスのコードを表示しています。アシスタントエディタは、UIに相当するコードをUIの隣に表示する補助的なテキストエディタです。なお、ここではユーティリティエリアは使わないので閉じています。

手順❹は、ラベルとコードを接続するための準備です。コードに接続したいUIをクリックして選択し、Ctrlキーを押しながら（または右クリックしたまま）、コードに向けてドラッグ＆ドロップすると、接続用のウィンドウが表示されます。その後に、手順❺で接続用のウィンドウにコードからUIを認識するための名前（**変数名**）を入力して［Connect］ボタンをクリックすると、コードにUIの変数名が自動的に追加されます。変数として追加されたUIは、コードの中で処理を行うことができます。このようにInterface Builderに配置したUIとコードを接続することを**アウトレット接続**といいます。変数に関しては、第4章以降で詳しく説明します。ここでは、「label」という名前でコードから画面上のラベルを識別するものだと考えておいてください。

手順❹でドラッグ＆ドロップした位置は「class ViewController: UIViewController {」から「override func viewDidLoad() 」の間です。この点に関しても第4章以降で説明します。

ラベルの文字を変えてみよう

ここまでの手順で画面上のラベルをコードに接続し、コードから認識できるようになりました。次にコードからラベルの文字を変更する処理を行ってみましょう。

1 ナビゲーターエリアのプロジェクトナビゲーターで［ViewController.swift］を選択する。

結果 エディタエリアにViewController.swiftの内容が表示される。

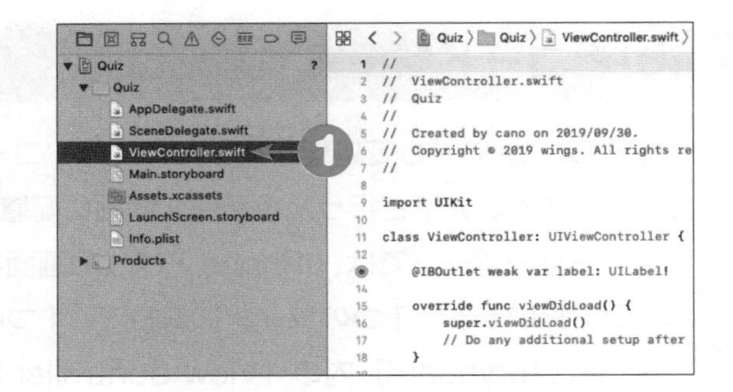

2 下から2個目の「}」の直前で改行し、s（Sの小文字）と入力する。

結果 「s」で始まるSwiftの予約語や変数名が一覧で表示される。

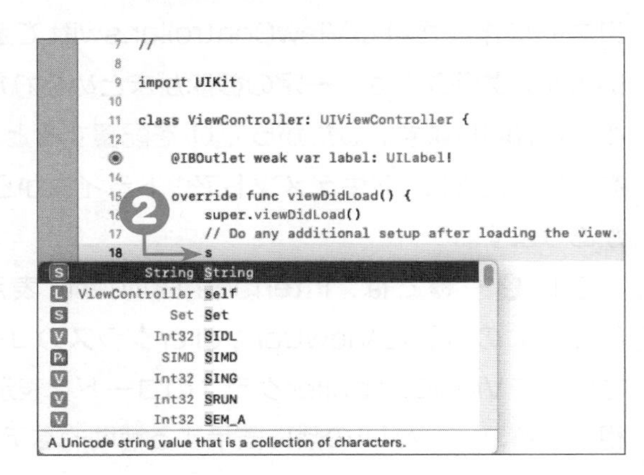

3 一覧から［self］を選択し、Returnキーを押す。

結果 選択した「self」がコードに追記される。

```
 7 //
 8
 9 import UIKit
10
11 class ViewController: UIViewController {
12
   @IBOutlet weak var label: UILabel!
14
15     override func viewDidLoad() {
16         super.viewDidLoad()
17         // Do any additional setup after loading the view.
18         s
S String String
L ViewController self   ③
S Set Set
V Int32 SIDL
P SIMD SIMD
V Int32 SING
V Int32 SRUN
V Int32 SEM_A
```

```
 7 //
 8
 9 import UIKit
10
11 class ViewController: UIViewController {
12
   @IBOutlet weak var label: UILabel!
14
15     override func viewDidLoad() {
16         super.viewDidLoad()
17         // Do any additional setup after loading the view.
18         self
19     }
20
21
22 }
23
24
```

追記された

4 「self」の後に続けて.l（ドット1つとLの小文字）と入力する。

結果 「l」で始まるSwiftの予約語や変数名が一覧で表示される。

5 一覧から［label］を選択し、Returnキーを押す。

結果 選択した「label」がコードに追記される。

6 「label」の後に続けて.t（ドット1つとTの小文字）と入力する。

結果 「t」で始まるSwiftの予約語や変数名が一覧で表示される。

7 一覧から［text］を選択し、Returnキーを押す。

結果 選択した「text」がコードに追記される。

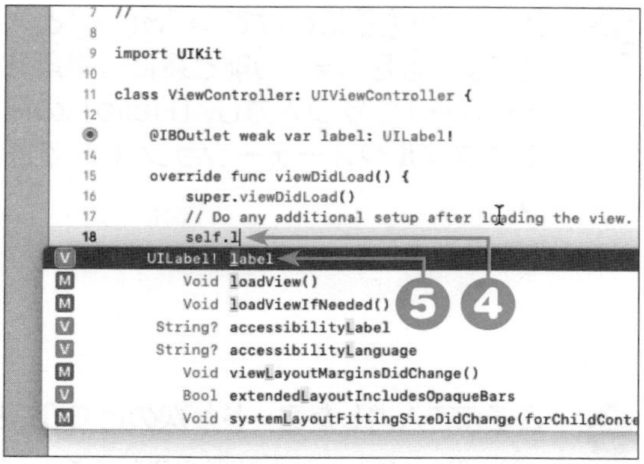

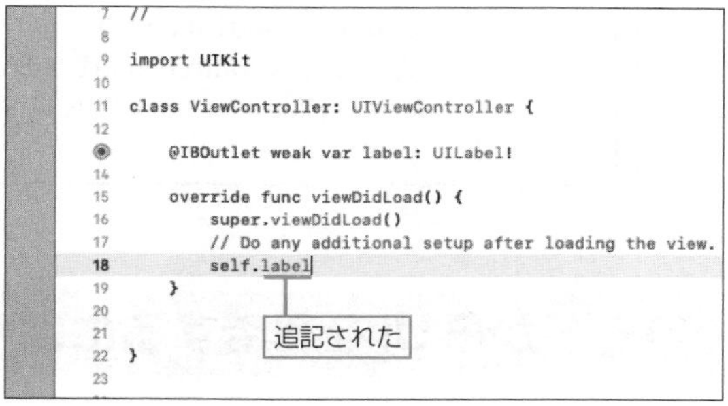

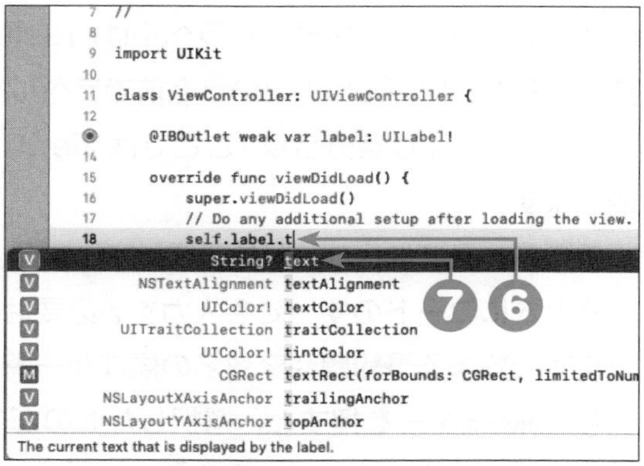

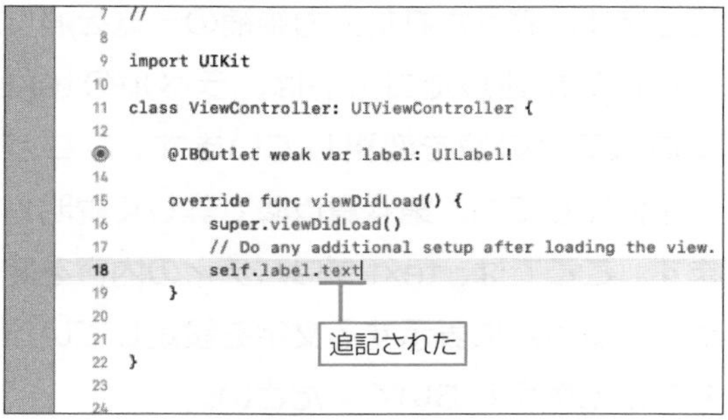

```
 9  import UIKit
10
11  class ViewController: UIViewController {
12
13      @IBOutlet weak var label: UILabel!
14
15      override func viewDidLoad() {
16          super.viewDidLoad()
17          // Do any additional setup after loading the view.
18          self.l
```

```
V  UILabel! label
M  Void loadView()
M  Void loadViewIfNeeded()
V  String? accessibilityLabel
V  String? accessibilityLanguage
M  Void viewLayoutMarginsDidChange()
V  Bool extendedLayoutIncludesOpaqueBars
M  Void systemLayoutFittingSizeDidChange(forChildConte
```

```
 9  import UIKit
10
11  class ViewController: UIViewController {
12
13      @IBOutlet weak var label: UILabel!
14
15      override func viewDidLoad() {
16          super.viewDidLoad()
17          // Do any additional setup after loading the view.
18          self.label
19      }
20
21
22  }
23
```

追記された

```
 9  import UIKit
10
11  class ViewController: UIViewController {
12
13      @IBOutlet weak var label: UILabel!
14
15      override func viewDidLoad() {
16          super.viewDidLoad()
17          // Do any additional setup after loading the view.
18          self.label.t
```

```
V  String? text
V  NSTextAlignment textAlignment
V  UIColor! textColor
V  UITraitCollection traitCollection
V  UIColor! tintColor
M  CGRect textRect(forBounds: CGRect, limitedToNum
V  NSLayoutXAxisAnchor trailingAnchor
V  NSLayoutYAxisAnchor topAnchor
The current text that is displayed by the label.
```

```
 9  import UIKit
10
11  class ViewController: UIViewController {
12
13      @IBOutlet weak var label: UILabel!
14
15      override func viewDidLoad() {
16          super.viewDidLoad()
17          // Do any additional setup after loading the view.
18          self.label.text
19      }
20
21
22  }
23
24
```

追記された

8 「text」の後ろに続けて **= "Hello"** と入力する。等号（=）の前と後には半角スペースを1つずつ入力し、「Hello」の前後はダブルクォーテーション（"）で囲む。

```
 7  //
 8
 9  import UIKit
10
11  class ViewController: UIViewController {
12
13      @IBOutlet weak var label: UILabel!
14
15      override func viewDidLoad() {
16          super.viewDidLoad()
17          // Do any additional setup after loading the view.
18          self.label.text = "Hello"
19      }
20
21
22  }
23
```

❽

9 ここまで入力したコードが次のとおりであることを確認する（色文字部分）。

```
override func viewDidLoad() {
    super.viewDidLoad()
    // Do any additional setup after loading the view.
    self.label.text = "Hello"
}
```

コードからUIを利用するには

コードを編集するときは、Interface Builderは利用せずにテキストエディタのみで行います（手順❶）。コードと接続したラベルは、「self.label」と記述して利用します。ラベルとコードを接続したときに、「label」という名前でラベルを識別すると説明したことを思い出してください。

なお、「self」は自分自身（ここではViewController）を指します。詳しくは第４章以降で説明します。

手順❷～❽では、コードを記述しています。Xcodeのテキストエディタでは、コードを記述するときにコードのすべてを入力する必要はありません。最初の１文字を入力すると、入力した文字で始まる**予約語**や変数名の候補が一覧で表示されます。この一覧から、必要なものを選択して Return キーを押すと、選択したものがコードに追記されます。このような機能を**コード補完**といいます。コード補完をうまく利用することで、プログラムを効率よく記述することができます。表示された入力候補の一覧を消したいときは、Esc キーを押します。

ここで記述したコードは、ラベルのtextプロパティの値を変更しています。プロパティに関しても、第４章以降で詳しく説明します。ここでは、textプロパティの内容を変更してラベルに表示する文字を設定しているものだと考えておいてください。

用語

予約語

プログラムの中であらかじめ定義されている単語のことです。

ラベルの文字の変更を確認しよう

アプリを実行して、記述したコードのとおりにラベルの文字が変更されていることを確認してみましょう。

1 ツールバーの［▶］［実行］ボタンをクリックする。

結果 iOSシミュレーターが起動し、アプリが実行される。

2 ラベルの文字が「Hello」に変わっていることを確認する。

3 ツールバーの［■］［停止］ボタンをクリックする。

結果 アプリが終了する。

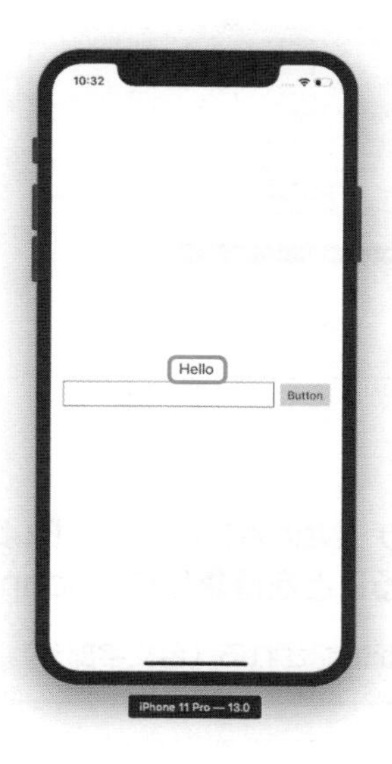

ボタンを押したときの処理を書いてみよう

画面上に配置したUIをコードと接続するのと同様に、画面上のUIを操作したときの動きをコードと接続することもできます。ここでは、ボタンを押したときの動きとコードを接続してみましょう。

1 ナビゲーターエリアのプロジェクトナビゲーターで［Main.storyboard］を選択し、ドキュメントアウトラインから［View Controller Scene］を選択する。

結果 Interface BuilderにiPhoneの画面が表示される。

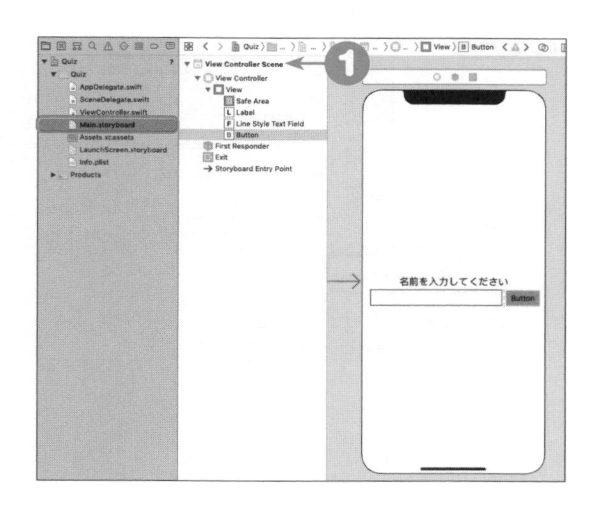

2 iPhoneの画面上の［Button］をクリックして選択し、Ctrlキーを押しながら、アシスタントエディタに表示されたコードの最後の「}」の上の行にドラッグ&ドロップする。

結果▶ ラベルとコードを接続するための接続ウィンドウが表示される。

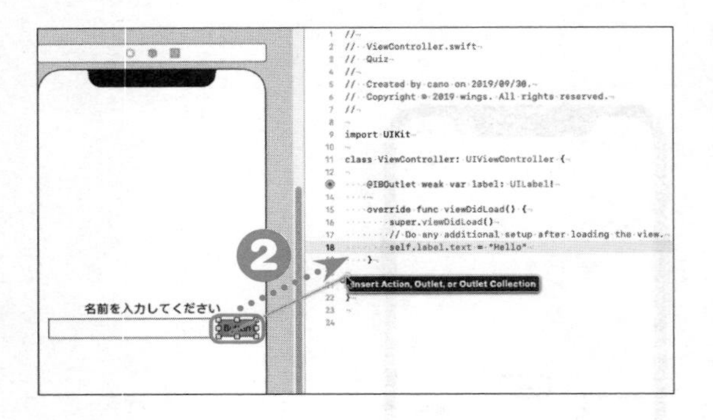

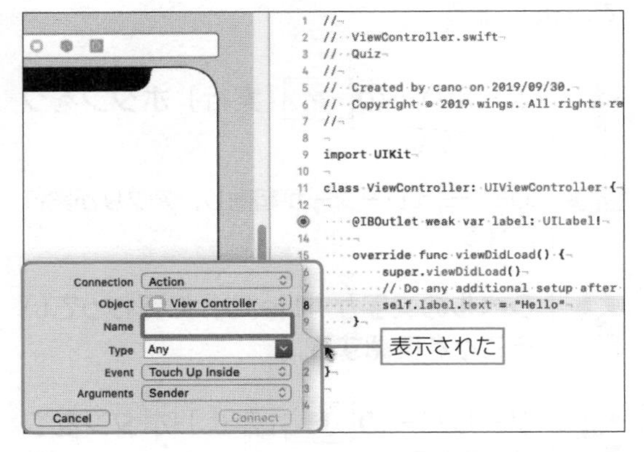

3 接続ウィンドウの［Name］にpressButtonと入力し、［Event］に［Touch Up Inside］が選択されていることを確認して［Connect］ボタンをクリックする。

結果▶ コードに次の記述が追記される（色文字部分）。

```
override func viewDidLoad() {
    super.viewDidLoad()
    // Do any additional setup after loading the view.
    self.label.text = "Hello"
}

@IBAction func pressButton(_ sender: Any) {
}
```

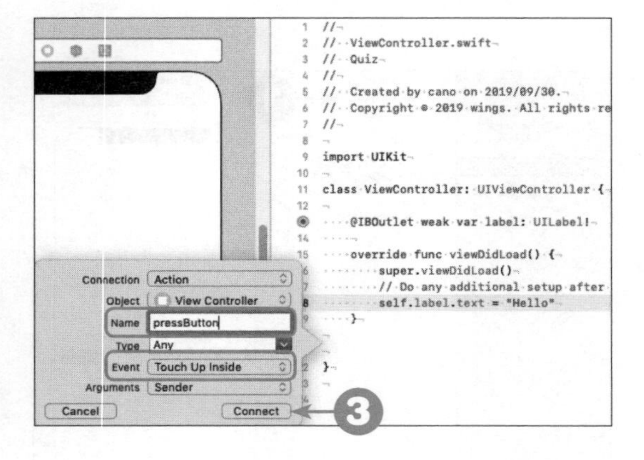

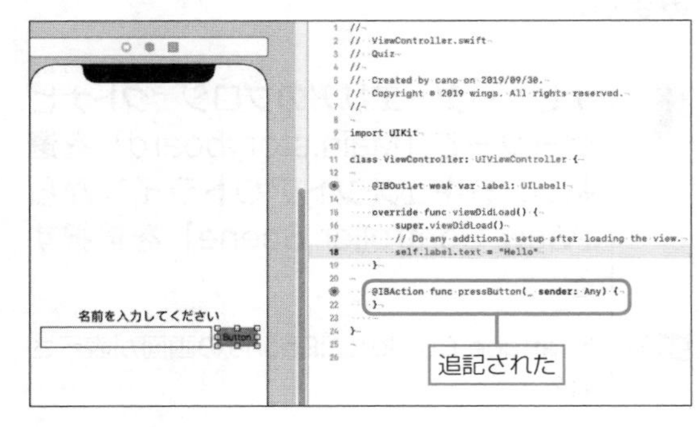

UIの操作とコードを接続するには

画面上に配置されたUIと違って、UIの動き自体はInterface Builderには表示されていません。ですが、UIの操作も同じ手順でコードと接続できます。操作を行うUI（ここではボタン）を選択してCtrlキーを押しながらコードにドラッグ＆ドロップすると、そのUIが操作されたときの動きを行うための接続ウィンドウが自動的に表示されます（手順❷）。ラベルをコードに接続したときと接続ウィンドウを比べてみると、［Connection］の部分が異なります。

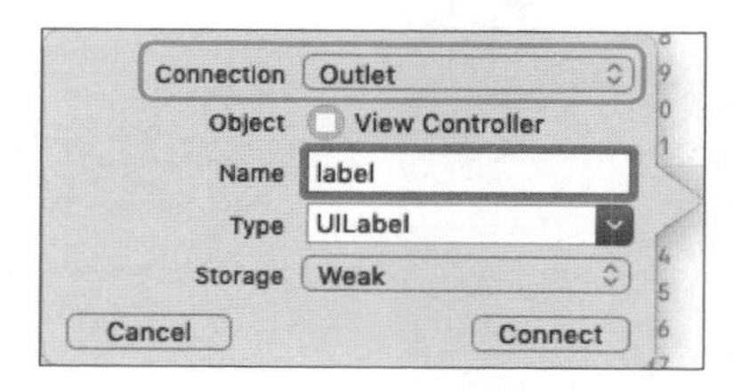

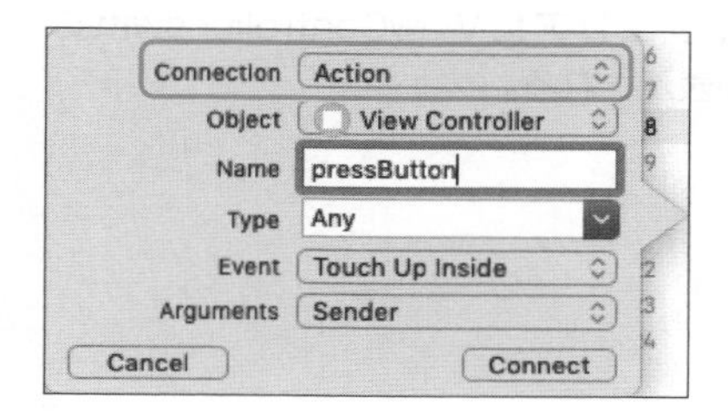

左の画面のように、［Connection］が［Outlet］の場合は、ラベルなどのオブジェクトとコードの接続です。右の画面のように、［Connection］が［Action］の場合は、UIの操作とコードの接続です。［Connection］の設定は、Interface Builderが自動的に選択するので特に意識する必要はありません。

［Name］にpressButtonと入力した後に、［Connect］ボタンをクリックしてボタンの操作とコードを接続します（手順❸）。

UIの操作をコードから行うときは、変数ではなく**メソッド**を利用します。メソッドとは、オブジェクトに対する操作をまとめたものです。変数やプロパティと同様に、メソッドに関しても第４章以降で説明していきます。ここでは、ボタンを押したときに行う処理は、コードの中のメソッドと接続するものだと考えておいてください。

接続するメソッドは、手順❸で［Connect］ボタンをクリックするとコードに追記されます。ここでは、ボタンを押したときに実行されるメソッドが「pressButton」という名前で追記されています。

コードとの接続

本書では「コードと接続する」という表現でInterface Builderとコードの関係を表現しています。Xcode上の手順では、コードの接続と接続するコードの記述は同時に行なっています。「コードと接続する」という場合には、単に接続するだけでなく、コード内の接続する変数やメソッドも同時に記述していると考えてください。

ボタンを押したときにラベルの文字を変えてみよう

ここまでの作業で、ボタンの操作とコードの接続はできました。次はボタンを押したときにラベルの文字を変えるという具体的な処理を記述してみましょう。

1 ナビゲーターエリアのプロジェクトナビゲーターで［ViewController.swift］を選択する。

結果 エディタエリアにViewController.swiftの内容が表示される。

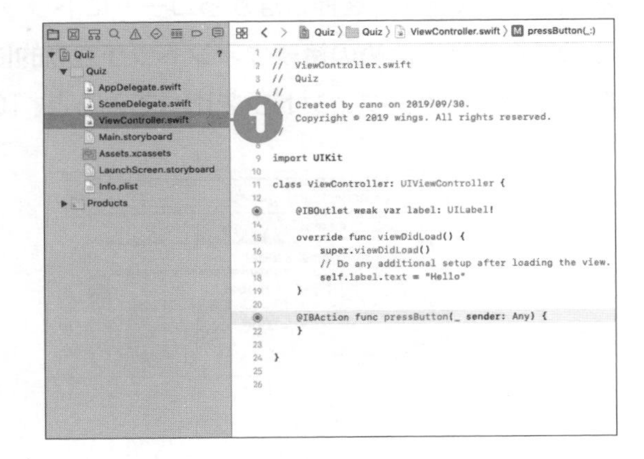

2 ViewController.swiftのコードを次のように編集する（色文字部分を追加）。

```
    override func viewDidLoad() {
        super.viewDidLoad()
        // Do any additional setup after loading the view.
        self.label.text = "Hello"
    }

    @IBAction func pressButton(_ sender: Any) {
        self.label.text = "ボタンを押しました"
    }
```

3 ツールバーの［▶］［実行］ボタンをクリックする。

結果 iOSシミュレーターが起動し、アプリが実行される。

4 ボタンをクリックする。

結果 ラベルの文字が変化する。

5 ツールバーの［■］［停止］ボタンをクリックする。

結果 アプリが終了する。

UIを操作したときの処理を記述するには

UIを操作したときの処理は、コードと接続したメソッドの中に記述します。ここでは、ボタンを押したときの処理を、コードに追記されたpressButtonメソッドの「{」と「}」の中に記述しています。

コードを記述するときはInterface Builderは利用しませんので、テキストエディタで［ViewController.swift］を開きます（手順❶）。その後に、手順❷のとおりにViewController.swiftのコードを編集します。コードの記述は、すでに説明したコード補完の機能を使っても、以前に記述した「self.label.text = "Hello"」の部分をコピー&ペーストして必要な部分を変更しても構いません（ヒント参照）。

記述したコードは、pressButtonメソッドの中でラベルの文字をtextプロパティで設定する処理です。

コードをコピー&ペーストするには

Xcodeでコードをコピー&ペーストするには、まず、コピーしたい部分をドラッグして選択します。続いて［Edit］メニューの［Copy］をクリックする（または、⌘+Cキーを押す）と、選択した部分がコピーされます。コピーした内容を貼り付ける（ペーストする）には、貼り付け先の位置をクリックし、［Edit］メニューの［Paste］をクリックします（または、⌘+Vキーを押します）。

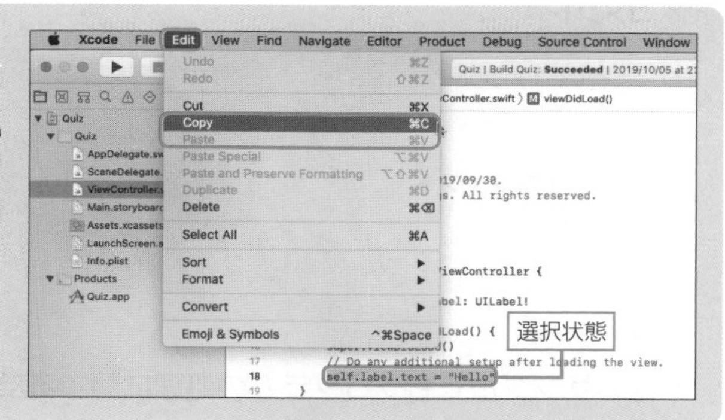

コードからUIを利用する手順をおさらいしよう

ここまで行ってきた、コードからUIを利用する手順をまとめると次のようになります。

(1) Interface Builderとアシスタントエディタで、UIとコード、またはUIの操作とコードを接続する。
(2) 接続した変数またはメソッドを、コードの中から利用する。

手順はこの2つです。メソッドの作成や変数の利用に関しては、サンプルの作成を進めながら説明します。

コメントとは

コメントとは、ソースコードの中でプログラムに影響を与えない文字のことです。先頭に「//」がついている行はコメントです。「//」以降に書かれた文字は、プログラムのコードと判断されません。プログラムの注釈や処理の説明などを記述するときに使います。

プロジェクトを作成したときに自動で生成されるViewController.swiftのソースコードでは、上部にファイル名、プロジェクト名、ソースコードの作成年月日、コピーライトがコメントで記述されています。

```
1  //
2  //  ViewController.swift
3  //  Quiz
4  //
5  //  Created by cano on 2019/09/30.
6  //  Copyright © 2019 wings. All rights reserved.
7  //
8
9  import UIKit
10
11 class ViewController: UIViewController {
12
```

コメントを記述するには、1行で終わる短いものであれば、先頭に「//」をつけます。複数の行にわたる長いコメントは、「/*」と「*/」で最初と最後を囲みます。これら2種類のコメントの構文は次のようになります。

構文 **コメント**

```
//  1行のコメント

/*
    複数行のコメント
    ・・・
    ・・・
*/
```

本書のサンプルでもプログラムの処理に関する部分には、1行のコメントを記述します。

コードを書くときのルール

Swiftでは、プログラムのコードは、すべて半角文字で入力します。アルファベットのほかに、数字や記号、空白もすべて半角で入力します。先ほどの手順❷では、全角文字で「ボタンを押しました」と入力しましたが、これは変数の値の部分で、詳しくは第4章で説明します。なお、ボタンなどUIに表示する文字には、このように全角文字を使うことができます。

アルファベットは、大文字と小文字が区別されます。たとえば、大文字の「S」と小文字の「s」は、別の文字として扱われます。コードを入力するときは、大文字と小文字の違いに注意しましょう。

コードの文末は、**改行**で区切ります。改行は、プログラムの区切りの意味で使われます。

コードの中では、意味が変わる部分で改行やTabキーを使って、行単位のコードを**インデント**（字下げ）して記述します。一般的には「{」と「}」で囲まれた**ブロック**内をインデントします。

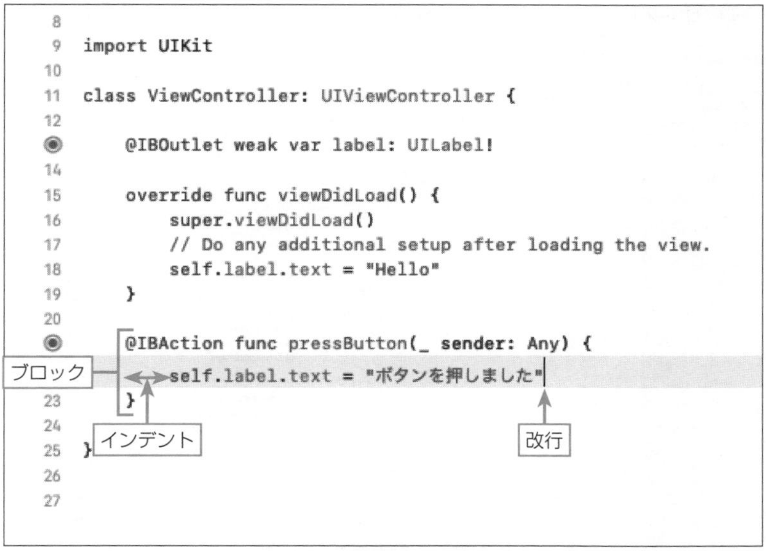

```
 8
 9  import UIKit
10
11  class ViewController: UIViewController {
12
        @IBOutlet weak var label: UILabel!
14
15      override func viewDidLoad() {
16          super.viewDidLoad()
17          // Do any additional setup after loading the view.
18          self.label.text = "Hello"
19      }
20
        @IBAction func pressButton(_ sender: Any) {
            self.label.text = "ボタンを押しました"
23      }
24
25  }
26
27
```

ブロック
インデント
改行

この節の各項目の手順では、実際にコードを入力しました。コードの意味については、これからの章で説明します。まずは、UIとコードの接続やコード補完といったXcodeの機能を使ったコードの書き方に慣れていきましょう。

呼び出されるファイルを確認しよう

前の節までで、ファイルの編集と編集結果の画面への反映について学びました。最後に、プロジェクト内でアプリの実行時に呼び出されるファイルを確認しましょう。

最初に呼び出されるファイルを確認しよう

アプリを起動したときに最初に呼び出されるファイルは、Xcodeでプロジェクトの設定画面から確認できます。ナビゲーターエリアのプロジェクトナビゲーターでいちばん上にある[Quiz] を選択し、[TARGETS] –[Quiz] の [General] タブで [Development Info] –[Main Interface] の設定を確認してください。

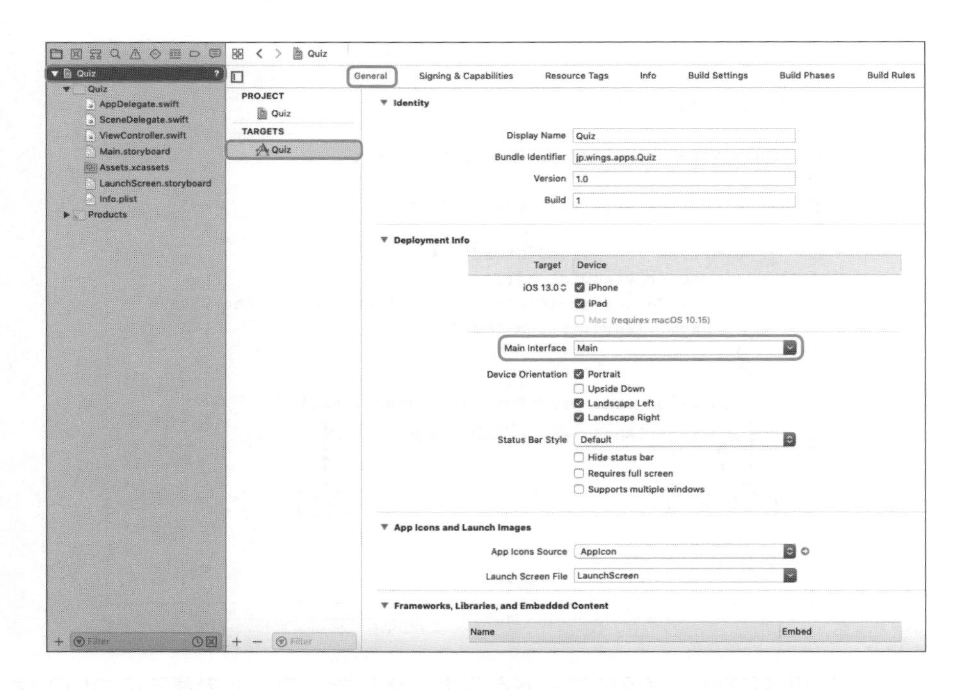

[Main] という項目が選択されていることがわかります。この [Main] は [Main.storyboard] を指しています。この設定のとおり、アプリを起動したときに最初に呼び出されるファイルは [Main.storyboard] です。

画面を呼び出す設定について確認しよう

アプリを起動したときに呼び出されるファイルが［Main.storyboard］であることは先ほど確認しました。次に、［Main.storyboard］の中で呼び出されるファイルを確認してみましょう。

ナビゲーターエリアのプロジェクトナビゲーターで［Main.storyboard］を選択し、ドキュメントアウトラインから［View Controller Scene］－［View Controller］を選択してください。

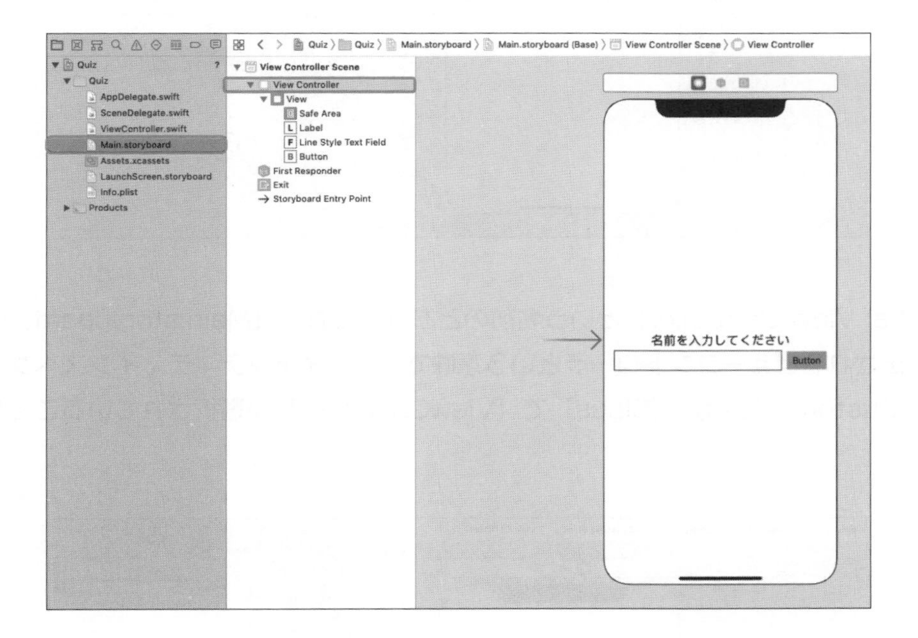

iPhone画面の左側に矢印が表示されていることがわかります。この矢印は、アトリビュートインスペクタ内の［View Controller］で［is Initial View Controller］が選択されていると表示されます。

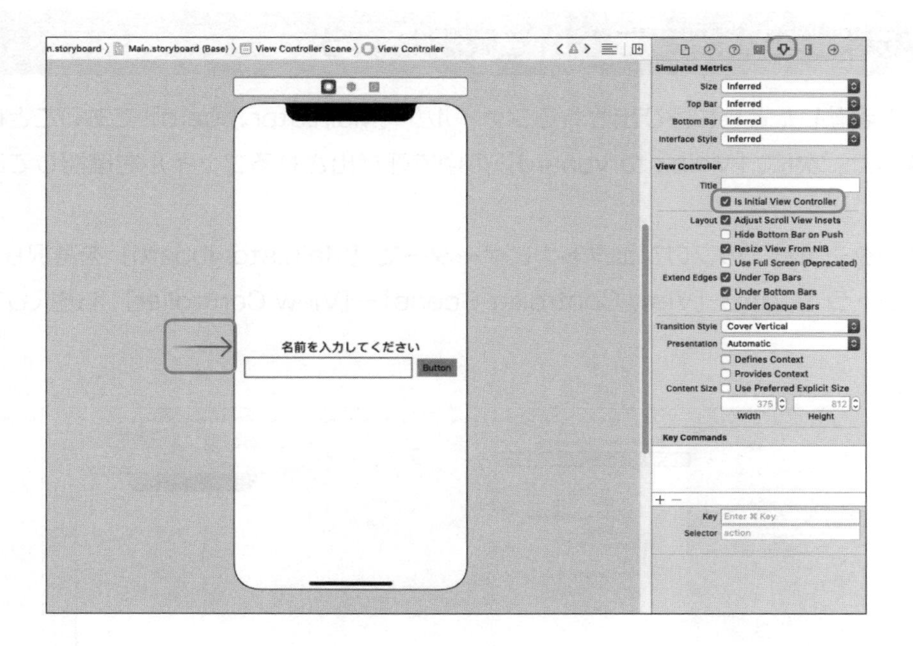

［is Initial View Controller］という名前のとおり、これは［Main.storyboard］の中で最初に呼び出されるビューコントローラという意味です。アイデンティティインスペクタを選択すると、［Custom Class］－［Class］で［ViewController］が選択されていることがわかります。

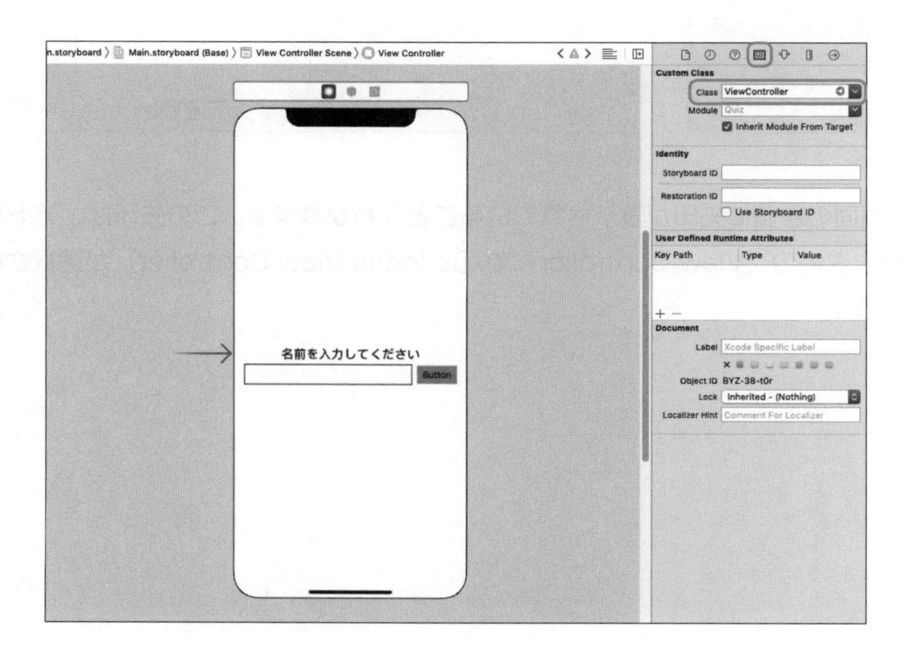

[ViewController] は、[ViewController.swift] に相当します。つまり、[View Controller Scene]－[View Controller] を管理するクラスが [ViewController.swift] であることがわかります。

以上をまとめると、アプリを起動したときに呼び出されるファイルは次のようになります。

(1) [Main.storyboard] が呼び出される。
(2) [Main.storyboard] 内の [View Controller] が呼び出される。
(3) [View Controller] を管理する [ViewController.swift] が呼び出される

この章の「3.1 GUIでファイルを編集しよう」で編集したiPhoneの画面 (View Controller Scene) と、「3.2 コードでファイルを編集しよう」で編集した [ViewController.swift] が、アプリの画面に反映されることがわかります。

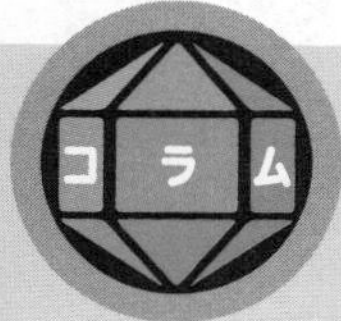

サンプルプロジェクトの開き方

本書のサンプルファイルのプロジェクトをXcodeで開くには、次の手順でプロジェクトを読み込みます。

1 本書の「はじめに」の (3) ページにある「サンプルファイルのダウンロードと使い方」を参照して、サンプルファイルをダウンロードする。ダウンロードしたZIPファイルを解凍すると [EnjoySwift] というフォルダができるので、Finderで [EnjoySwift] フォルダを開く。

結果 各章の完成例のフォルダ [ch2] ～ [ch11] と、アプリで使う画像を収めた [images] フォルダが表示される。

2 目的の章の [Quiz] フォルダを開き、[Quiz] フォルダの中にある [Quiz.xcodeproj] ファイルをダブルクリックする。

結果 サンプルプロジェクトがXcodeに読み込まれる。

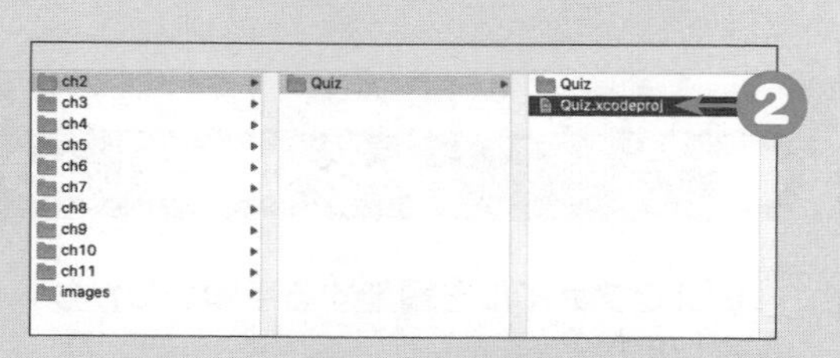

3

ダウンロードしたファイルを開くことへの確認ウィンドウが表示された場合は［Open］ボタンをクリックする。

結果 Xcodeでプロジェクトが開かれる。

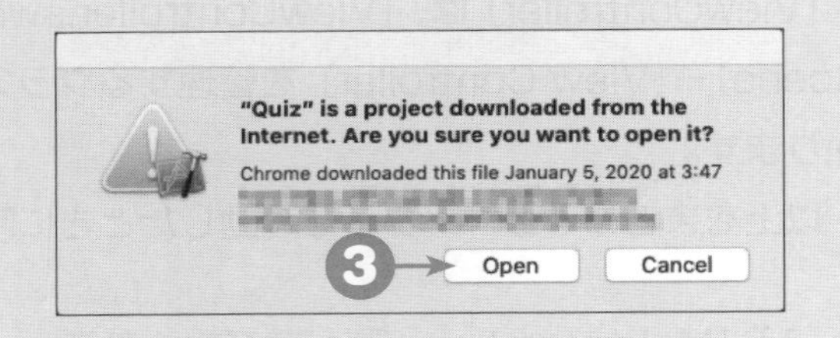

4

読み込んだプロジェクトを閉じるには、Xcodeの［File］メニューから［Close Project］を選択する。

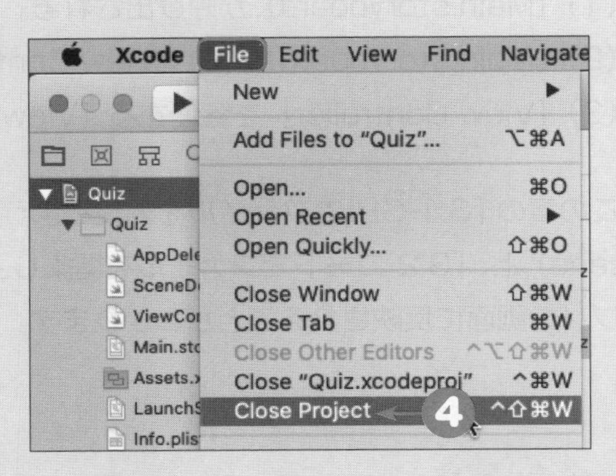

～もう一度確認しよう！～ チェック項目

- □ GUIでファイルを編集する手順がわかりましたか？
- □ UIとコードを紐づける方法がわかりましたか？
- □ コードでファイルを編集する手順がわかりましたか？
- □ アプリを起動したときに呼び出される画面とファイルがわかりましたか？

第 4 章

アプリでSwiftの基本を学ぼう

この章では実際にSwiftのコードを書いてみましょう。実際にコードを記述しながらSwiftの基本的な事柄を学びます。

この章で学ぶこと

この章では、iPhoneアプリを作成するために必要なSwiftの基本的な使い方を学びます。主な学習内容は次のとおりです。

(1) 変数の使い方
(2) 処理の分岐
(3) クラスの使い方
(4) クラスの概要の理解

その過程を通じて、この章では次の内容を学習していきます。

- **変数、定数の意味と使い方**
- **変数や式の値による処理の分岐**
- **Dateクラスを利用したプロパティやメソッドの使い方**
- **クラスの概要とUIとの関係、クラスを定義するコードなど**

この章では実際にSwiftのコードを記述しながら、Swiftの基本的な事柄を学びます。

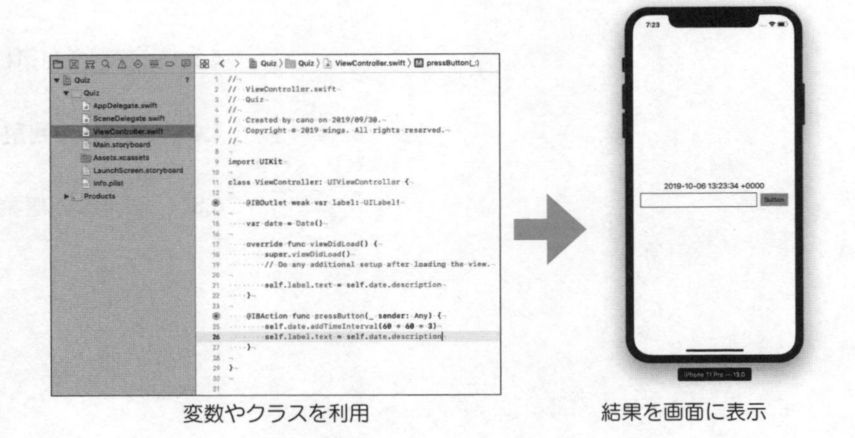

変数やクラスを利用　　結果を画面に表示

変数を使ってみよう

プログラムで文字列や数値などの値を扱うときには、変数という仕組みを利用します。ここでは、コードを書くときに不可欠な仕組みである変数について学びましょう。

変数を使って文字を表示してみよう

変数の基本的な仕組みを理解するために、変数を使って画面に文字を表示してみましょう。

1 ナビゲーターエリアのプロジェクトナビゲーターで［ViewController.swift］を選択する。

結果 エディタエリアにViewController.swiftの内容が表示される。

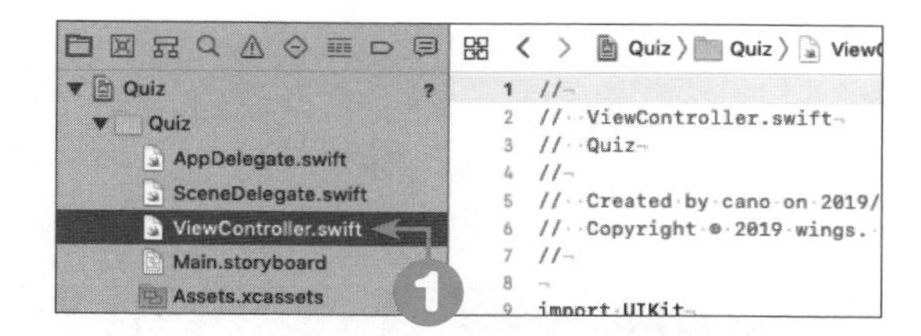

2 ViewController.swiftのコードを次のように編集する（色文字部分を追加・変更）。

```
    override func viewDidLoad() {
        super.viewDidLoad()
        // Do any additional setup after loading the view.

        var str = ""
        str = "Hello Swift"
        self.label.text = str
    }
```

3 ツールバーの［▶］［実行］ボタンをクリックする。

結果 iOSシミュレーターが起動し、アプリが実行される。

```
1  //
2  // ViewController.swift
3  // Quiz
4  //
5  // Created by cano on 2019/09/30.
6  // Copyright © 2019 wings. All rights reserved.
7  //
8
9  import UIKit
10
11 class ViewController: UIViewController {
12
13     @IBOutlet weak var label: UILabel!
14
15     override func viewDidLoad() {
16         super.viewDidLoad()
17         // Do any additional setup after loading the view.
18
19         var str = ""
20         str = "Hello Swift"
21         self.label.text = str
22     }
23
24     @IBAction func pressButton(_ sender: Any) {
25         self.label.text = "ボタンを押しました"
26     }
27
28 }
```

❷（19〜21行目）

4 ラベルに「Hello Swift」と表示されていることを確認する。

5 ツールバーの [■] [停止] ボタンをクリックする。

結果 アプリが終了する。

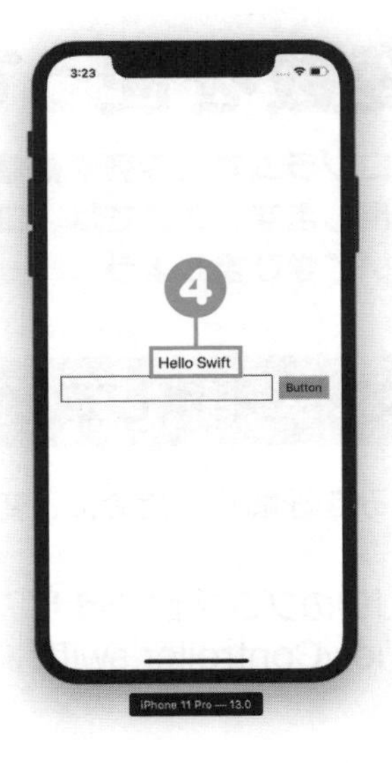

変数とは

変数とは、プログラムの中で文字列や数値などのデータを格納するための仕組みのことです。プログラムの中で、文字列や数値などをそのまま持ち続けるということはありません。データを格納して必要に応じて取り出したり、処理を行うために受け渡したりします。このようなときに利用されるのが変数です。

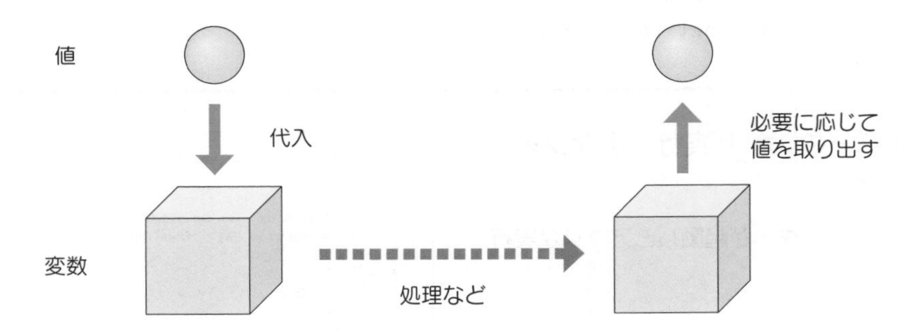

別の言い方をすると、変数とはさまざまなデータを収納できる容器のようなものです。変数に保存したデータのことを**値**といい、変数に値を保存することを**代入**といいます。

これからコードを書いていくときに、変数は毎回利用します。Swiftの基本的な事柄を

変数と定数

変数は処理の内容によって値が変わることがあります。これに対し、値を変更できない変数のことを**定数**と呼んで区別します。固定の値を利用したいときには定数を利用します。

学ぶにあたって、変数の役目を最初に理解してください。

変数の型

Swiftで扱うデータには、文字列や数値などの種類があります。このデータの種類のことを**型**といいます。変数の値が文字列のときは文字型、整数のときはInt型という型で扱います。Swiftの基本的な型をあげます。

名前	型	概要
文字列型	String	文字列を扱う
整数型	Int	整数を扱う
小数型	Float、Double	小数を扱う
真偽型	Bool	true、falseの2つで真偽を表す

小数型には、Float、Doubleの2種類があります。Floatは32ビット、Doubleは64ビットの小数を扱うことができます。Doubleのほうが精度の高い小数を扱うことができます。

また、文字列型のことをString型というように、型の名前を使って「○○型」ということもあります。

Swiftの学習を進めていくにつれ、上記以外の型を使うこともあります。はじめのうちは、これらの基本的な型を覚えるようにしてください。

変数の宣言と初期化

コードの中で変数を利用するときには、あらかじめ「変数XXを利用します」と記述する必要があります。このことを変数の**宣言**といいます。変数の宣言は次の構文で行います。

構文 変数、定数の宣言

```
var 変数名[: 型]
let 定数名[: 型]
```

変数を宣言した後に変数の値が変わるときは、「var」をつけて宣言します。同じ値を使い続ける定数のときは、「let」をつけて宣言します。

Swiftでは、まずlet（定数）での宣言が優先されます。コードの中で値を変更しなければならないときは、var（変数）として宣言します。変数を宣言した後で値が変わらないときはlet、変わるときはvarという基準で使い分けるようにしてください。

変数、定数を宣言するとき、型の記述は省略することもできます。宣言すると同時に値を代入したいときは、次の構文を用います。

構文 初期値を伴った変数、定数の宣言

```
var  変数名[: 型]  =  値
let  変数名[: 型]  =  値
```

変数名、定数名の後に「=」記号をつけて代入する値を記述します。宣言時に代入する値のことを、**初期値**といいます。

変数を利用するには

手順❷では、String型の変数を「str」という名前で宣言しています。初期値は空文字です。その後に「Hello Swift」の値を代入しています。画面に配置したラベルのtextプロパティの値に、変数strを設定することで、ラベルに変数strの値である「Hello Swift」を表示しています。

用語

ダブルクォーテーション

ダブルクォーテーションとは文字列を囲む「"」のことです。変数の値などで文字列を扱うときは、ダブルクォーテーションで囲みます。ダブルクォーテーションで囲まない文字列は、変数の名前などプログラムの中で意味のある言葉として解釈されます。

型推論

変数、定数を宣言するときに型を省略すると、Xcodeが自動的に型を判断して問題なくアプリが実行できるようにします。Swiftに限らず、プログラムの実行環境が自動的に型を判断することを**型推論**といいます。

変数名のルール

Swiftでは、変数名をつけるときの決まりがあります。絵文字や全角文字などを変数名として利用できるなど、変数名の自由度は高いですが、それでも次のように最低限の制限はあります。

・先頭に数字は使えない。
・空白文字、数学記号、矢印記号は含めることができない。
・予約語は使用できない。

予約語

予約語とは、「if」、「let」など、プログラムの中で特別な意味を持つ文字列のことです。これらの文字列は、プログラムの中ですでに意味が決まっているため、変数名としては利用できません。予約語を変数名にしようとすると、テキストエディタにエラーが表示され、アプリが実行できません。そのときは、エラーメッセージに従って変数名を書き換えてください。

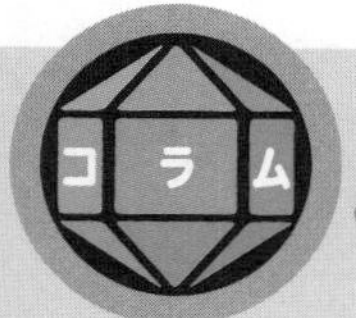

Swiftにおける命名規則

Swiftでは、基本的に自由に変数名をつけることができます。ですが、企業や学校などで複数のメンバーでアプリの開発を行う場合、各メンバーが自分勝手に変数名をつけてしまうと、コードの可読性が下がったり、思わぬエラーを引き起こしてしまうことがあります。そのようなことを防ぐために、Swiftのコミュニティである Swift.org（https://swift.org）では、変数名を含めた命名規則（名前づけ規則）のガイドラインを次のように定めています。本書のサンプルでも、次のガイドラインを利用しています。

「API Design Guidelines」の「Naming」
https://swift.org/documentation/api-design-guidelines/#naming

・変数名、メソッド名にはキャメルケースを用いる

キャメルケースとは、複数の単語を組み合わせるときに、2番目以降の単語の最初を大文字にすることをいいます。1つの単語で名前が完結する場合は、すべて小文字の名前にします。

(例)

```
// ラベルの変数名
@IBOutlet weak var label: UILabel!

// アイコンを表示するイメージビューの変数名
```

```
@IBOutlet weak var iconImageView: UIImageView!

// クイズのカードをドラッグするメソッド名
func dragQuizCard(_ sender: UIPanGestureRecognizer) {

// クイズのカードを移動するメソッド名
func transformQuizCard(gesture: UIPanGestureRecognizer) {
```

・クラス名、列挙型名はアッパーキャメルケースを用いる

アッパーキャメルケースとは、先頭の単語の最初も大文字とするキャメルケースです。

(例)

```
// クイズのカードを管理するクラス
class QuizCard: UIView {

// クイズのカードの状態を定義する列挙型
enum QuizStyle {
```

値を判定してみよう

変数の値を判定して、処理を分岐するコードを学びましょう。

処理を振り分けてみよう

処理を振り分ける**分岐**について学びましょう。クイズアプリでは、正解と不正解で次の処理を分岐する必要があるので、その練習だと考えてください。

1 ViewController.swiftのコードを次のように編集する（色文字部分を追加・変更)。

```
override func viewDidLoad() {
    super.viewDidLoad()
    // Do any additional setup after loading the view.

    var str = ""
    let i = 3
    if ( i >= 1 ) {
        str = "iは1以上です"
    }
    self.label.text = str
}
```

2 ツールバーの ▶ ［実行］ボタンをクリックする。

結果 iOSシミュレーターが起動し、アプリが実行される。

```
1  //
2  //  ViewController.swift
3  //  Quiz
4  //
5  //  Created by cano on 2019/09/30.
6  //  Copyright © 2019 wings. All rights reserved.
7  //
8
9  import UIKit
10
11 class ViewController: UIViewController {
12
13     @IBOutlet weak var label: UILabel!
14
15     override func viewDidLoad() {
16         super.viewDidLoad()
17         // Do any additional setup after loading the view.
18
19         var str = ""
20         let i = 3
21         if ( i >= 1 ){
22             str = "iは1以上です"
23         }
24         self.label.text = str
25     }
26
27     @IBAction func pressButton(_ sender: Any) {
28         self.label.text = "ボタンを押しました"
```

❶

3 ラベルに「iは1以上です」と表示されていることを確認する。

4 ツールバーの[■][停止]ボタンをクリックする。

結果▶ アプリが終了する。

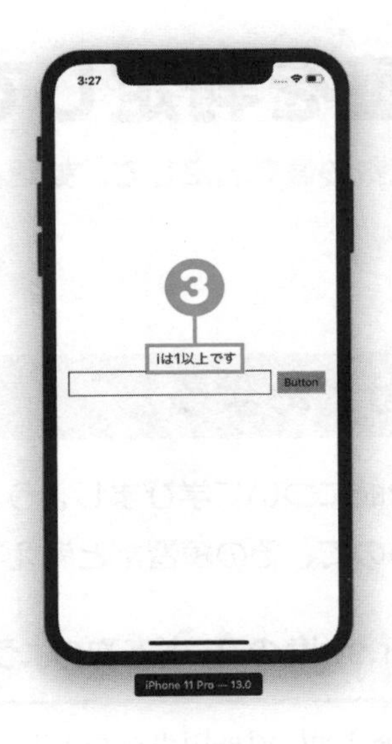

演算子による比較や算術処理

プログラミングを行うとき、計算処理のことを**演算**といいます。**演算子**とは、数式やプログラムの中で演算を行うための記号です。本書のサンプルアプリでは、乱数の余りを算出したり偶数か奇数かの判定を行うところで利用しています。変数の値を代入するときに利用する「=」も**代入演算子**という演算子の1つです。

よく利用される演算子を表にまとめます。演算子は種類が多いので、少しずつ覚えていきましょう。

分類	演算子	概要
算術演算子	+	加算
	-	減算
	*	乗算
	/	除算
	%	剰余
代入演算子	=	値を代入
比較演算子	==	左辺と右辺が等しければ真
	!=	左辺と右辺が等しくなければ真
	<	左辺が右辺よりも小さければ真
	<=	左辺が右辺以下であれば真
	>	左辺が右辺よりも大きければ真
	>=	左辺が右辺以上であれば真
論理演算子	!	NOT（否定）
	&&	AND（論理積）
	||	OR（論理和）
範囲演算子	...	左辺から右辺まで（右辺を含む）
	..<	左辺から右辺まで（右辺を含まない）

if文による条件分岐

ここで利用したのは**if文**という条件分岐の基本的な構文です。

```
var str = ""
let i = 3           // 変数iを宣言
if ( i >= 1 ) {     // iの値が1以上のとき
    str = "iは1以上です"
}
self.label.text = str
```

ここでは、変数iの値が１以上かどうかを判定し、処理を分岐しています。分岐した先で、ラベルのtextプロパティに「iは１以上です」と文字列を指定しています。つまり、変数iの値が１以上であれば、画面に配置したラベルに「iは１以上です」と表示されます。

このように、何らかの条件によって処理を分ける文を**制御構文**といいます。if文は、１つの条件で処理を分岐するときに用います。

構文 if文

```
if (条件式) {
    条件式がtrueのときの処理
}
```

「if」の後に「( )」を書き、その中に条件を判定する**条件式**を書きます。その後に「{」と「}」で囲まれたブロック内に条件式を満たすときに実行する処理を書きます。条件式の条件を満たすときに、trueや真という言い方をします。

if文の処理の流れは次のようになります。

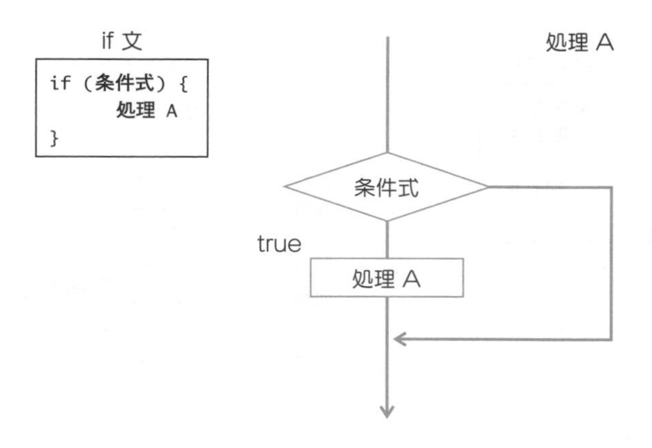

条件式とは、結果をtrueまたはfalseで返す式のことです。先のコードでは、**比較演算子**を使って、変数iが1以上かどうかを判定しています。比較演算子とは、右辺と左辺の変数を比較して、その結果をtrue（真）またはfalse（偽）で返す演算子です。

つまりこのときは、変数iの値が1より大きければ、この条件式はtrue（真）となり、ブロック内の処理が実行されます。変数iの値が1より小さければ、この条件式はfalse（偽）となり、続くブロックの処理は**スキップ**（処理が行われないこと）されます。

条件式がtrueのときとfalseのときで、処理を分けたいときには、elseブロックを使うif～else文を利用して次のように記述します。

構文 if～else文

```
if ( 条件式 ) {
    条件式がtrueのときの処理
} else {
    条件式がfalseのときの処理
}
```

if～else文を利用すると、ViewController.swiftの処理は次のように記述できます。

```
var str = ""
let i = 3            // 変数iを宣言
if ( i >= 1 ) {      // iの値が1以上か？
    str = "iは1以上です"
} else {
    str = "iは1より小さいです"
}
self.label.text = str
```

if～else文の処理の流れは次のようになります。

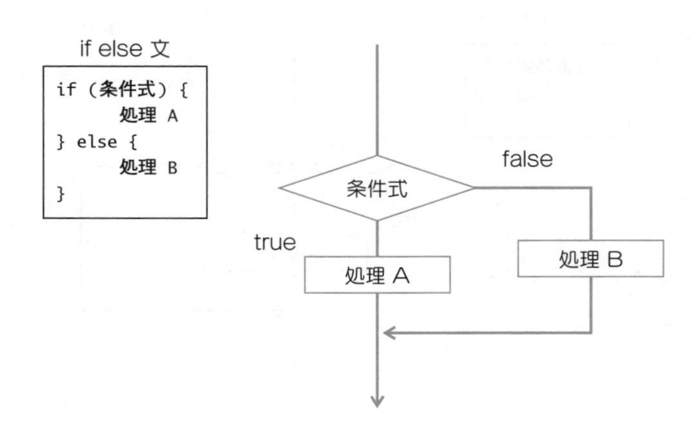

if～else文を利用すると、条件を満たすときと満たさないときの両方で別々の処理を行うことができます。

用語

式

式とは、何らかの値を返す1つの処理のことです。サンプルアプリの「i >= 1」は、iが1以上かをtrueまたはfalseで返す式です。if文を含め、条件分岐では式の返す値によって処理を分岐します。逆の言い方をすると、値を返す式でないときは処理の分岐には使えません。

switch文による条件分岐

分岐において条件が多くなるときは、**switch文**という制御構文を用います。switch文は、if文やif～else文と違って、条件式の真偽ではなく、変数や式の値によって処理を分岐します。

構文 switch文

```
switch ( 変数名または式 ) {
case 値1または条件式1:
        処理1
case 値2または条件式2:
        処理2
          ・
          ・
          ・
case 値nまたは条件式n:
        処理n
default:
        処理
}
```

switch文の条件式と、caseで指定する条件式または値に合致するときに限り、該当する処理が行われます。caseのどの部分にも合致しないときは、defaultで指定した処理が行われます。

switch文の処理の流れは、次のようになります。

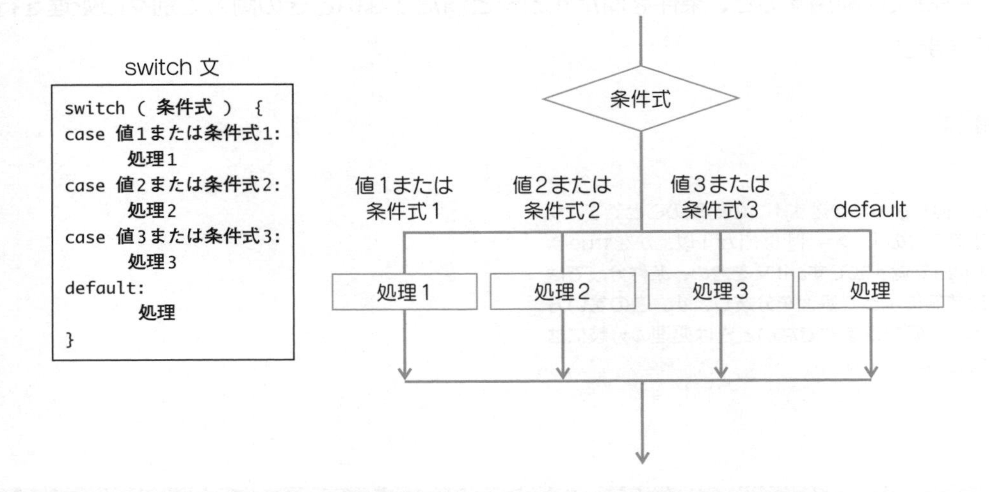

switch文を利用すると、変数iを3で除算したときの余りで処理を分岐するコードは次のように書くことができます。

```
switch i%3 {
case 0:
    str = "iは3で割り切れます"
case 1:
    str = "iは3で割ると1余ります"
case 2:
    str = "iは3で割ると2余ります"
default:
    str = ""
}
```

剰余演算子%を使って、変数iを3で割った余りの値によって処理を分岐しています。switch文を利用すると、分岐の多い処理を1つのブロックでまとめて記述することができます。

配列を利用してみよう

Swift には、複数の値をまとめて管理できる配列という仕組みがあります。ここでは配列を利用したコードを加えてみましょう。

配列から値を取得してみよう

配列の変数を宣言し、その配列の中から値を取得してみましょう。

1 ViewController.swiftのコードの次の部分を削除する（取り消し線部分）。

```
    override func viewDidLoad() {
        super.viewDidLoad()
        // Do any additional setup after loading the view.

        var str = ""
        let i = 3
        if ( i >= 1 ) {
            str = "iは1以上です"
        }
        self.label.text = str
    }
```

2 ViewController.swiftのコードを次のように編集する（色文字部分を追加）。

```
class ViewController: UIViewController {

    @IBOutlet weak var label: UILabel!

    let quizzes = ["猫は人間を超でっかいネコだと思っている？",
                   "イヌは食べ物の美味しさを味よりも匂いで判断している？",
                   "トラのしましま模様は皮膚まで繋がっていない？"]

    override func viewDidLoad() {
        super.viewDidLoad()
        // Do any additional setup after loading the view.

        var str = ""
        str = self.quizzes[0]
        self.label.text = str
    }
```

3 ナビゲーターエリアのプロジェクトナビゲーターで［Main.storyboard］を選択してInterface BuilderにiPhoneの画面を表示する。ラベルをクリックして選択し、ユーティリティエリアのアトリビュートインスペクタで［Font］の［Size］を［18］に変更して［Done］ボタンをクリックする。

結果 ラベルの文字のサイズが18に変更される。

4 ツールバーの ▶［実行］ボタンをクリックする。

結果 iOSシミュレーターが起動し、アプリが実行される。

5 ラベルの文字が「猫は人間を超でっかいネコだと思っている？」に変わっていることを確認する。

6 ツールバーの ■［停止］ボタンをクリックする。

結果 アプリが終了する。

7 手順❸と同様の手順でラベルの文字のサイズを［20］に戻す。

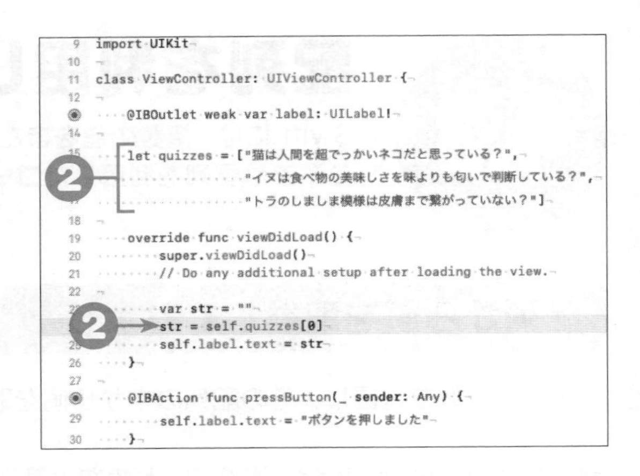

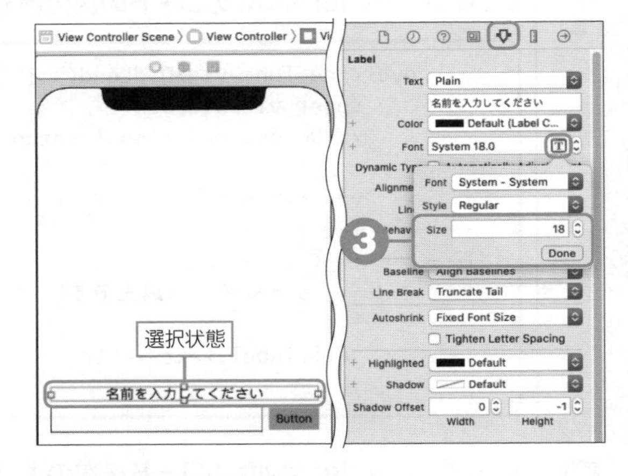

配列とは

配列とは、同じ型の複数のデータをまとめて管理するデータ構造のことです。同じ目的で利用する変数を、いくつも定義していると、処理の中で間違えやすくなります。今回作成するクイズアプリの問題文のように、同じように利用できる複数の変数が存在するときは、それらをまとめて管理できるほうが便利です。配列にまとめられた変数のことを配列の**要素**といいます。配列のイメージは次のとおりです。

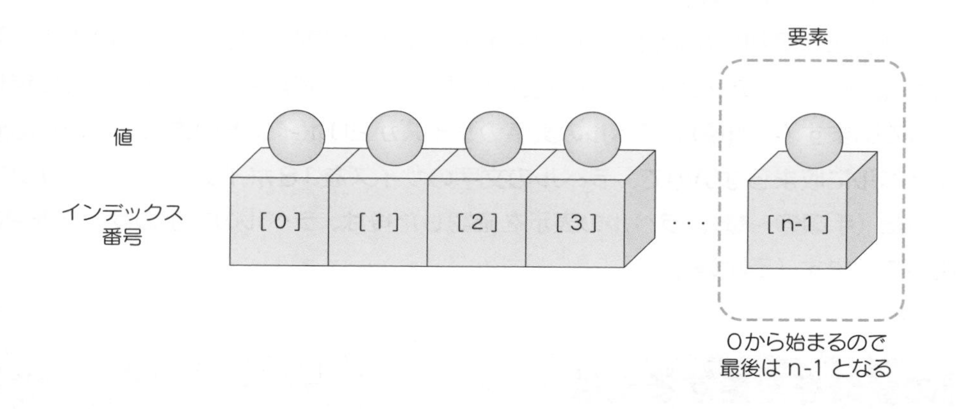

配列の要素には、0から始まる**インデックス番号**が自動的に割り振られます。インデックス番号は、配列の要素の順番を表し**添字**(そえじ)や**要素番号**とも呼ばれます。0から始まるため、n個の要素を持つ配列の最後の要素のインデックス番号はn-1になります。

配列の変数を宣言する構文は次のとおりです。

構文 配列の宣言

```
var 配列の変数名[: [型]] = [要素1, 要素2, 要素3, …, 要素n]
```

配列の要素を「[」と「]」で囲み、「,」(カンマ)で区切ります。変数の型も同様に型の名前を「[」と「]」で囲みます。型は省略することもできます。配列を宣言するときには、同じ型の変数をまとめて宣言する点に気をつけてください。

要素を取得するには

配列の中では、1つのインデックス番号に対して1つの要素が存在します。このことを利用して、インデックス番号に対応する要素を参照できます。配列の要素を参照する構文は次のとおりです。

構文 配列の要素を参照

```
配列の変数名[インデックス番号]
```

配列の変数の後に「[0]」のようにインデックス番号を「[ ]」で囲んで指定することで、該当する配列の要素を参照できます。

手順❶では、まず最初にquizzesという名前でString型の配列を宣言しています。その後で、quizzes配列のインデックス番号が0番目の要素をラベルのtextプロパティに設定して画面に表示しています（手順❷）。ラベルの文字のサイズが20ポイントのままだと、quizzes[0]の要素がラベルに収まらないので、ラベルの文字のサイズを18ポイントに下げてサンプルを実行しました（手順❷～❻）。ラベルの表示を確認した後は、ラベルの文字のサイズを20ポイントに戻しています（手順❼）。

配列の要素を変更するには

配列のインデックス番号から値を取得するのと同じ方法で、配列の要素を変更することができます。

構文 配列の要素を変更

```
配列の変数名[インデックス番号] = 値
```

配列のインデックス番号に対する値を代入することで、配列の要素を変更します。当然ですが、変更する要素の値は、配列を宣言したときの型に準じた値です。

配列を使うと、複数の値をまとめて管理できるだけでなく、管理している値を必要に応じて変更できることも覚えておいてください。

クラスを利用してみよう

Swiftでもっとも基本となるクラスについて学びます。クラスというものがどういうものかを理解するために、日時を管理するクラスを使ってみましょう。

Dateクラスを利用してみよう

クラスの役割と使い方を確認するために、日時を管理するDateクラスを利用して現在の日時と3時間後の日時を表示してみます。

1 ナビゲーターエリアのプロジェクトナビゲーターで［ViewController.swift］を選択し、エディタエリアでViewController.swiftのコードの次の部分を削除する（取り消し線部分）。

```
class ViewController: UIViewController {

    @IBOutlet weak var label: UILabel!

    let quizzes = ["猫は人間を超でっかいネコだと思っている？",
                   "イヌは食べ物の美味しさを味よりも匂いで判断している？",
                   "トラのしましま模様は皮膚まで繋がっていない？"]

    override func viewDidLoad() {
        super.viewDidLoad()
        // Do any additional setup after loading the view.

        var str = ""
        str = self.quizzes[0]
        self.label.text = str
    }
```

2 ViewController.swiftのコードを次のように編集する（色文字部分を追加・変更）。

```
class ViewController: UIViewController {

    @IBOutlet weak var label: UILabel!

    var date = Date()

    override func viewDidLoad() {
        super.viewDidLoad()
        // Do any additional setup after loading the view.

        self.label.text = self.date.description
    }
```

```
    @IBAction func pressButton(_ sender: Any) {
        self.date.addTimeInterval(60 * 60 * 3)
        self.label.text = self.date.description
    }
}
```

3 ツールバーの［▶］［実行］ボタンをクリックする。

結果 iOSシミュレーターが起動し、アプリが実行される。

4 世界標準時で現在の日時がラベルに表示されていることを確認する。

5 シミュレーターの［Button］ボタンをタップする。

結果 ラベルの表示が世界標準時で現在より3時間後の時間に変わる。

6 ツールバーの［■］［停止］ボタンをクリックする。

結果 アプリが終了する。

```
//
//  ViewController.swift
//  Quiz
//
//  Created by cano on 2019/09/30.
//  Copyright © 2019 wings. All rights reserved.
//

import UIKit

class ViewController: UIViewController {

    @IBOutlet weak var label: UILabel!

    var date = Date()

    override func viewDidLoad() {
        super.viewDidLoad()
        // Do any additional setup after loading the view.

        self.label.text = self.date.description
    }

    @IBAction func pressButton(_ sender: Any) {
        self.date.addTimeInterval(60 * 60 * 3)
        self.label.text = self.date.description
    }

}
```

用語

世界標準時

イギリスのグリニッジ天文台での平均太陽時のことです。グリニッジ標準時ともいいます。日本標準時と9時間の時差があります。

7 動作確認を行った後は、ViewControllerクラス内の手順❷で編集した、ラベルにnameTextプロパティの日時を表示する処理を削除する（取り消し線部分を削除）。

```
class ViewController: UIViewController {

    @IBOutlet weak var label: UILabel!

    var date = Date()

    override func viewDidLoad() {
        super.viewDidLoad()
        // Do any additional setup after loading the view.

        self.label.text = self.date.description
    }

    @IBAction func pressButton(_ sender: Any) {
        self.date.addTimeInterval(60 * 60 * 3)
        self.label.text = self.date.description
    }
}
```

```
1  //
2  //  ViewController.swift
3  //  Quiz
4  //
5  //  Created by cano on 2019/09/30.
6  //  Copyright © 2019 wings. All rights reserved.
7  //
8
9  import UIKit
10
11 class ViewController: UIViewController {
12
13     @IBOutlet weak var label: UILabel!
14
15     override func viewDidLoad() {
16         super.viewDidLoad()
17         // Do any additional setup after loading the view.
18
19     }
20
21     @IBAction func pressButton(_ sender: Any) {
22     }
```

手順❼の結果

クラスとは

クラスとは、一定の機能がまとめられたプログラムの最小の単位のことです。Swiftでは、さまざまなクラスを機械の部品のように組み合わせて機能を作成していきます。クラスは、アプリの機能を作成するための１つ１つの部品ともいえます。

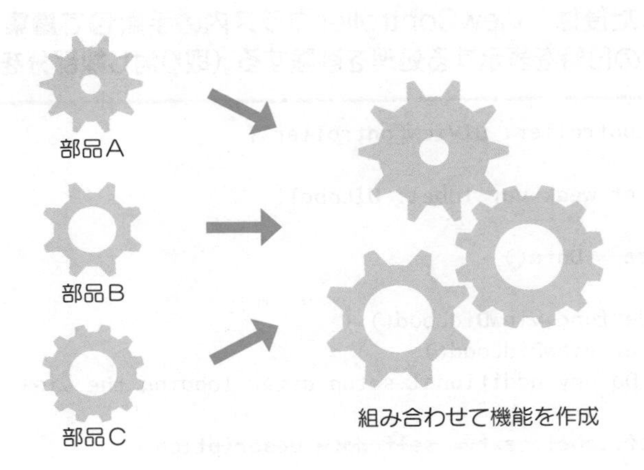

機械の部品では、1つ1つが異なった役割を持ち、異なる設計によって異なる形状で作られています。新しい機械を作るときには、既存の部品をそのまま流用したり、既存の部品を加工したり、新しく部品を作ったりして新しい機械を組み立てます。

iPhoneアプリのプログラムでも、役割ごとにさまざまなクラスが部品として用意されています。新しいiPhoneアプリを作るときにも、機械のときと同様に既存のクラスをそのまま利用したり、加工（プログラミングのときは**カスタマイズ**といいます）したり、新しいクラスを作ったりして新しいアプリを作成します。

クラスはオブジェクトの設計図であり、オブジェクトの状態を管理する変数（**プロパティ**）と、処理をまとめたもの（**メソッド**）によって構成されます。

クラスを利用するには

クラスを利用するときには、メモリ上に実体を伴った部品（**インスタンス**）を作り出すための**インスタンス化**という手順が必要です。クラスはプログラムの設計図のようなもので、プログラムの中でクラスの機能を利用するためには、インスタンス化を行います。

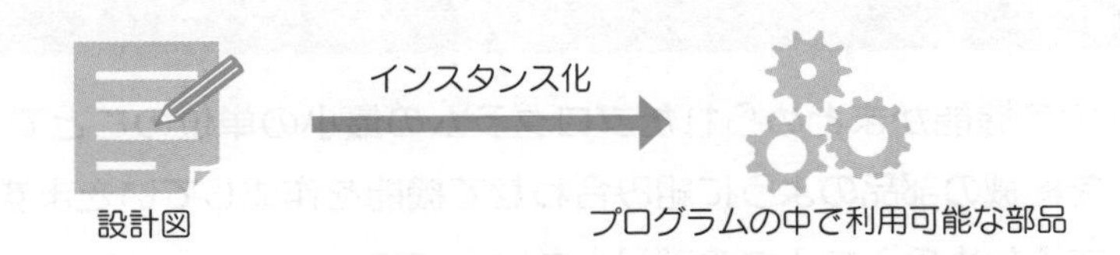

インスタンスを生成するには、変数の宣言のときと同様に、インスタンスの名前をつけて次のように記述します。

構文 インスタンスの生成

```
var インスタンス名[:  クラス名] = クラス名()
let インスタンス名[:  クラス名] = クラス名()
```

インスタンス名の後ろにある「: クラス名」はインスタンスの型を表します。省略しても構いません。インスタンスの型は、クラスの名前をとって「○○（クラス名）型」と呼ぶこともあります。インスタンスの値が、宣言の後に変わるときは「var」、変わらないときは「let」を、変数の宣言のときと同じように記述します。

また、インスタンス名のことを**インスタンス変数**、インスタンス化のことをインスタンスを生成する、クラスを**初期化**する、**初期化処理**を行う、ともいいます。

手順❷では、次のようにDateクラスを初期化して現在日時を管理するData型のインスタンスをdateという名前で生成しています。

```
var date = Date()
```

3時間後の時間を取得するときに、変数dateの値が変わります。したがって、変数dateは、宣言した後に値が変わる「var」で宣言しています。

ヒント

初期化処理を行うinitメソッド

インスタンスを生成するときは、初期化処理を行う**initメソッド**が実行されます。「init」の記述は省略できるので、クラス名の後ろに「()」のみを記述します。initメソッドは、第7章以降で改めて説明します。

プロパティを利用するには

プロパティとは、インスタンスの設定や属性を保持するための変数のことです。プロパティの値を参照するときには、次のようにインスタンスの後ろに「.」（ドット）でプロパティの名前をつなげます。

```
インスタンス名.プロパティ名
```

手順❷では、次のようにdescriptionプロパティでdateの管理する現在日時を表すString型の値を参照しています。

```
self.label.text = self.date.description
```

参照した値を、ラベルのtextプロパティに代入して画面に表示しています。

メソッドを利用するには

メソッドとは、何かを行うための「方法」の総称です。クラスにおけるメソッドは、データを処理する方法のことをいいます。メソッドを実行するときは、インスタンスの変数名の後ろに「.」（ドット）でメソッド名を記述します。

構文 メソッドの実行

```
インスタンス変数名.メソッド名([引数])
```

引数（ひきすう）とは、メソッドに渡す値のことです。メソッドで行うデータの処理に使われます。

手順❷では、次のようにdateの管理する現在日時に、addTimeIntervalメソッドで３時間分の秒数を加算して３時間後の日時をセットしています。

```
self.date.addTimeInterval(60 * 60 * 3)
self.label.text = self.date.description
```

addTimeIntervalメソッドを実行した時点で、dateの管理する日時は３時間後のものとなります。したがってdescriptionプロパティで参照できる値は、３時間後の日時となり、その値がラベルのtextプロパティに代入され、画面に表示されます。

4.5 クラスの概要を整理しよう

ここまでで、変数、クラス、メソッドなどSwiftの基本的な事柄について学びました。この章の最後として、UIとクラスの関係やクラスの定義について整理しましょう。

UIとコードの接続

ViewControllerクラスでは、画面に配置したラベルと変数labelが接続されています。UIと接続された変数には、変数の定義の前に「@IBOutlet」の文字が自動的に追加されます。

```
class ViewController: UIViewController {

    @IBOutlet weak var label: UILabel!
```

変数labelは、コードの中ではインスタンス化されていません。ですが、プロパティに値を指定できるなど、インスタンス変数と同じように利用できます。つまり、UIと接続した変数は、UIのクラスがインスタンス化されたものと同じ意味を持ちます。

UIと接続した変数は、コードの中で初期化処理などを行う必要はなく、結果的にコードを記述する量を減らすことができます。

メソッドとコードの接続

第3章の「3.2　コードでファイルを編集しよう」で、UIの動きをメソッドとしてコードと接続することを説明しました。UIの動きとコードが接続している部分で、メソッドを定義している箇所の構文は次のようになっています。

構文 メソッドの定義

```
func メソッド名(_ 引数の名前: 引数の型) {
    処理の内容
}
```

「func」の後にメソッドの名前、メソッドに渡す引数を「( )」の中に名前と型を「:」(コロン)で区切って記述します。引数の前の「_」(アンダーバー)に関しては、第8章の「8.1　クイズを管理しよう」で説明します。ここでは、引数の名前と型を記述する、という点を覚えておいてください。

引数を定義した後に、ブロック内に処理の内容を記述します。

ViewControllerクラスを参照すると、UIの動きと接続したメソッドの前に「@IBAction」と記述されています。

```
class ViewController: UIViewController {
    (中略)
    @IBAction func pressButton(_ sender: Any) {
```

定義の前に「@IBAction」が記述されたメソッドは、UIの動きと接続することができます。pressButtonメソッドは画面の動きで実行されるメソッドです。

クラスの継承

すでに存在するクラスをベースにして別のクラスを作成するときには、クラスの**継承**という機能を利用することができます。継承とは、ベースとなるクラスの機能を再利用したり機能を追加したりすることです。たとえば、これまでに出てきたラベルを管理するUILabelクラスと、ボタンを管理するUIButtonクラスは、汎用的にUIを管理する**UIView**クラスを継承しています。UIを表示するという機能を引き継いだ上で、文字列やボタンを表示するという機能がそれぞれのクラスで追加されています。

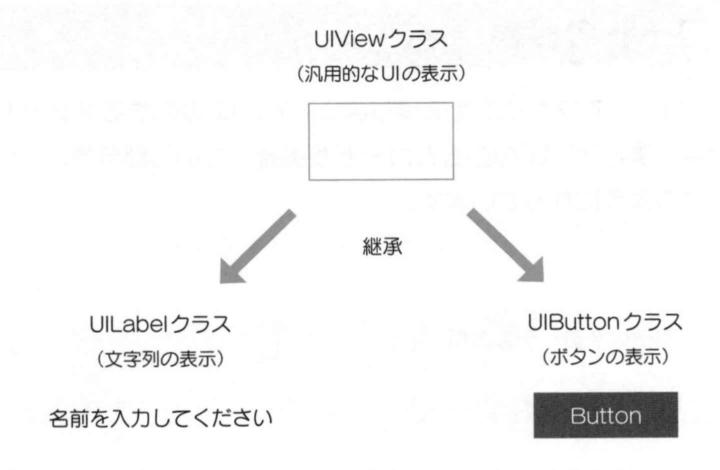

継承元であるUIViewクラスのことを**スーパークラス**または**基底クラス**、継承したUILabelクラスとUIButtonクラスのことを**サブクラス**または**派生クラス**といいます。サブクラスでは、

スーパークラスのプロパティとメソッドをそのまま利用できます。

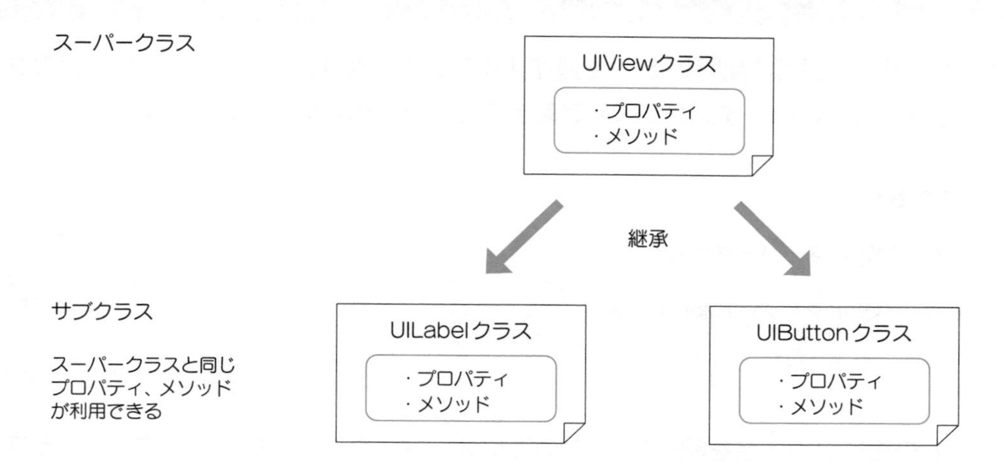

UILabelクラス、UIButtonクラスでUIViewクラスのプロパティを利用できることは、アトリビュートインスペクタからも確認できます。次の画面で「View」という見出しの配下に表示されている項目（枠内）は、UIViewクラスのプロパティに相当するものです。

ビューコントローラのクラス

画面を表示する、画面に配置したUIを操作するなどの処理は、ビューコントローラのクラスにコードを記述して行います。クラスを定義するときの書式は次のとおりです。

構文 クラスの定義

```
class クラス名 [:スーパークラス名] {

    // プロパティやメソッドなどを定義

}
```

「class」の後にクラス名を記述し、「:」の後にスーパークラス名を記述します。クラスを継承しないときは、スーパークラス名は記述しません。その後にブロック内でプロパティやメソッドを定義します。

ViewControllerクラスのコードを参照してみると、次のように定義されています。

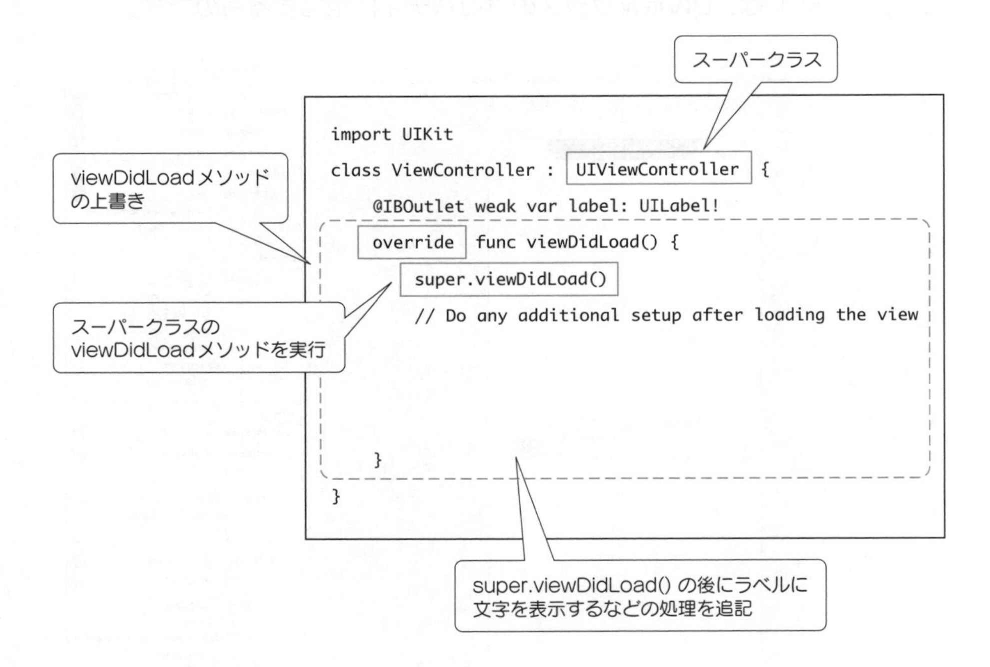

override（オーバーライド）とは、メソッドを上書きするという意味です。つまり、UIViewControllerクラスの画面を表示するviewDidLoadメソッドを上書きして、ViewControllerクラスで画面を表示する処理を実装しています。

サブクラスからは、**super**をつけることでスーパークラスを参照できます。ViewControllerクラスのviewDidLoadメソッドでは、先にスーパークラスのviewDidLoadメソッドを実行しています。つまり、ViewControllerクラス自身のviewDidLoadメソッドを実行するときには、先にスーパークラスであるUIViewControllerクラスのviewDidLoadメソッドを実行して画面を表示する基本的な処理を行います。その後で、ラベルに文字を表示するなどの処理を追記して、ViewControllerクラスの画面を表示するときに実行する処理を定義します。

変数の有効範囲

この章の「4.4　クラスを利用してみよう」では、次のようにクラスの冒頭で変数dateを宣言しています。viewDidLoadメソッドの中では、「self」をつけて変数dateを利用しています。

```
class ViewController: UIViewController {

    @IBOutlet weak var label: UILabel!

    var date = Date()

    override func viewDidLoad() {
        super.viewDidLoad()
        // Do any additional setup after loading the view

        self.label.text = self.date.description
    }

    @IBAction func pressButton(_ sender: Any) {
        self.date.addTimeInterval(60 * 60 * 3)
        self.label.text = self.date.description
    }
}
```

変数は、変数自身が含まれるブロックの中を有効範囲としています。この有効範囲のことを**スコープ**とも呼びます。クラスを定義するブロックの中で宣言した変数は、クラス全体に対して有効です。それに対してメソッドやif文などのブロックの中で宣言した変数は、そのブロックの中だけで有効です。

```
class ClassA {
    var paramA

    グローバル変数
    クラスの全範囲で有効な変数

        func methodB() {
            var paramB

            ローカル変数
            ブロックの中だけで有効な変数
        }
}
```

クラス全体に対して有効な変数を**グローバル変数**、ブロックの中だけで有効な変数を**ローカル変数**といいます。先ほどのコードでは、変数dateをグローバル変数として宣言しています。変数dateはグローバル変数なので、viewDidLoadメソッドとpressButtonメソッドの中で利用できます。

このときに、変数dateがグローバル変数であるという意味で、クラス自身のインスタンスを参照する「self」を「.」（ドット）で区切って変数の前につけます。

～もう一度確認しよう！～　チェック項目

- □ 変数、定数の概要がわかりましたか？
- □ 処理の分岐について理解しましたか？
- □ クラスを利用する手順がわかりましたか？
- □ プロパティやメソッドの概要がわかりましたか？
- □ クラスの構造やUIとの関係について理解しましたか？

第5章

アプリの画面を作ろう

この章ではアプリの画面を作成します。画面を作成する際のUIを配置する位置やルール、色と画像を利用する方法など画面を作成する上で必要となる基本的な事柄を学びます。

この章で学ぶこと

この章では、iPhoneアプリの画面を作成するためにストーリーボードの基本的な使い方を学びます。主な学習内容は次のとおりです。

(1) 画面の新規作成
(2) UIの配置
(3) UIを配置する際のルール
(4) 色や画像の利用

その過程を通じて、この章では次の内容を学習していきます。

- **シーンの新規作成**
- **UIの位置やサイズの指定**
- **オートレイアウトの使い方**
- **Xcodeへ色や画像を登録する方法と使い方**

この章では実際に画面を作成しながら、UIを配置するときのルール、色と画像の利用について学びます。

画面を作成しよう

本書で作成するクイズアプリの各画面をストーリーボードで作成しましょう。

アプリで使う画面を作成しよう

画面を作成するときには、まずシーンをストーリーボードに追加します。ここでは、クイズ画面用と結果画面用の2つのシーンを追加してみましょう。

1 ナビゲーターエリアのプロジェクトナビゲーターで［Main.storyboard］を選択する。

結果 Interface BuilderにiPhoneの画面が表示される。

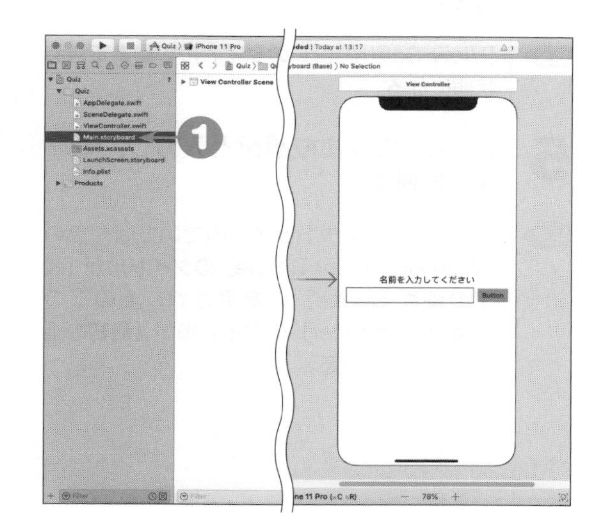

2 ［＋］ライブラリボタンをクリックしてUIの一覧を表示し、一覧から［View Controller］を、既存のiPhone画面の右隣の何もないところにドラッグ&ドロップする。

結果 Main.storyboardにiPhoneの画面が1つ追加される。

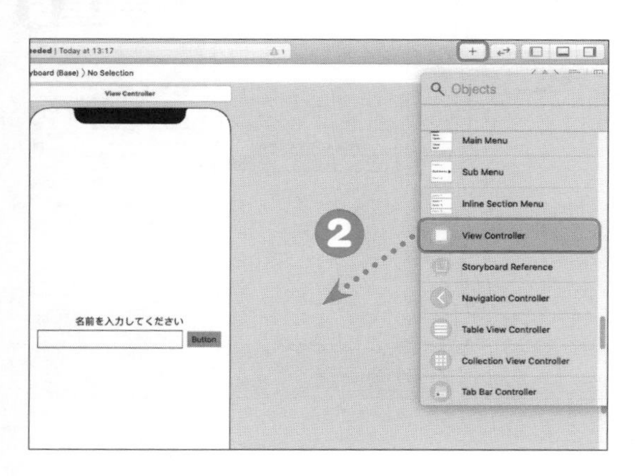

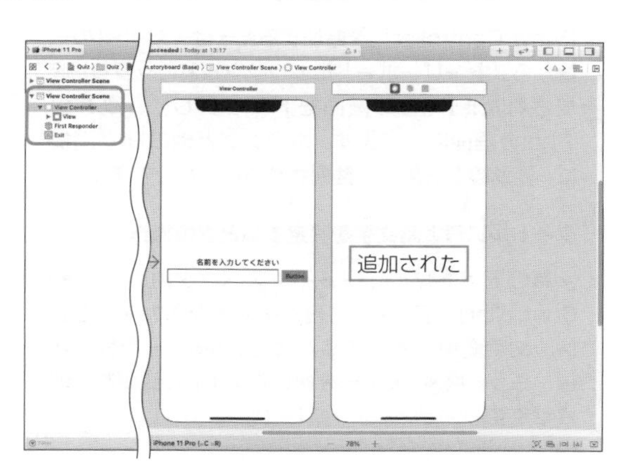

3 手順❷をもう1度繰り返す。

結果 Main.storyboardにiPhoneの画面がもう1つ追加され、合計で3つのiPhone画面が表示される。

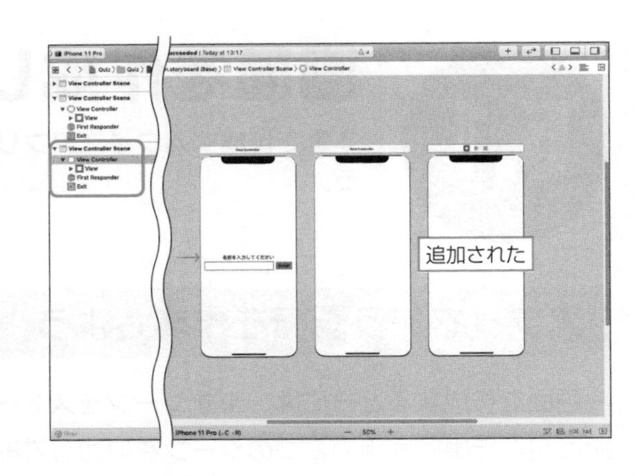

4 ドキュメントアウトライン内でいちばん上の［View Controller Scene］の［View Controller］を選択し、アトリビュートインスペクタ内の［View Controller］－［Title］の欄内をクリックする。

結果 ［View Controller］のタイトルを編集できる状態になる。

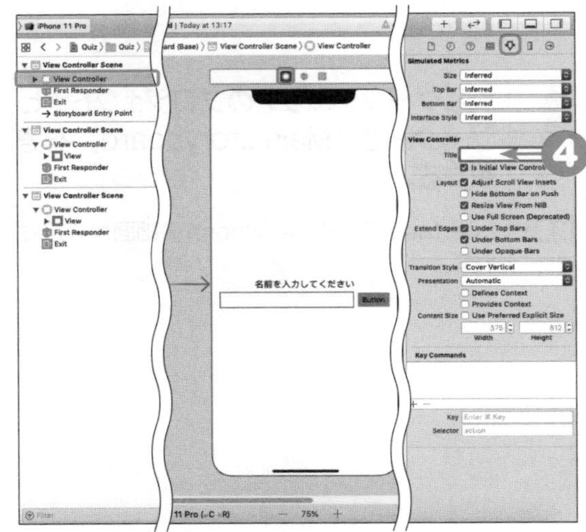

5 ［Title］に**最初の画面**と入力し、Returnキーを押す。

結果 ドキュメントアウトライン内でいちばん上の［View Controller Scene］のタイトルが［最初の画面 Scene］に変更され、その下の［View Controller］のタイトルが［最初の画面］に変更される。

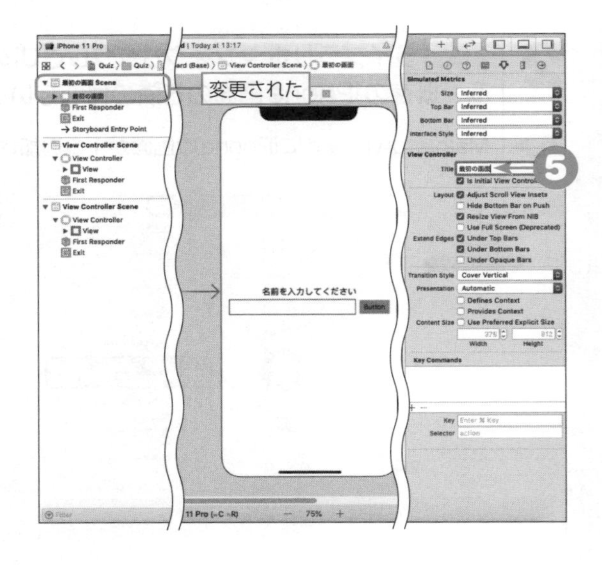

ヒント

［View Controller］を追加するときの操作

［View Controller］を追加するときは、まずUIの一覧からストーリーボードにドラッグ&ドロップし、追加されたiPhoneの画面をドラッグして、既存のiPhone画面に並べます。ボタンなど他のUIと同様に、補助線を利用して整列させることができます。

タイトルに日本語文字を設定するときの操作

手順❺でアトリビュートインスペクタ内の［View Controller］－［Title］に日本語文字を入力するときは、文字変換を確定するためのReturnキーを押した後、もう一度Returnキーを押してタイトル変更を反映させます。

6 **手順④〜⑤と同様に、ドキュメントアウトライン内で上から2番目の［View Controller Scene］の［View Controller］を選択し、アトリビュートインスペクタ内の［View Controller］－［Title］をクイズ画面に設定する。**

結果 ドキュメントアウトライン内で上から2番目の［View Controller Scene］のタイトルが「クイズ画面 Scene」に変更され、その下の［View Controller］のタイトルが［クイズ画面］に変更される。

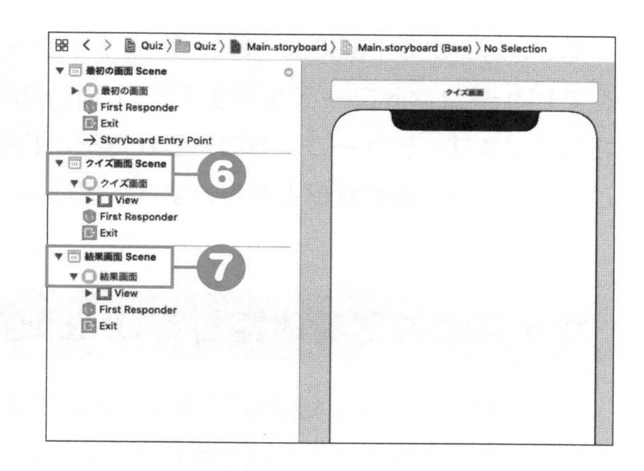

7 **もう一度手順④〜⑤と同様に、ドキュメントアウトライン内で上から3番目の［View Controller Scene］－［View Controller］を選択し、アトリビュートインスペクタ内の［View Controller］－［Title］を結果画面に設定する。**

結果 ドキュメントアウトライン内で上から３番目の［View Controller Scene］のタイトルが［結果画面 Scene］に変更され、その下の［View Controller］のタイトルが［結果画面］に変更される。

ヒント

ストーリーボードでの作業

iPhoneアプリの開発では、画面の作成やUIの配置などをGUIエディタで行う作業をまとめて「ストーリーボードで○○を行う」という言い方をします。GUIでの作業すべてを「ストーリーボードで〜」と言うこともあります。

画面を作成して名前を設定するには

ストーリーボードでは、アプリの画面を**シーン**（Scene）という、画面を管理するパーツで扱います。シーンは、UIの一覧から［View Controller］をストーリーボードにドラッグ＆ドロップすることで新規に追加できます（手順②〜③）。ドラッグ＆ドロップする位置は、シーン自体の位置をいつでもマウスで変更できますので、どこでも構いません。新規に追加されたシーンは、ドキュメントアウトラインから参照できます（手順④）。

シーンの構造は、画面を管理するビューコントローラ（View Controller）というオブジェクトを最上位とした階層構造となっています。ビューコントローラのタイトルがシーンの名前として表示されます。手順④〜⑦では、ビューコントローラのタイトルを設定してシーンの名前を設定しています。シーンを追加した直後の時点では、すべて「View Controller Scene」という名前で表示され区別がつかないため、各シーンのビューコントローラにタイトルを設定して、どの画面のシーンなのかをわかるようにしました。

なお、シーンの上部には、ドキュメントアウトラインでビューコントローラを表すアイコン[アイコン]が表示されています。ビューコントローラが選択されると、このアイコンが選択状態となります（手順❹）。

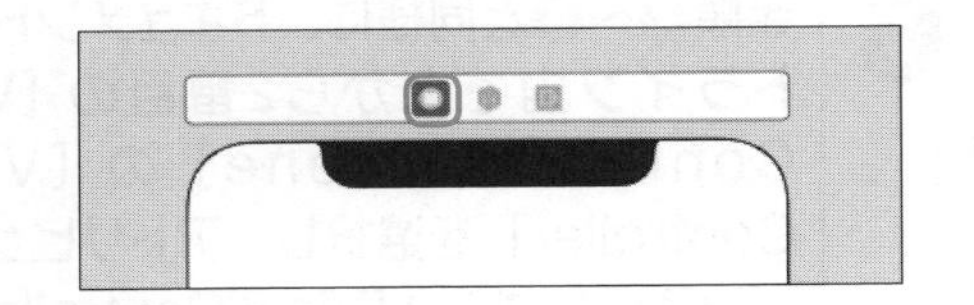

サイズと位置を意識してUIを配置しよう

これまでは補助線を利用してUIを配置してきました。ここから先は、補助線以外にもUIの位置やサイズを指定する方法を学びましょう。

1 ドキュメントアウトラインから［クイズ画面 Scene］を選択する。

結果 ストーリーボードで［クイズ画面 Scene］のiPhone画面が選択状態になる。

2 [＋] ライブラリボタンからUIの一覧を表示し、[View]を[クイズ画面 Scene]のiPhone画面にドラッグ＆ドロップする。

結果 クイズ画面にビューが配置される。

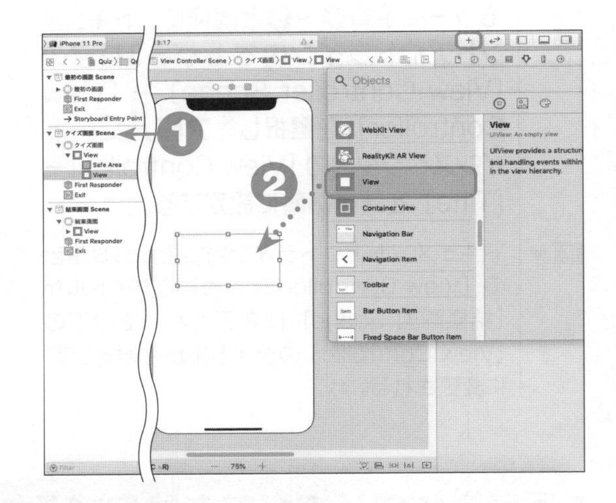

3 配置したビューが選択状態のまま、ユーティリティエリアの[サイズインスペクタアイコン] サイズインスペクタのボタンをクリックする。

結果 ユーティリティエリアがサイズインスペクタの表示に切り替わり、ビューの位置とサイズが表示される。

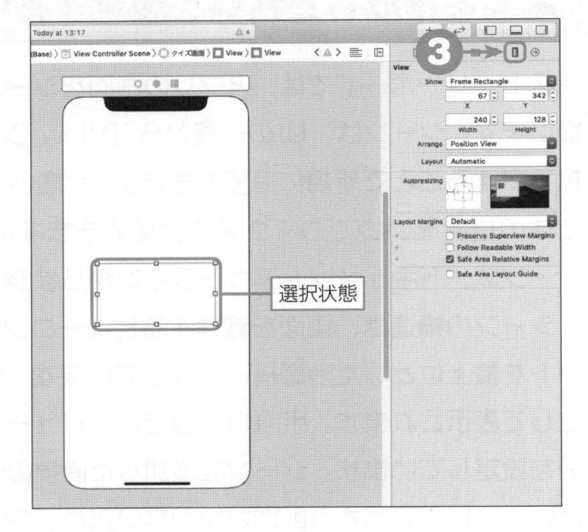

4 サイズインスペクタの[View]の[Width]と［Height］の値を両方とも**280**に設定する。

結果 ビューのサイズが幅、高さともに280ピクセルの正方形に変更される。

5 補助線に従ってビューを画面中央に移動する。

結果 ビューが画面中央に配置され、サイズインスペクタの［View］の［X］と［Y］の値が変更される。

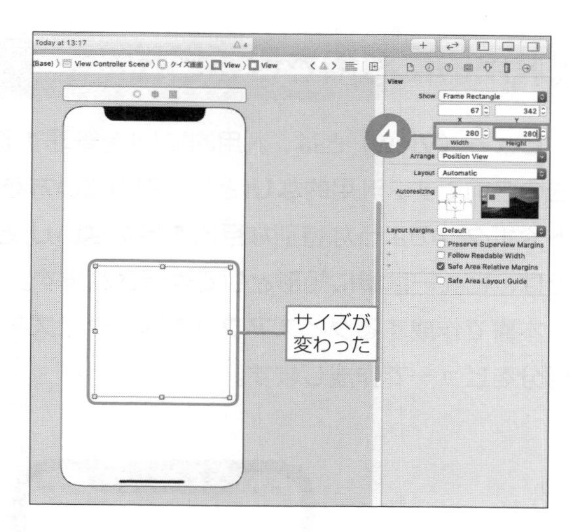

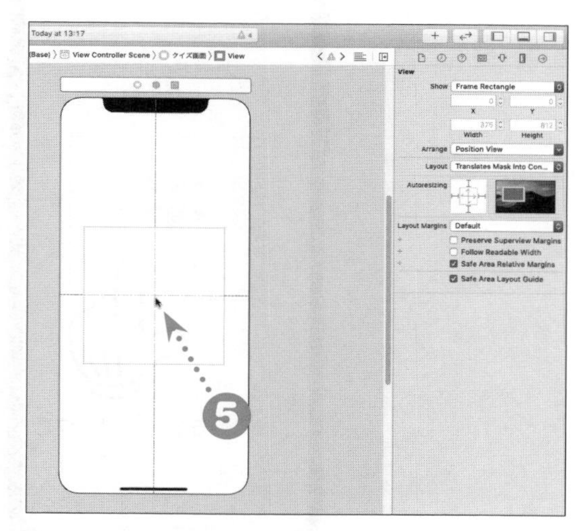

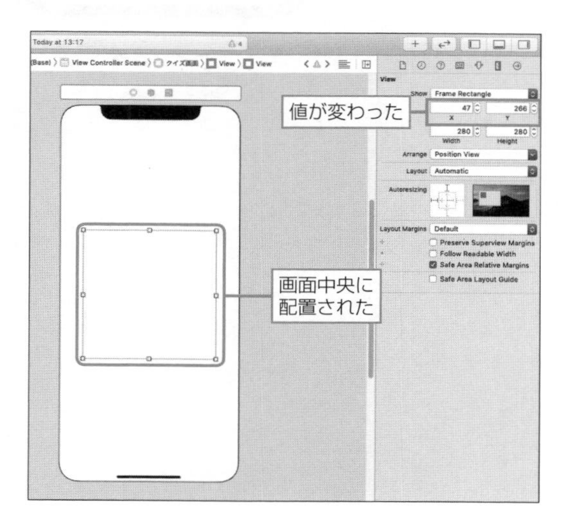

汎用的に利用できるビュー

ビュー（View）とは、汎用的にUIを管理するUIViewクラスをInterface Builderで扱うときの名前です。汎用的なUIとは、別の言い方をすると、これまでに出てきたテキストフィールドやボタンのような特別な目的を持たないUIという意味です。そのため、Interface Builderでは、ビューは単に矩形として表示されます。

本書で作成するクイズアプリでは、クイズをカードの形式で５問出題します。このカードの部分をビューで作成します。

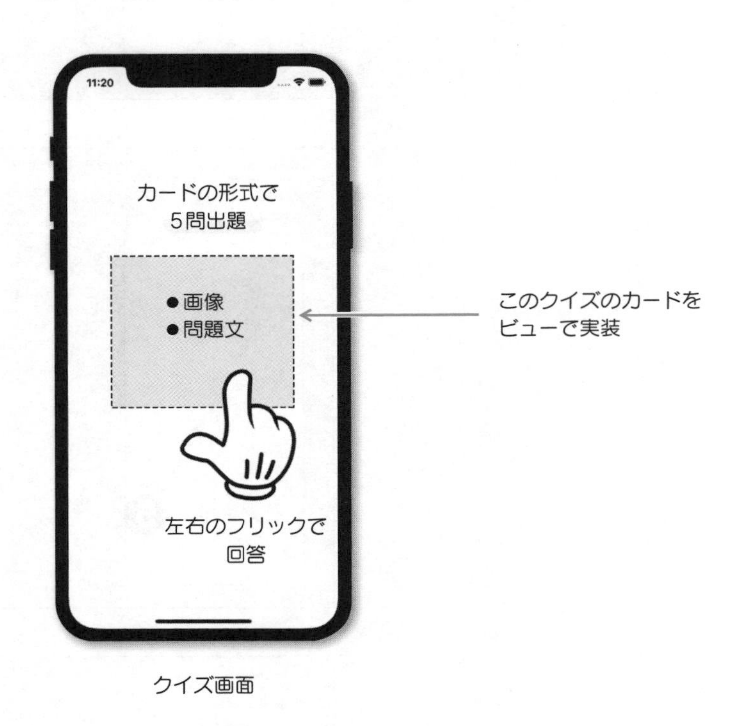

クイズ画面

参照
クラスの継承
→第４章の4.5

画面とUIの位置関係

画面上の位置は、画面の左上を(0, 0)としたxとyの座標で定義されます。

画面に配置されるUIも画面と同様に、左上の頂点(x, y)で画面内のどこに配置するかを考えます。

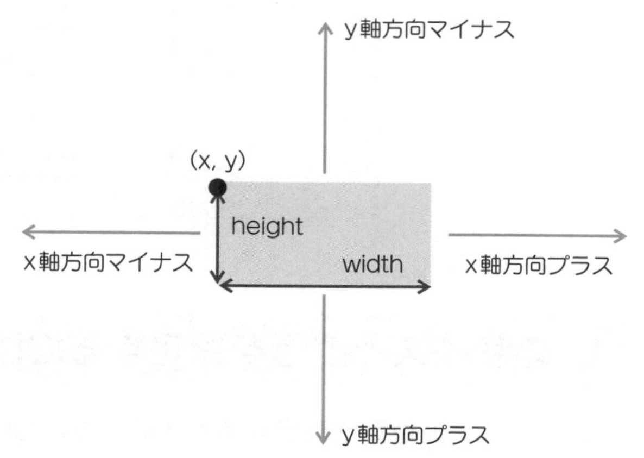

UIの位置は、x軸とy軸の座標を変更することで移動できます。UIのサイズは、幅を**width**、高さを**height**で定義します。サイズインスペクタでは、次のように左上の頂点(x, y)、width、heightを設定できる項目が設けられています。

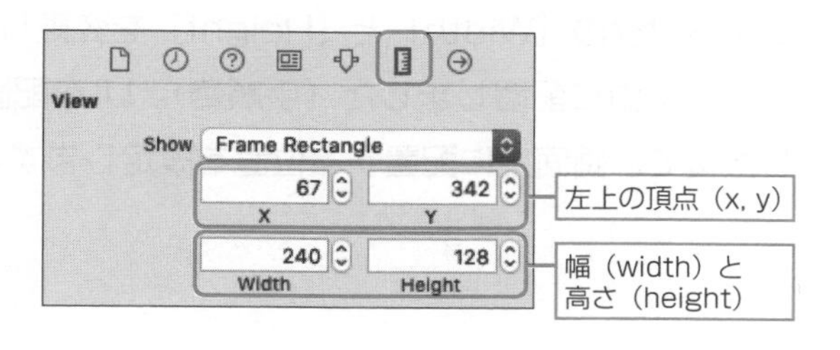

ストーリーボードでUIを配置する際にも、サイズインスペクタの先ほどの各項目には自動的にそれぞれの値が入ります。単位はすべてピクセル（px）です。

iPhone X以降では、画面の四隅が角丸になっています。そのため、実際のディスプレイとは別に、コンテンツを表示すべき領域が**Safe Area**として定義されています。Safe Areaは、左上の頂点の座標が(0, 0)の長方形です。UIを配置するときは、Safe Areaに収まるようにします。

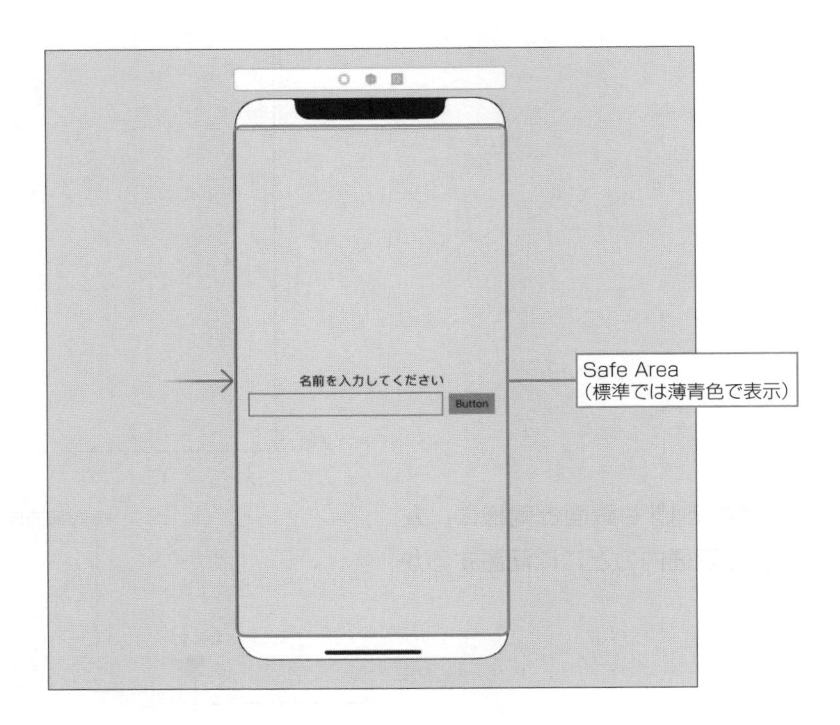

UIのサイズと位置を設定するには

UIのサイズと位置を設定するときは、先にUIを画面に配置した後で、補助線やサイズインスペクタを利用して設定します（手順❶～❺）。手順❹では、ビューを配置した後に、サイズインスペクタの［Width］と［Height］を変更しました。サイズを設定した後で、ビューを画面中央の位置に配置しました（手順❺）。UIを配置するときには、このように先にサイズを設定した後で、画面上に配置する位置を設定します。

アプリで利用する画面をすべて作成しよう

先ほどと同様の手順で、クイズ画面と結果画面のUIを配置してみましょう。UIの数は多くなりますが、基本的な配置の手順はすべて同じです。作成する2つの画面は次のとおりです。

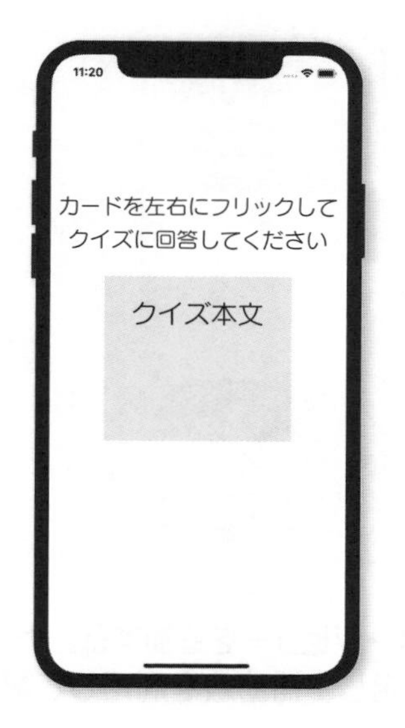

クイズ画面

結果画面

1 ［＋］ライブラリボタンからUIの一覧を表示し、［クイズ画面 Scene］のiPhone画面に配置したビューの上に重ねて［Image View］をドラッグ＆ドロップする。

結果 クイズ画面のビューの上に重ねてイメージビューが配置される。

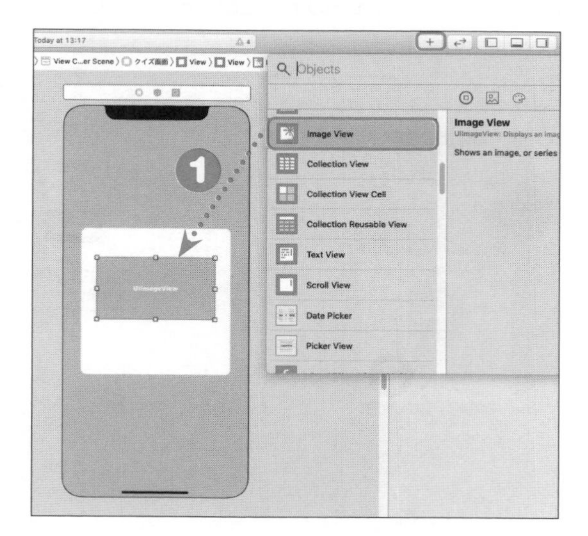

2 配置したイメージビューのサイズインスペクタで［View］の［Width］と［Height］の値を両方とも40に設定し、補助線に従ってビューの上辺の中央に移動する。

結果▶ イメージビューがビューの上辺の中央に配置される

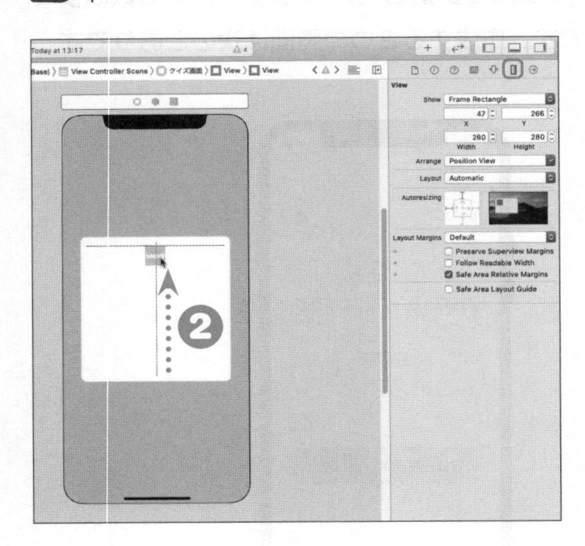

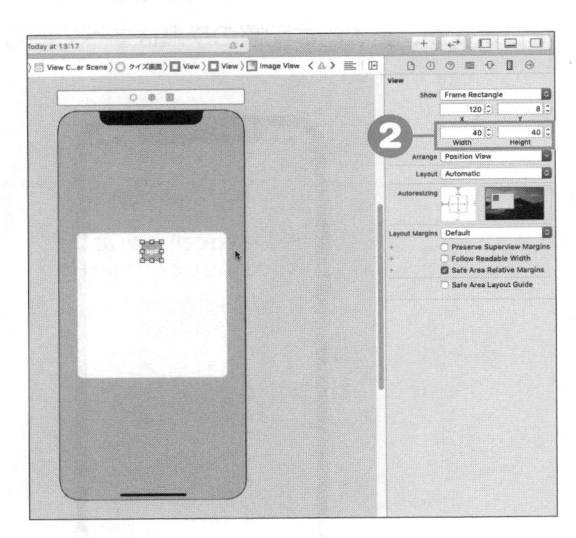

3 手順❶～❷と同様にクイズ画面にもう1つイメージビューを追加する。サイズインスペクタで［Width］と［Height］を両方とも110に設定し、補助線を利用して配置済みのイメージビューの下の中央揃えの位置に移動する。

結果▶ イメージビューの下の位置にイメージビューが配置される。

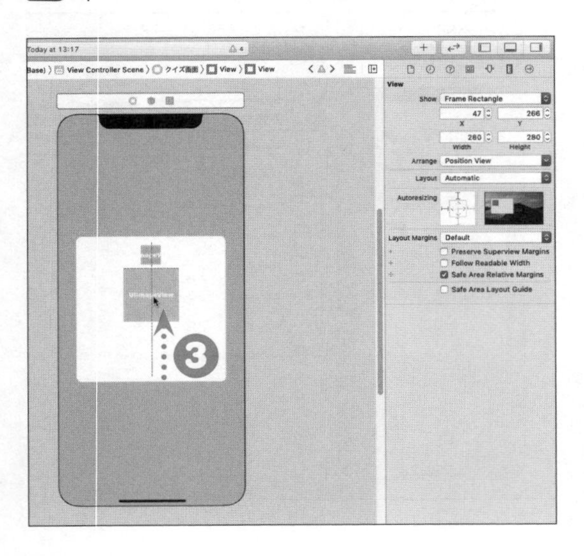

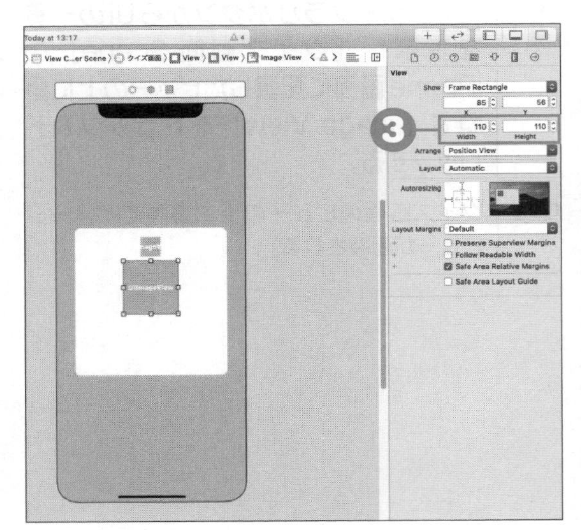

4 手順❸と同様にクイズ画面にラベルを追加し、配置済みのイメージビューの下の中央揃えの位置に上下左右の補助線に合わせたサイズで配置する。

結果 イメージビューの下の位置にラベルが配置される。

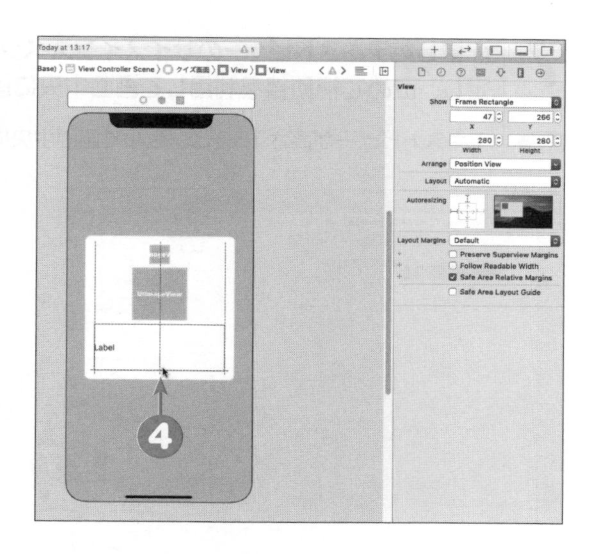

5 ドキュメントアウトラインから［結果画面 Scene］を選択し、［＋］ライブラリボタンからUIの一覧を表示して［Text View］を［結果画面 Scene］のiPhone画面にドラッグ&ドロップする。

結果 結果画面にテキストビューが配置される。

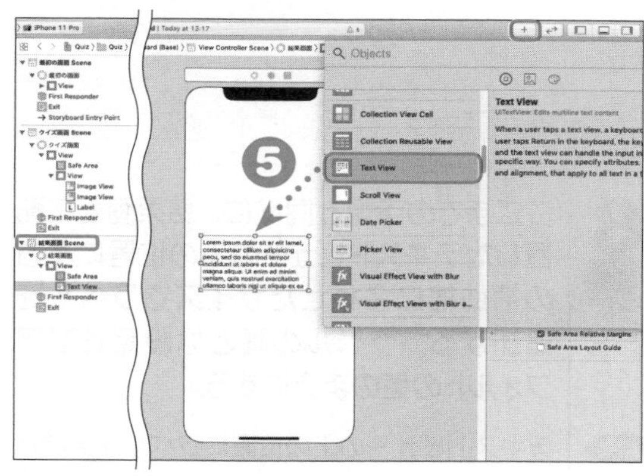

6 配置したテキストビューの左辺と右辺を補助線に従ってiPhone画面の端までサイズを調整する。アトリビュートインスペクタを表示し、［Text View］－［Text］の「Plain」と表示されている項目の下にある入力欄にあらかじめ入力されている文章をすべて削除して Return キーを押す。

結果 文字の表示されていないテキストビューが画面の横中央に配置される。

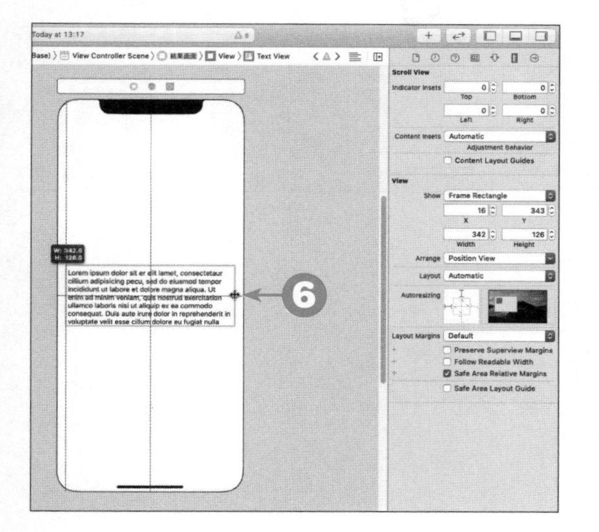

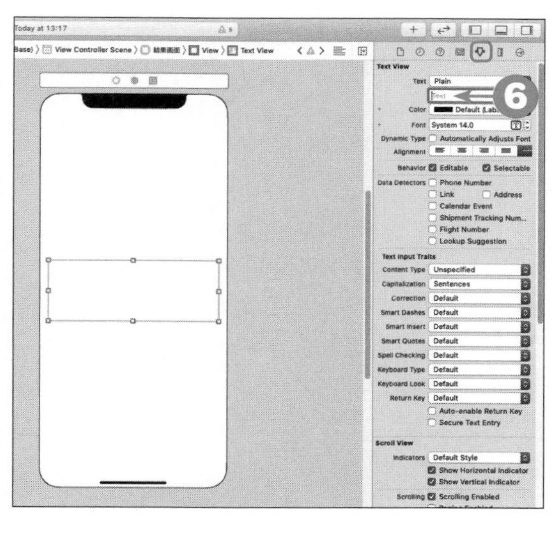

7 配置したテキストビューのサイズインスペクタを表示して［View］の［Height］を**160**に設定し、改めて補助線を利用して画面中央に配置する。

結果 テキストビューが高さ160ピクセルで画面中央に配置される。

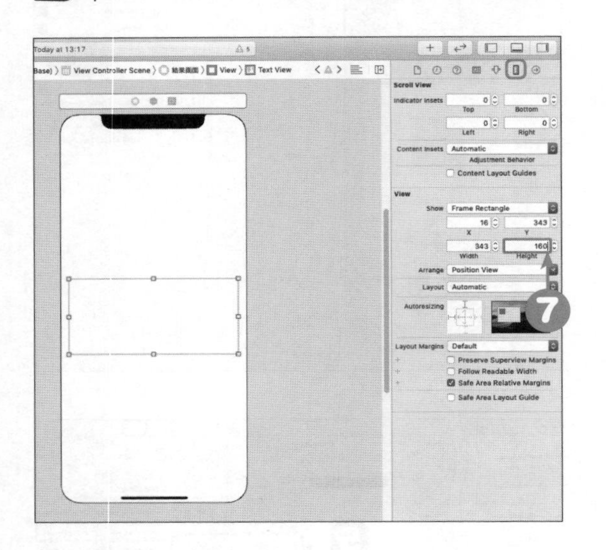

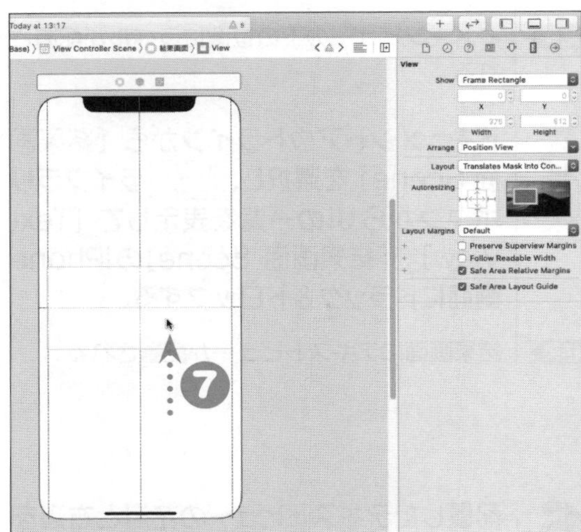

8 ここまでの手順と同様に、結果画面に配置したテキストビューの上の位置に左右の補助線に合わせたサイズでラベルを追加する。ラベルの高さは設定せずデフォルトの値のままにする。

結果 テキストビューの上の位置にラベルが配置される。

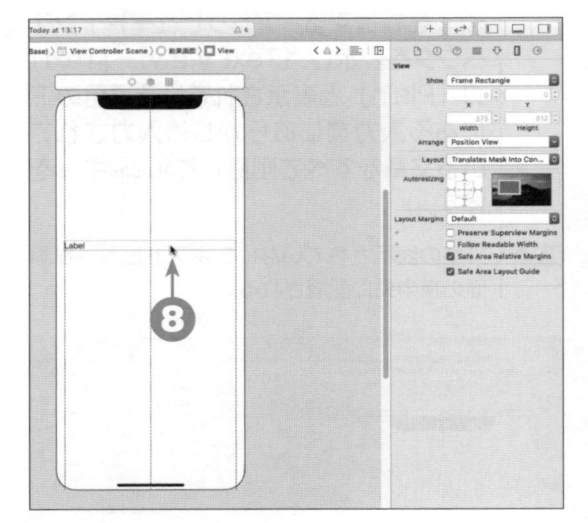

9 前の手順と同様に、テキストビューの下の位置に左右の補助線に合わせたサイズでボタンを追加する。ボタンの高さは設定せずデフォルトの値のままにする。

結果 テキストビューの下にボタンが配置される。

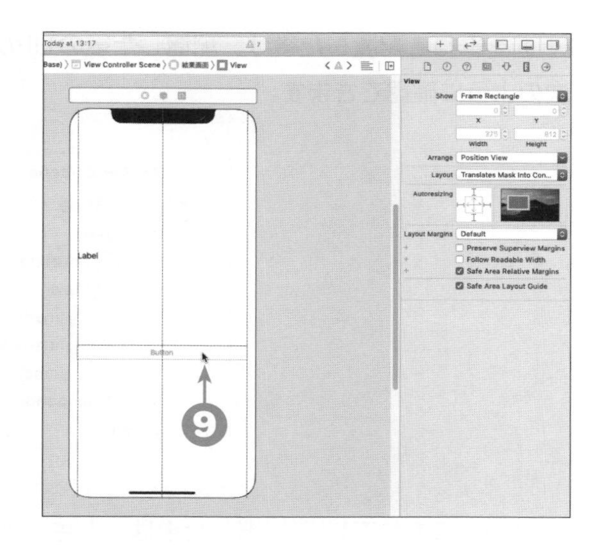

UIの配置と階層構造

手順❶～❹は、クイズのカードに表示する**イメージビュー**（Image View）2つとラベル（Label）の配置です。イメージビューは第3章の3.1節の「サンプルアプリで利用するUIを見ておこう」で紹介したように、画像を表示するためのUIです。

これら2種類のUIは、カードの上に表示するものなので、配置済みのビュー（View）の上に重ねて配置します。この場合も、画面の上にUIを配置するときと同じ手順で行います。UIの上にUIを重ねるイメージは次の図のとおりです。

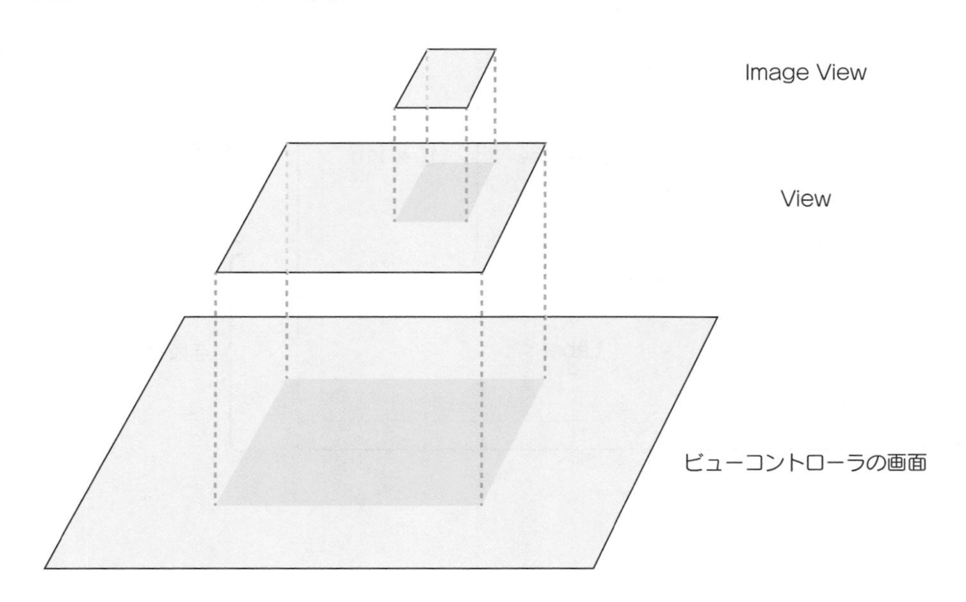

UIを重ねて配置した後は、配置した後のUIの階層的な構造がドキュメントアウトラインで次のように確認できます。

UIの上に重ねてUIを配置した後は、ドキュメントアウトラインで配置した後の階層を確認するようにしてください。UIに重ねてUIを配置する場合も、手順❷のように補助線が表示されます。補助線は、UIとUIがぴったりと配置される前に、「このぐらいの位置で配置するといいですよ」という余裕をもった位置で表示されます。補助線を利用することで、UIを横や縦に並べることが容易にできます。ここではその補助線の表示される位置に合わせて次のようにイメージビューとラベルを配置しています。

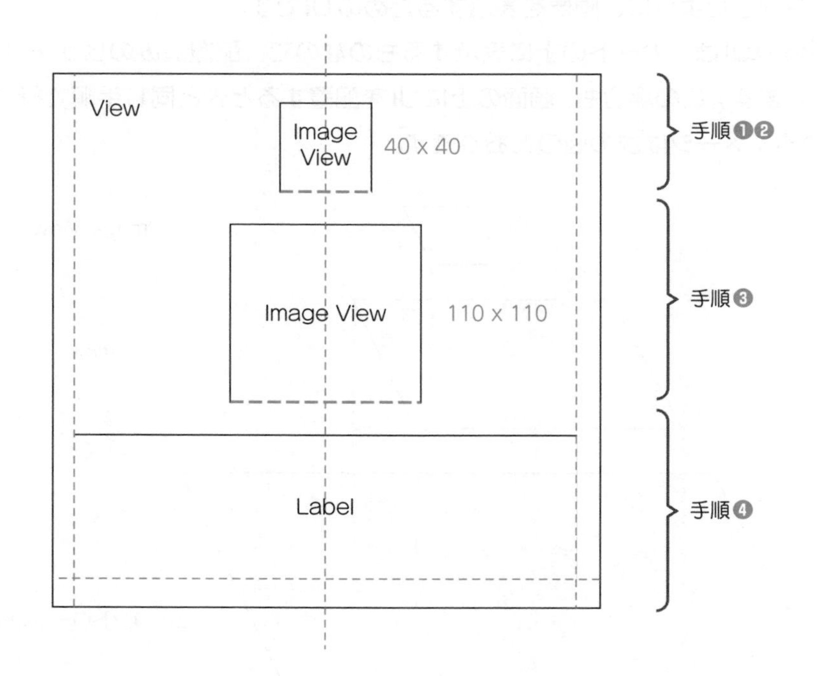

クイズ画面と同様に補助線を利用して、結果画面のUIを次のように配置します（手順❺〜❾）。テキストビューは、あらかじめ文章が初期値として設定されていますので、手順❻のように初期値の文章を削除しておきます。文章を削除した後は、補助線に従って画面中央に配置し、高さを160ピクセルに設定します（手順❼）。配置したテキストビューの上下に、補助線に従ってラベルとボタンを配置します。ラベルとボタンの高さは設定せずにデフォルトの値のままで配置します（手順❽〜❾）。

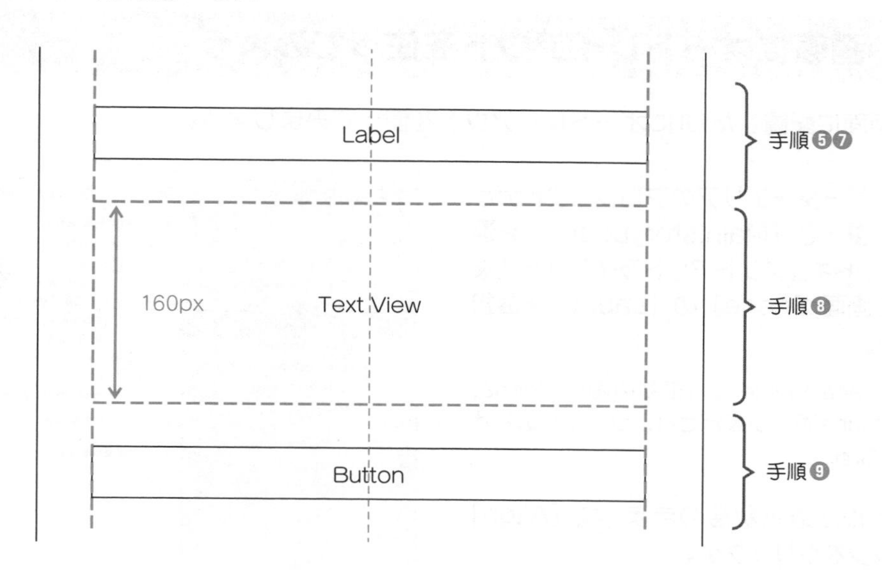

オートレイアウトを使ってみよう

iPhone は、機種によって画面のサイズが異なります。Xcode では、画面のサイズにかかわらず共通して UI を配置できるオートレイアウトという仕組みがあります。ここでは、オートレイアウトの基本的な使い方について学んでみましょう。

最初の画面にオートレイアウトを使ってみよう

最初の画面に配置したUIにオートレイアウトを使ってみましょう。

1 ナビゲーターエリアのプロジェクトナビゲーターで［Main.storyboard］を選択し、ドキュメントアウトラインから［最初の画面 Scene］の［Label］を選択する。

結果 Interface Builderに［最初の画面 Scene］のiPhone画面が表示され、ラベルが選択状態になる。

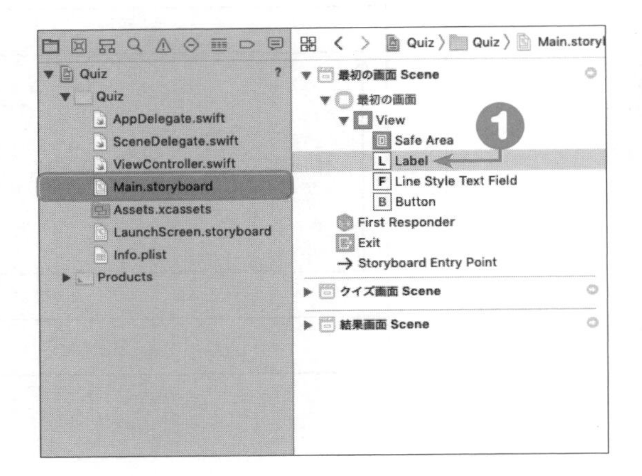

2 ラベルが選択状態のまま、［Align］ボタンをクリックする。

結果 選択したラベルのオートレイアウトの設定ウィンドウが表示される。

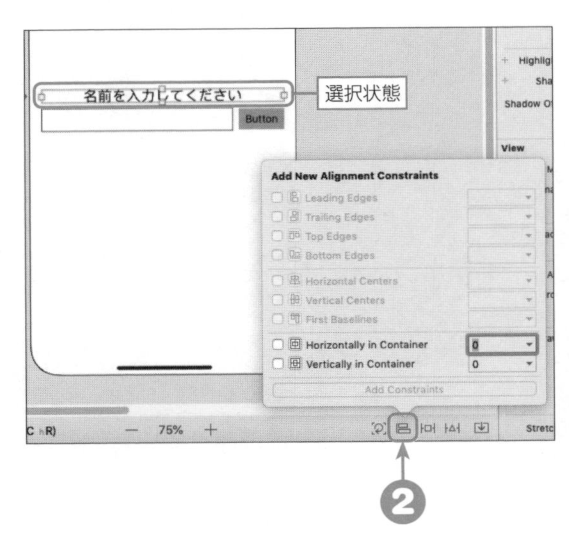

ヒント

画面の内容が一部異なることがある

お使いのXcodeの状態によっては、画面の内容が一部異なることがあります。たとえば、オートレイアウトの設定ウィンドウでは、デフォルトの値が小数点つきの数字で表示されることがあります。設定ウィンドウの場合はこのまま進めて構いませんが、ほかにも画面の内容が本書の制作時点から変わっている場合は、できるだけ本書の説明に近づけるように操作を進めてください。

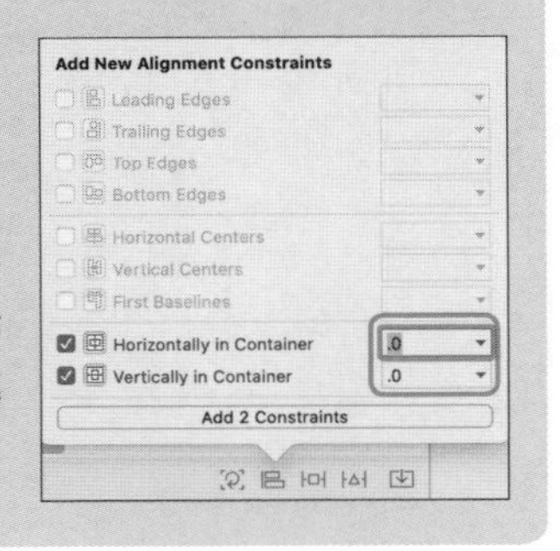

3 設定ウィンドウ内の［Horizontally in Container］と［Vertically in Container］にチェックを入れ、両方とも値は0のまま［Add 2 Constraints］ボタンをクリックする。

結果▶ ラベルが画面中央に表示され、画面の縦横中央を示す青い線が表示される。

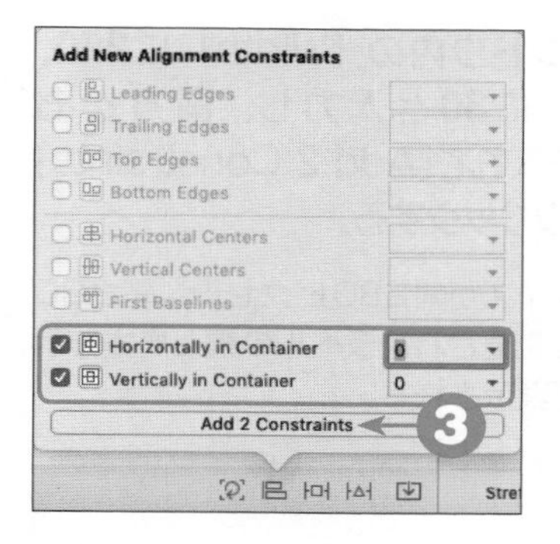

4 ラベルが選択状態のまま、［Add New Constraints］ボタンをクリックする。

結果▶ 選択したラベルのオートレイアウトの設定ウィンドウが表示される。

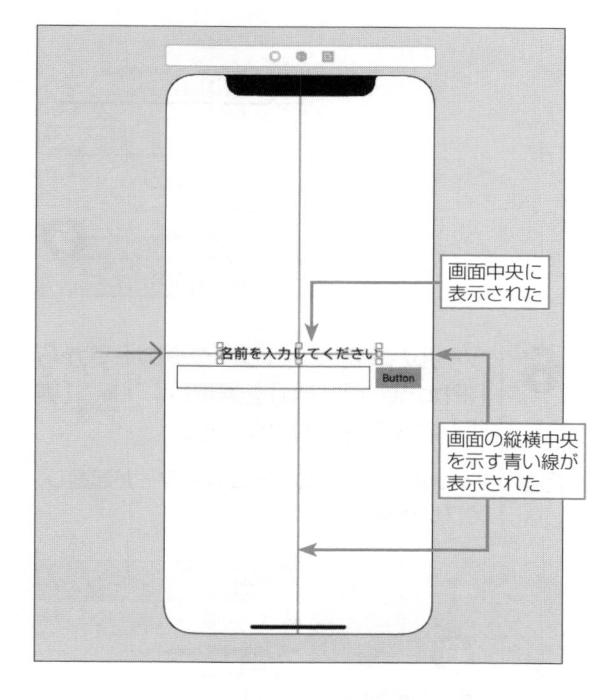

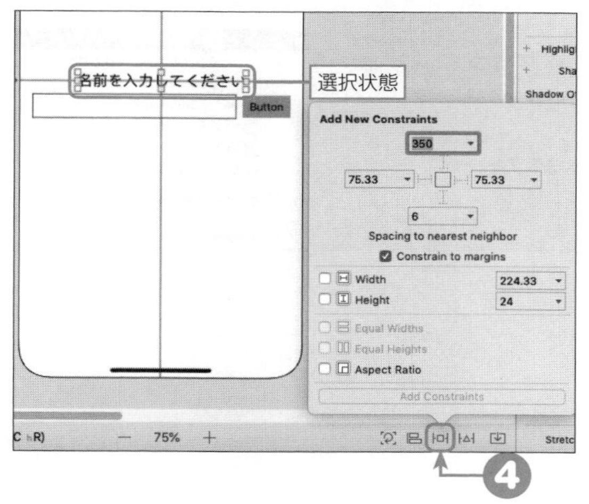

5 設定ウィンドウ内の［Width］に**280**、［Height］に**30**と入力し、両方ともチェックを入れて［Add 2 Constraints］ボタンをクリックする。

結果 ラベルのサイズが幅280ピクセル、高さ30ピクセルに変更され、ラベルの幅と高さを示す青い線が表示される。

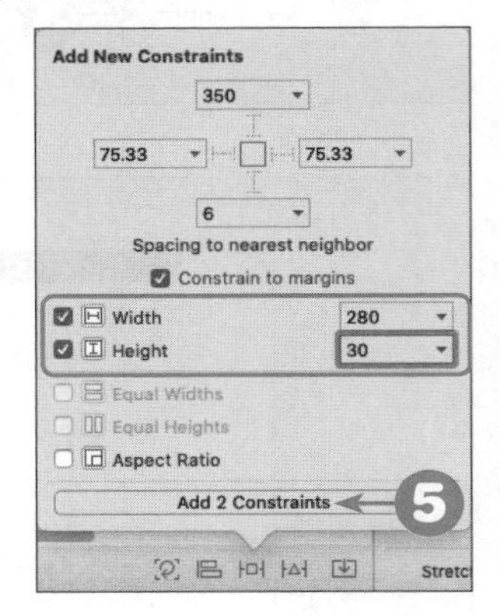

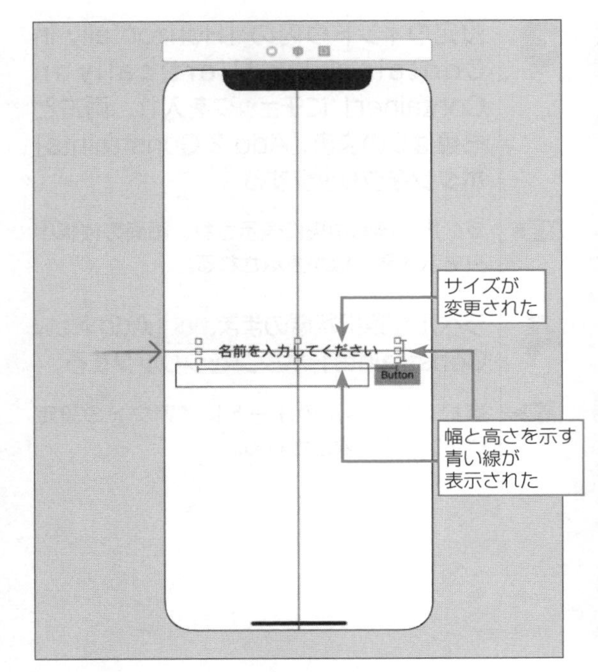

6 ツールバーのシミュレーターの一覧から［iPhone 11 Pro］を選択し、▶［実行］ボタンをクリックする。

結果 iPhone 11 Proのシミュレーターが起動し、アプリが実行される。

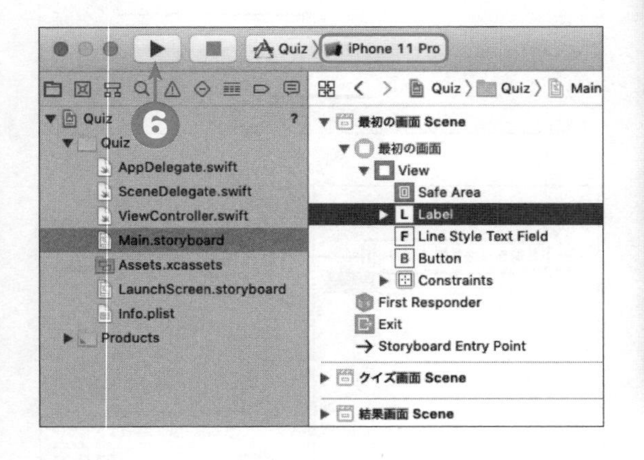

7 ツールバーの［■］［停止］ボタンをクリックする。

結果 アプリが終了する。

8 ツールバーのシミュレーターの一覧から［iPhone 11 Pro Max］を選択し、［▶］［実行］ボタンをクリックする。

結果 iPhone 11 Pro Maxのシミュレーターが起動し、アプリが実行される。iPhone 11 Proのときと表示が異なる。

9 ツールバーの［■］［停止］ボタンをクリックする。

結果 アプリが終了する。

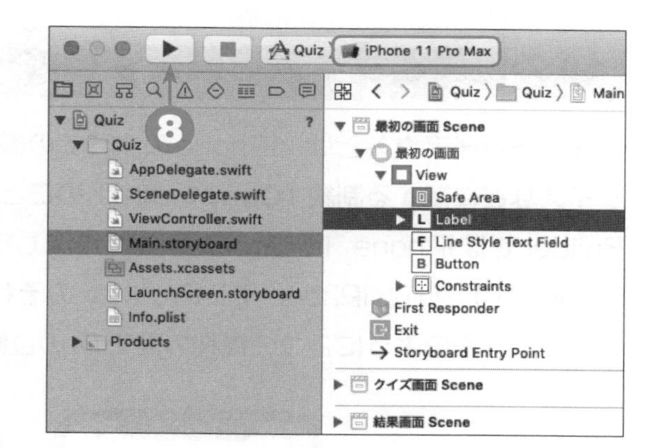

UIの位置とサイズを設定するオートレイアウト

オートレイアウトとは、iPhoneのすべての機種に対して共通して適用される、UIの位置やサイズなどに関する制約（**Constraint**）のことです。作成中のサンプルアプリは、Interface BuilderではiPhone 11 Proの画面で作成しています。オートレイアウトを利用せずに、iPhone 11 ProとiPhone 11 Pro Maxのそれぞれのシミュレーターでサンプルアプリを実行すると、次のように2つの機種の間でUIの位置とサイズが異なって表示されます。

画面サイズが大きいiPhone 11 Pro Maxにおいても、iPhone 11 Proと同じようにUIを表示してしまうため、UIが画面に合わない現象が起きてしまいます。このような事態を防ぐために、画面を作成するときにオートレイアウトを利用します。

本書のサンプルアプリで利用するオートレイアウトの制約は次の３つです。

① 画面中央からの位置
② 画面の端や他のUIとのスペース
③ 絶対的にサイズを指定

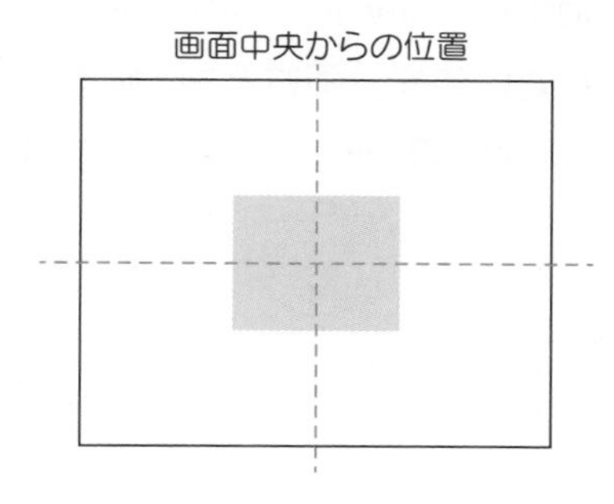

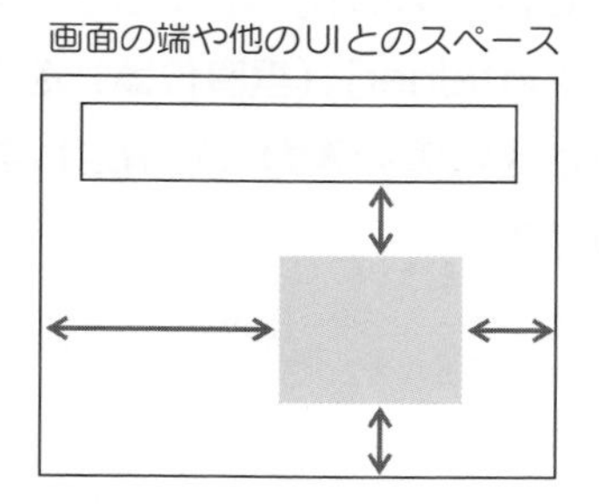

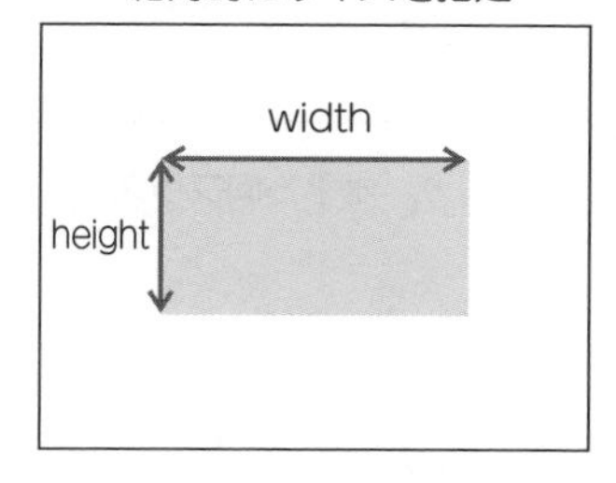

①の制約は先ほど設定しました。内容について詳しくは次の項で説明します。②と③の制約についても、後ほど順に説明していきます。

オートレイアウトの制約を設定するには

オートレイアウトは、位置やサイズの制約の適用先となるUIを選択し、設定用のウィンドウを表示して制約を設定します（手順❷〜❺）。オートレイアウトの制約を設定するウィンドウは2種類あり、次のボタンをクリックすることで表示できます。

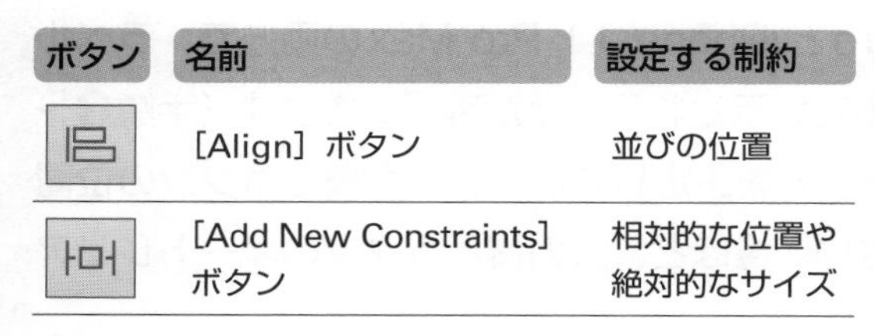

ボタン	名前	設定する制約
	［Align］ボタン	並びの位置
	［Add New Constraints］ボタン	相対的な位置や絶対的なサイズ

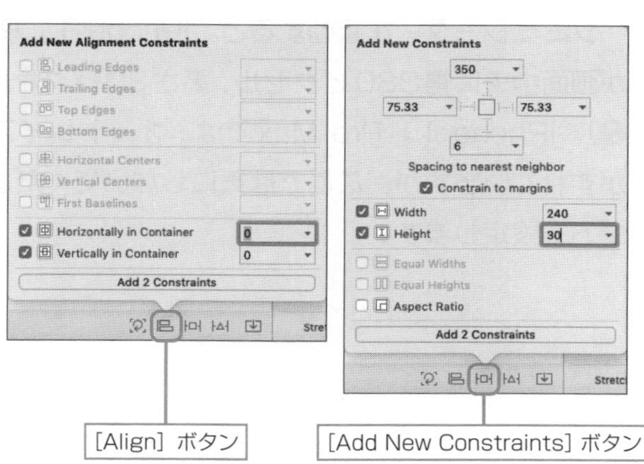

手順❷〜❸では、[Align] ボタンから [Horizontally in Container]（水平位置）と [Vertically in Container]（垂直位置）を指定しています。両方とも、画面の中央からどのぐらい離れているかを数値を入力して指定します。入力する数値と中央から離れる方向のイメージは次のとおりです。

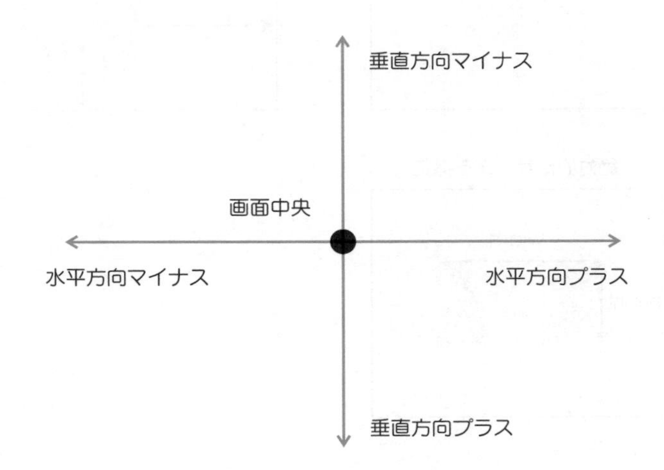

ここでは、画面中央に配置するため、[Horizontally in Container] と [Vertically in Container] の両方にチェックを入れ、両方とも値を「0」のままにしています。[Add 2 Constraints] ボタンをクリックしてオートレイアウトを設定します。

手順❹〜❺では、[Add New Constraints] ボタンから幅と高さを指定しています。ここで制約として指定したサイズは、どの機種でも同じサイズで表示されます。[Width] に**280**、[Height] に**30**と入力し、両方にチェックを入れ、[Add 2 Constraints] ボタンをクリックしてオートレイアウトを設定します。オートレイアウトを設定すると、手順❸と手順❺のように、設定したサイズや位置に準じた青い線が表示されます。

シミュレーターを起動すると、iPhone 11 ProとiPhone 11 Pro Maxの両方で、ラベルが画面中央に幅280ピクセル、高さ30ピクセルで表示されることが確認できます（手順❻〜❼）。iPhone 11 Pro Maxでは、オートレイアウトを設定していない入力欄とボタンの位置がずれていますが、ここでは気にしないでください。後ほど、入力欄とボタンのオートレイアウトも設定します。

制約を設定する流れ

オートレイアウトの制約は、制約を作成し、設定可能にした後でボタンをクリックして制約を適用します。

・設定項目に値を入力する
・チェックボックスにチェックを入れる
・上下左右のスペースのマークをクリックして点線を実線に変える

この３つの操作で制約が設定可能となります。制約が設定可能になると、ボタンが押せるようになります。そのときに、設定可能となった制約の数がボタンの「Add ○ Constrains」に反映されます。

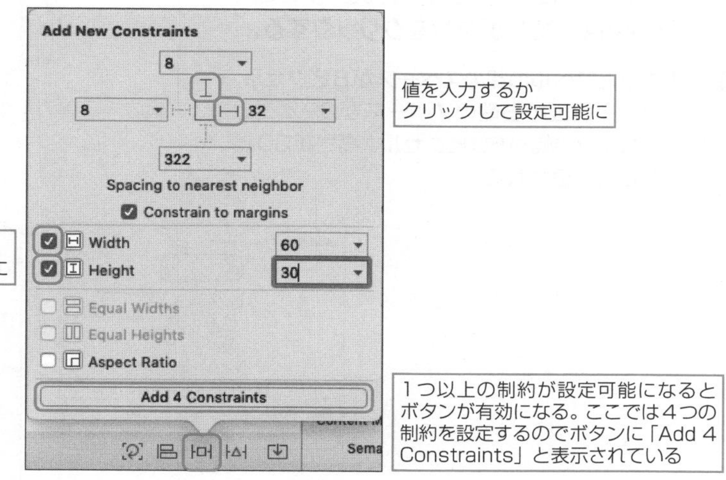

上記の例では、４つの制約が設定可能となっていますので、ボタンには「Add 4 Constrains」と表示されています。これらの操作をまとめて「オートレイアウトを設定する」といいます。

アトリビュートインスペクタやサイズインスペクタなどと違って、設定すべき項目が準備されているのではなく、設定する制約を作成する点に気をつけてください。

配置済みのUIの位置を利用しよう

ラベルのほかに、入力欄とボタンにもオートレイアウトを適用してみましょう。

1 **ドキュメントアウトラインから[最初の画面 Scene]の[Button]を選択し、[Add New Constraints]ボタンをクリックする。**

結果 選択したボタンのオートレイアウトの設定ウィンドウが表示される。

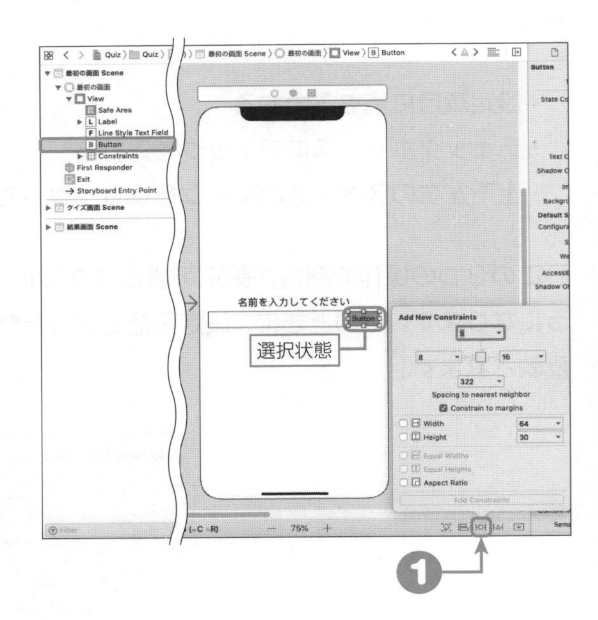

2 **設定ウィンドウ内の上辺のスペースに8、右辺のスペースに32、[Width]に60、[Height]に30と入力し、[Width]と[Height]にチェックを入れて[Add 4 Constraints]ボタンをクリックする。**

結果 ボタンとラベルの間のスペースが8ピクセル、ボタンと画面の右端のスペースが32ピクセル、ボタンの幅が60ピクセル、高さが30ピクセルに変更される。

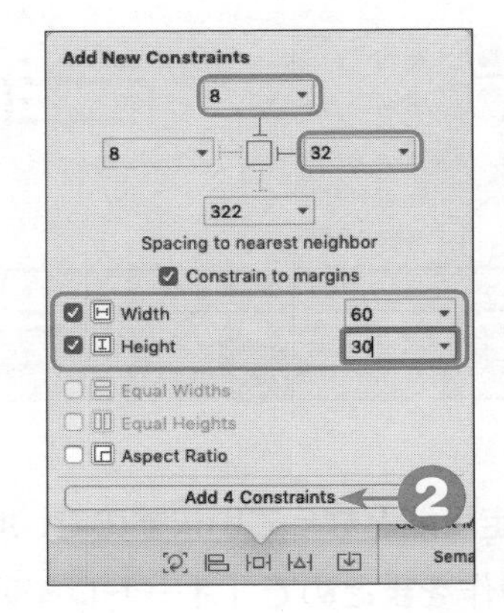

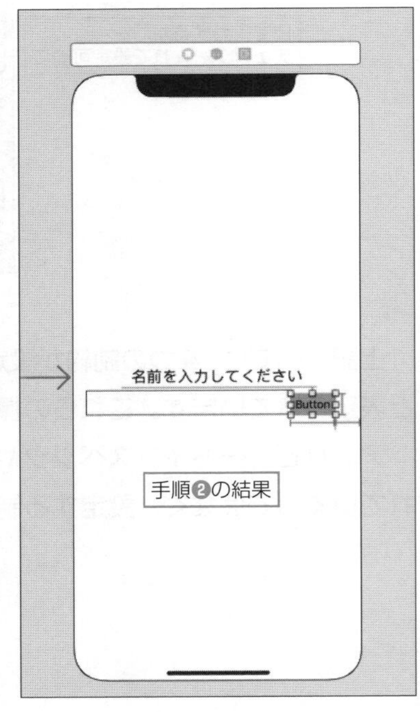

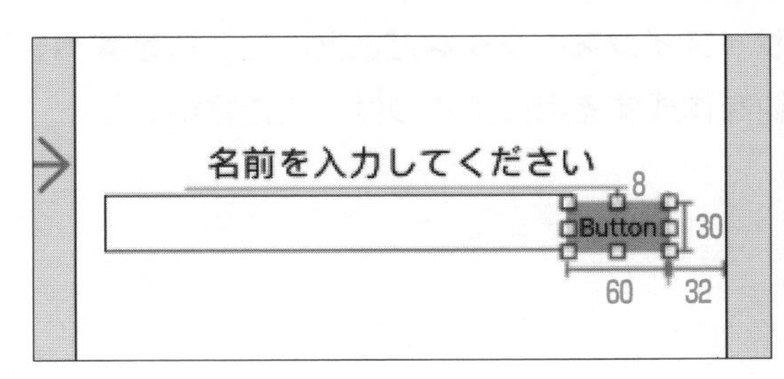

3 ドキュメントアウトラインから[最初の画面 Scene]の[Line Style Text Field]を選択し、[Add New Constraints]ボタンをクリックする。

結果 選択したテキストフィールドのオートレイアウトの設定ウィンドウが表示される。

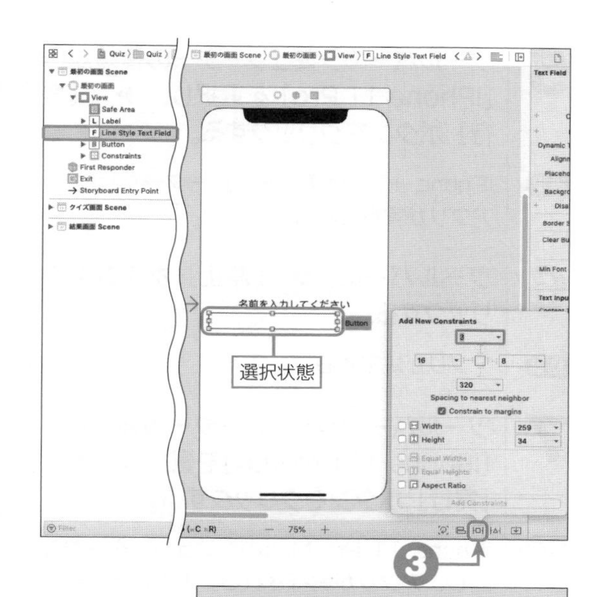

4 設定ウィンドウ内の上辺のスペースに8、左辺のスペースに32、右辺のスペースに16、[Height]に30と入力し、[Height]にチェックを入れて［Add 4 Constraints］ボタンをクリックする。

結果 テキストフィールドとラベルの間のスペースが8ピクセル、テキストフィールドと画面の左端のスペースが32ピクセル、テキストフィールドの右端とボタンの左端の間のスペースが16ピクセル、テキストフィールドの高さが30ピクセルに変更される。

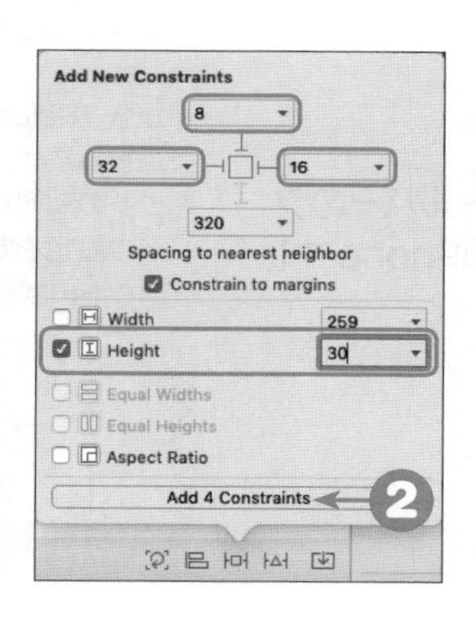

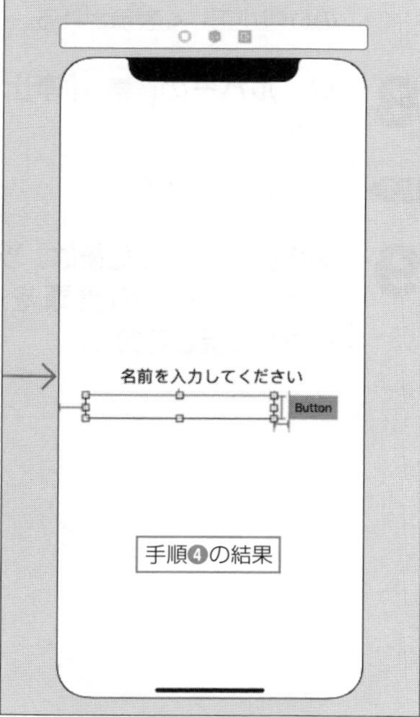

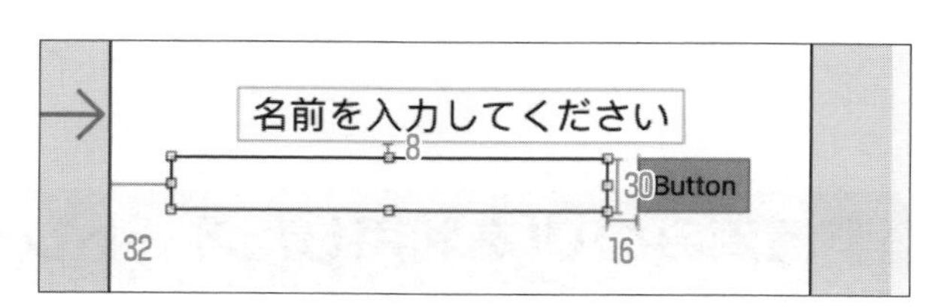

5 ツールバーのシミュレーターの種類から［iPhone 11 Pro］を選択し、▶［実行］ボタンをクリックする。

結果 iPhone 11 Proのシミュレーターが起動し、アプリが実行される。

6 ツールバーの■［停止］ボタンをクリックする。

結果 アプリが終了する。

7 ツールバーのシミュレーターの種類から［iPhone 11 Pro Max］を選択し、▶［実行］ボタンをクリックする。

結果 iPhone 11 Pro Maxのシミュレーターが起動し、アプリが実行される。入力欄とボタンの位置が正しく表示される。

8 ツールバーの■［停止］ボタンをクリックする。

結果 アプリが終了する。

9 動作確認を行った後は、ツールバーのシミュレーターの種類を［iPhone 11 Pro］に戻しておく。

ヒント

オートレイアウトの制約を解除する

オートレイアウトの制約の設定を解除するには、解除したいUIを選択して［Add New Constraints］ボタンの右側にある［Resolve Auto Layout Issues］ボタンをクリックし、表示されたメニューから［Selected Views］－［Clear Constrains］を選択します。選択したUIに設定されたオートレイアウトの制約がすべて解除されます。オートレイアウトの設定を間違えたときは、この方法でオートレイアウトの制約を解除して設定をやり直してください。

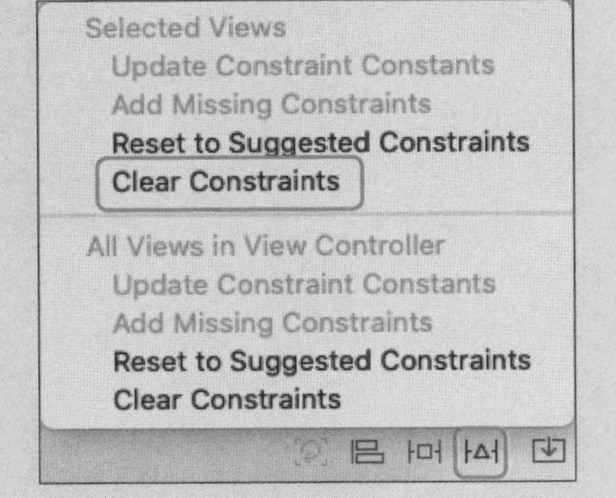

配置済みのUIを利用したオートレイアウト

ここではすでにオートレイアウトを設定したラベルの位置を基準として、入力欄とボタンにオートレイアウトを設定しています。手順❷は、ボタンの上辺からラベルまでのスペースを8

ピクセル、右辺から画面の右端までのスペースを32ピクセル開けた位置にボタンが幅60ピクセル、高さ30ピクセルのサイズで配置される制約の設定です。すでに位置が決まっているラベルを利用しています。

手順❹は、位置の決まっているラベルとボタンを利用して入力欄（テキストフィールド）の制約を設定しています。入力欄の高さを30ピクセルに固定して、上辺、左辺、右辺のスペースを設定しています。

入力欄とボタンのオートレイアウトの設定は、まとめると次の図のとおりです。

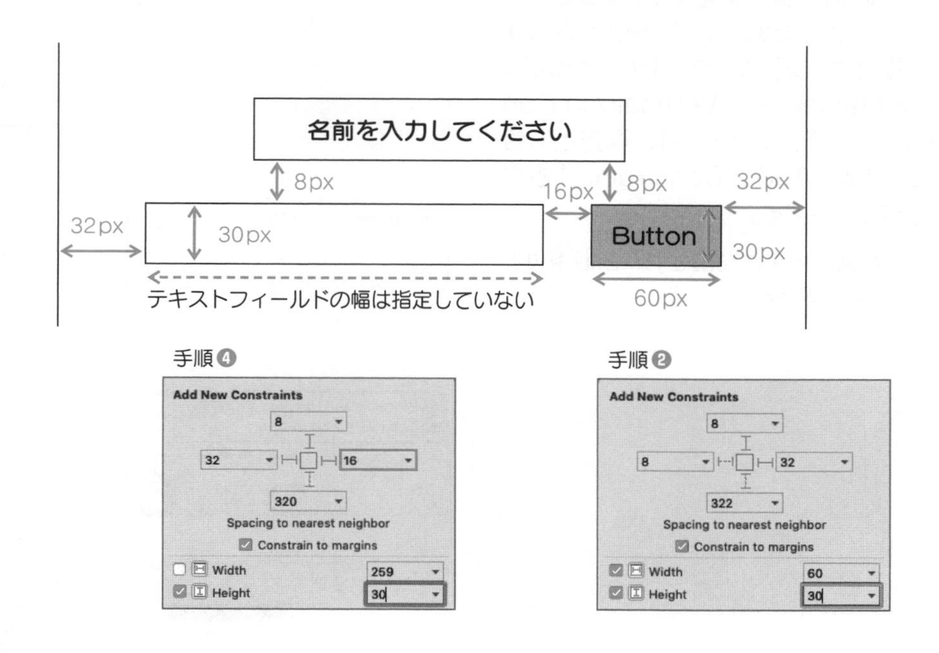

幅を設定しているのは、ボタンだけです。入力欄は、左右のスペースのみ設定し、幅は画面のサイズに応じてフレキシブルに決まるようにしています。

iPhone 11 ProとiPhone 11 Pro Maxの両方でサンプルアプリを実行してみると、2つの機種で画面が異なっても、入力欄とボタンは設定したオートレイアウトのとおりに表示されていることがわかります（手順❺～❻）。

クイズ画面にオートレイアウトを適用しよう

クイズ画面にもオートレイアウトを適用してみましょう。画面に配置したUIが多いため、手順は多いですが、基本的な作業はここまでの内容と同じです。

1 ナビゲーターエリアのプロジェクトナビゲーターで［Main.storyboard］を選択し、ドキュメントアウトラインから［クイズ画面 Scene］–［クイズ画面］–［View］–［View］を選択する。

結果 Interface Builderに［クイズ画面 Scene］の画面が表示され、ビューが選択状態になる。

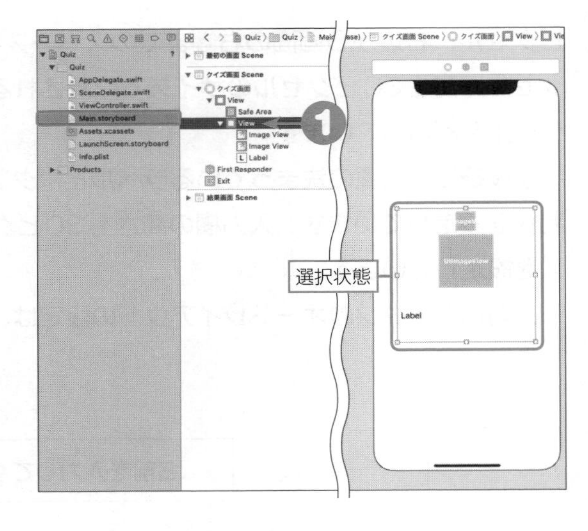

2 ［Align］ボタンをクリックしてオートレイアウトの設定ウィンドウを表示する。設定ウィンドウ内の［Horizontally in Container］と［Vertically in Container］にチェックを入れ、両方とも値は0のまま［Add 2 Constraints］ボタンをクリックする。

結果 ビューが画面中央に配置され、画面中央とビューに赤い線が表示される。

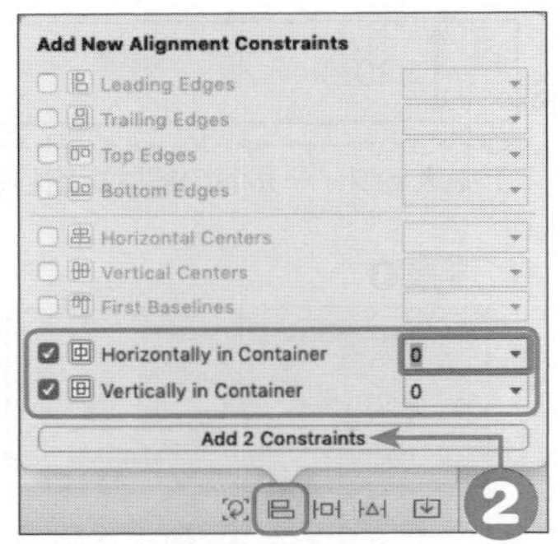

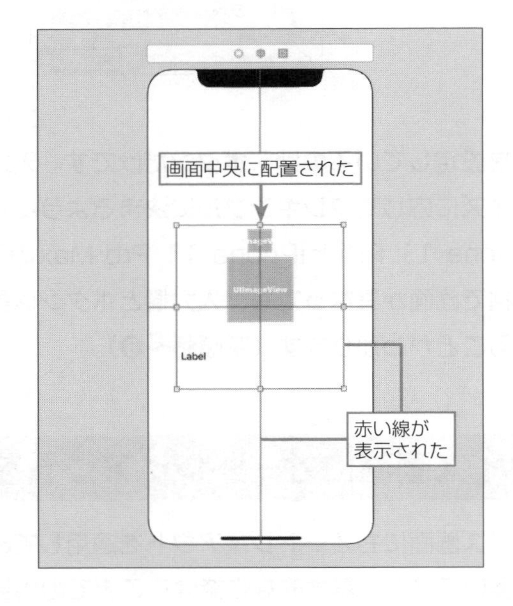

3 [Add New Constraints]ボタンをクリックしてオートレイアウトの設定ウィンドウを表示する。設定ウィンドウ内の[Width]に**280**、[Height]に**280**と入力し、両方ともチェックを入れて[Add 2 Constraints]ボタンをクリックする。

結果 赤い線の表示が消え、ビューの幅が280ピクセル、高さが280ピクセルに設定される。

4 ドキュメントアウトラインから[クイズ画面 Scene]−[クイズ画面]−[View]−[View]−[Image View](2つあるうちの上のほう)を選択する。

結果 ストーリーボードで上のほうのイメージビューが選択状態になる。

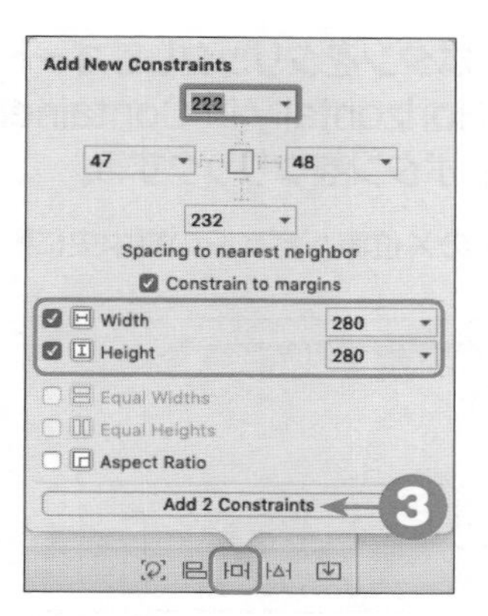

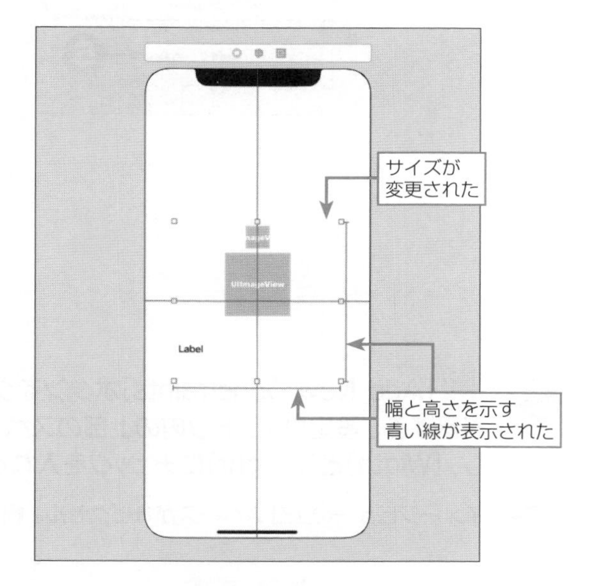

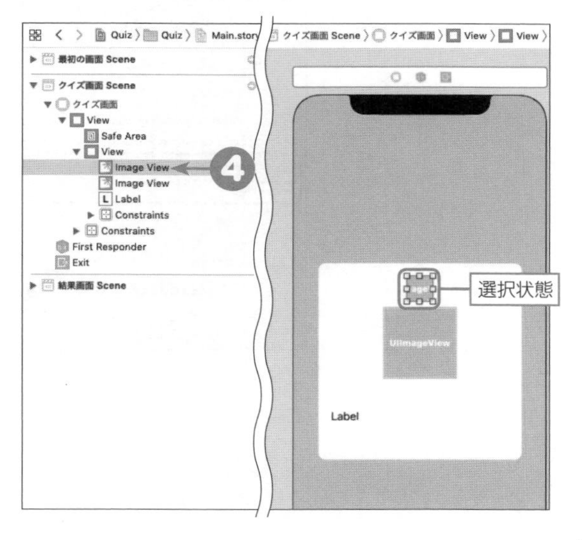

5 [Align] ボタンをクリックしてオートレイアウトの設定ウィンドウを表示する。設定ウィンドウ内の [Horizontally in Container] にチェックを入れ、値は0のままにして [Add 1 Constraint] ボタンをクリックする。

結果 イメージビューのX位置がビューの縦中央に配置される。

6 [Add New Constraints]ボタンをクリックしてオートレイアウトの設定ウィンドウを表示する。設定ウィンドウ内の上部のスペースに**8**、[Width]に**40**、[Height]に**40**と入力し、[Width]と[Height]にチェックを入れて[Add 3 Constraints]ボタンをクリックする。

結果 イメージビューの上部スペースが8ピクセル、幅が40ピクセル、高さが40ピクセルに設定される。

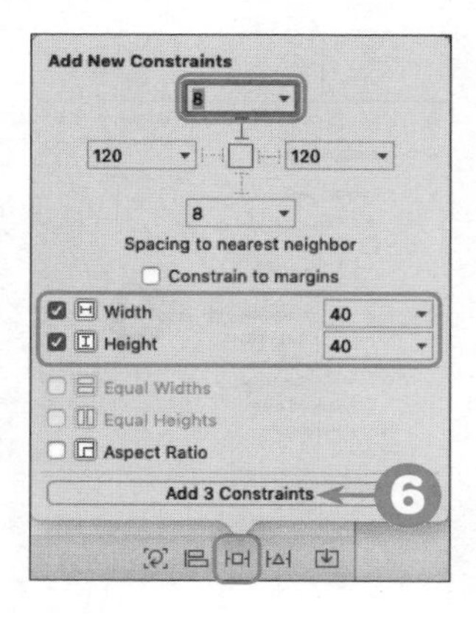

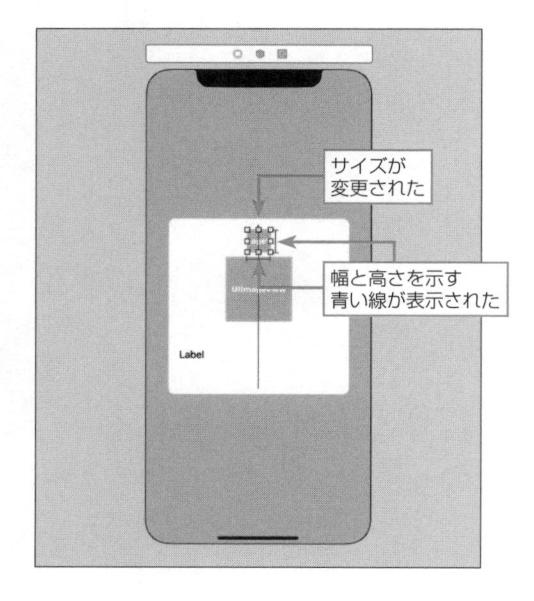

7 ドキュメントアウトラインから［クイズ画面 Scene］－［クイズ画面］－［View］－［View］－［Image View］（2つあるうちの下のほう）を選択する。

結果 ストーリーボードで下のほうのイメージビューが選択状態になる。

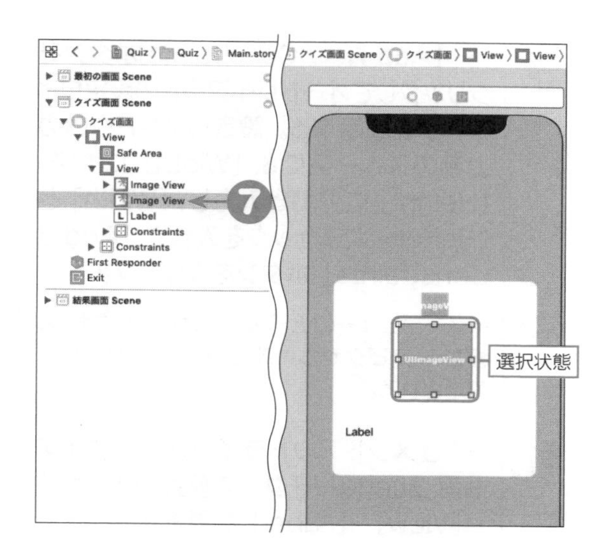

8 ［Align］ボタンをクリックしてオートレイアウトの設定ウィンドウを表示する。設定ウィンドウ内の［Horizontally in Container］にチェックを入れ、値は0のままにして［Add 1 Constraint］ボタンをクリックする。

結果 イメージビューのX位置がビューの縦中央に配置される。

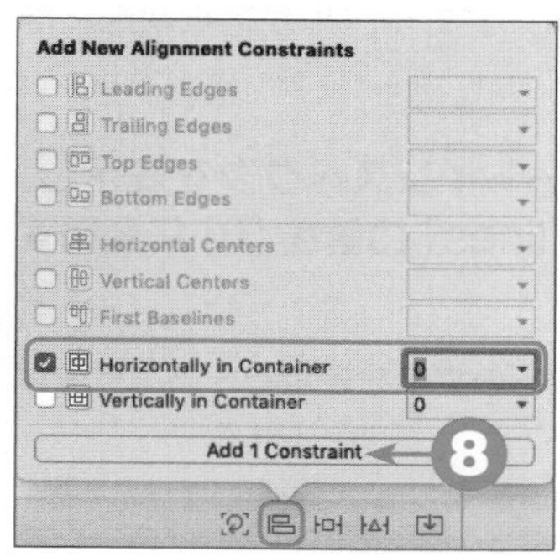

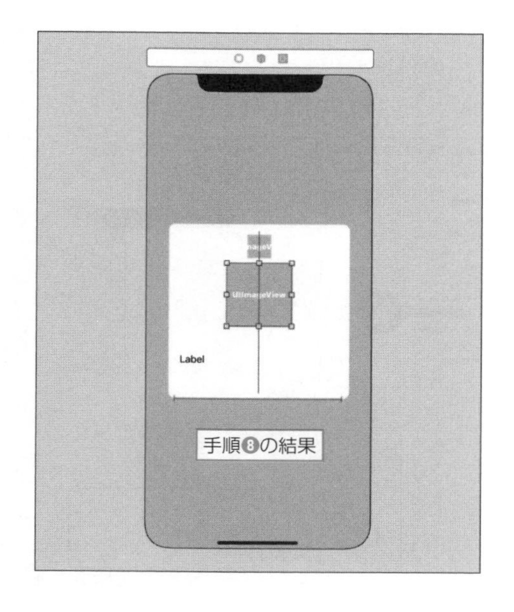

ヒント

制約をデフォルトの値のまま設定するには

オートレイアウトの設定ウィンドウで制約をデフォルトの値のまま設定したいとき、その制約がチェックボックスの場合はチェックを入れます。上下左右のスペースの場合は、設定したい値のマークをクリックして点線から実線に変更します。

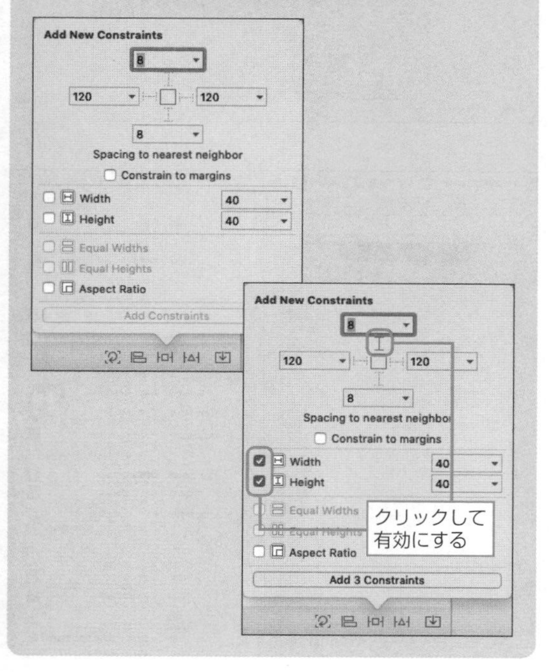

9 [Add New Constraints]ボタンをクリックしてオートレイアウトの設定ウィンドウを表示する。設定ウィンドウ内の上部のスペースに**8**、[Width] に**110**、[Height] に**110**と入力し、[Width] と [Height] にチェックを入れて [Add 3 Constraints] ボタンをクリックする。

結果 イメージビューの上部スペースが8ピクセル、幅が110ピクセル、高さが110ピクセルに設定される。

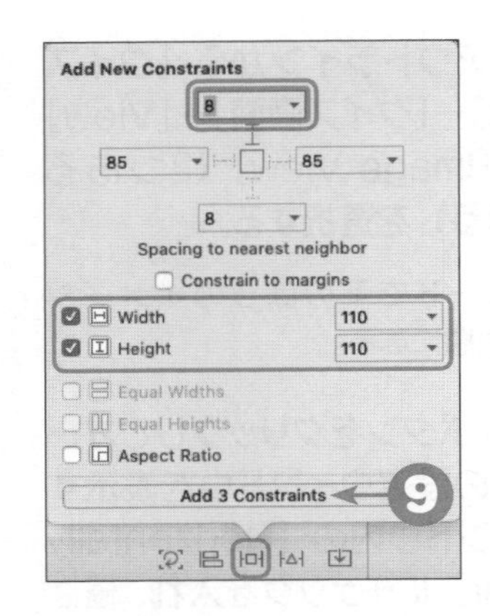

10 ドキュメントアウトラインから [クイズ画面 Scene]−[クイズ画面]−[View]−[View]−[Label] を選択する。

結果 ストーリーボードでラベルが選択状態になる。

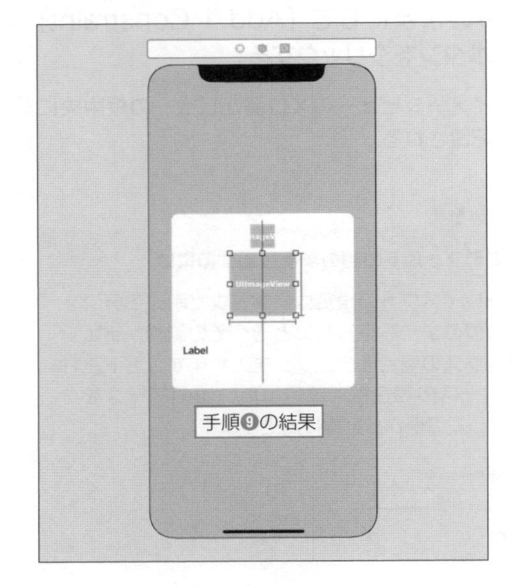

手順❾の結果

11 アトリビュートインスペクタを表示し、[Label]−[lines] の値を [0] に変更する。

結果 ラベルに複数行の文字を表示できるようになる。

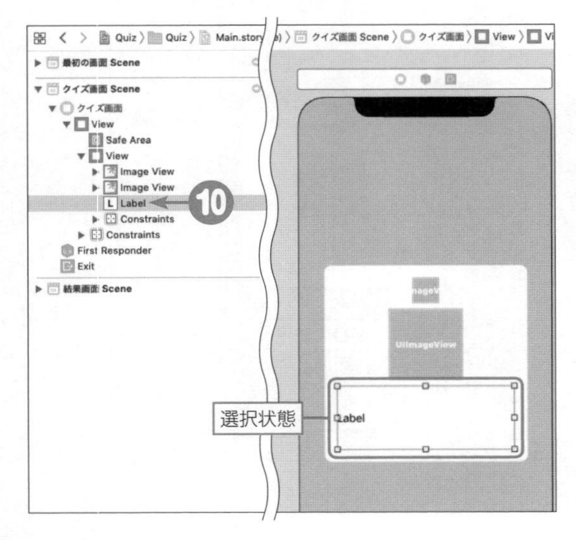

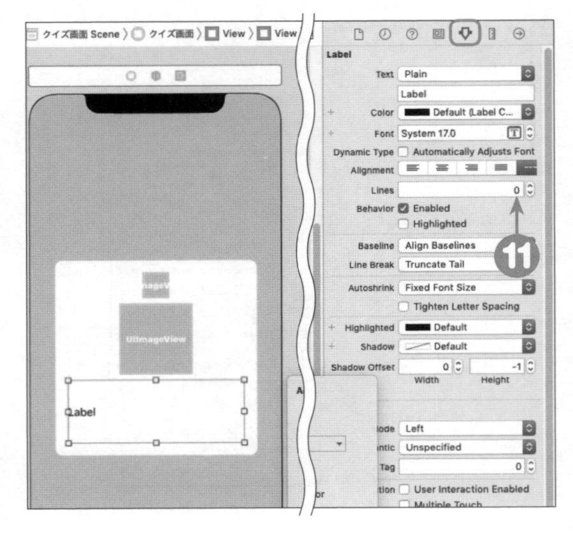

12 [Add New Constraints] ボタンをクリックしてオートレイアウトの設定ウィンドウを表示する。設定ウィンドウ内の上下左右のスペースにすべて**16**と入力し、[Add 4 Constraints] ボタンをクリックする。

結果 ラベルの上下左右のスペースが16ピクセルに設定される。同時にラベルのサイズも自動的に決定される。

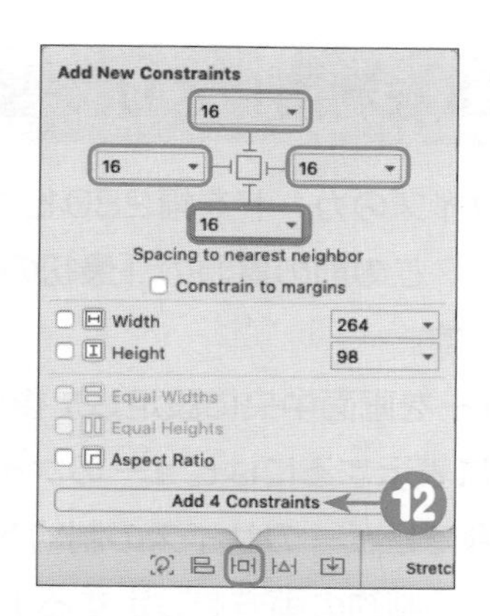

13 配置済みのビューの上の位置にもう1つラベルを追加し、左辺と右辺を補助線に従ってビューの端までサイズを調整する。

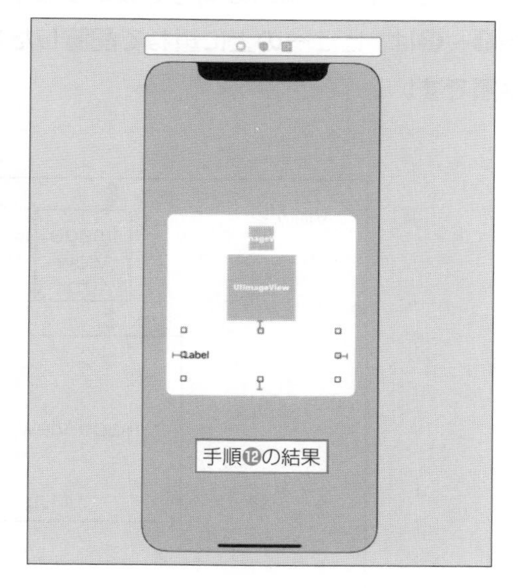

14 前の手順で追加したラベルが選択状態のまま、アトリビュートインスペクタを表示する。[Label]－[Alignment]で左から2番目のボタンを選択し、[Lines] の値を [2] に設定する。

結果 ラベルに表示される文字が中央揃えになり、行数が2行まで表示できるようになる。

15 [Label]－[Text] の「Plain」と表示されている項目の下にある入力欄に**カードを左右にフリックしてクイズに回答してください**と入力する。改行するために、「フリックして」と「クイズに」の間に Option ＋ Return キーを入力する。

結果 ラベルの文字が設定される。

16 [Add New Constraints]ボタンをクリックしてオートレイアウトの設定ウィンドウを表示する。設定ウィンドウ内の左右のスペースに**16**、下部のスペースに**50**と入力し、[Add 3 Constraints] ボタンをクリックする。

結果 ラベルがビューの上部の指定した位置に配置され、文字が2行で表示される。同時にラベルのサイズも自動的に決定される。

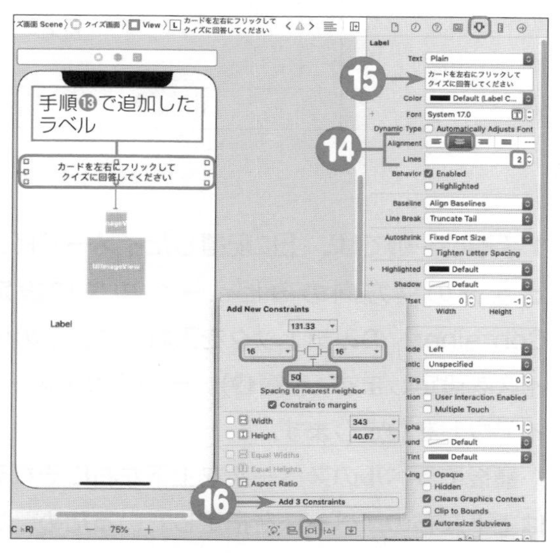

配置済みのUIを利用してUIを縦揃えにするには

手順❶～❸は、クイズのカードを幅280ピクセル、高さ280ピクセルで画面の中央に配置する制約の設定です。この節の冒頭の「最初の画面にオートレイアウトを使ってみよう」と同様の手順で設定します。

手順❷では、ビューを画面中央に設定した後に、画面中央とビューに赤い線が表示されます。これは、「画面中央に表示するにはビューのサイズも必要で、制約の設定が不足している」という意味です。手順❸でビューのサイズの制約を設定すると、赤い線は消えます。このように、位置の制約とサイズの制約の両方を設定するようにしてください。

手順❹～⓬は、ビューの上に重ねて配置したUIに対し、オートレイアウトを次のように設定する手順です。

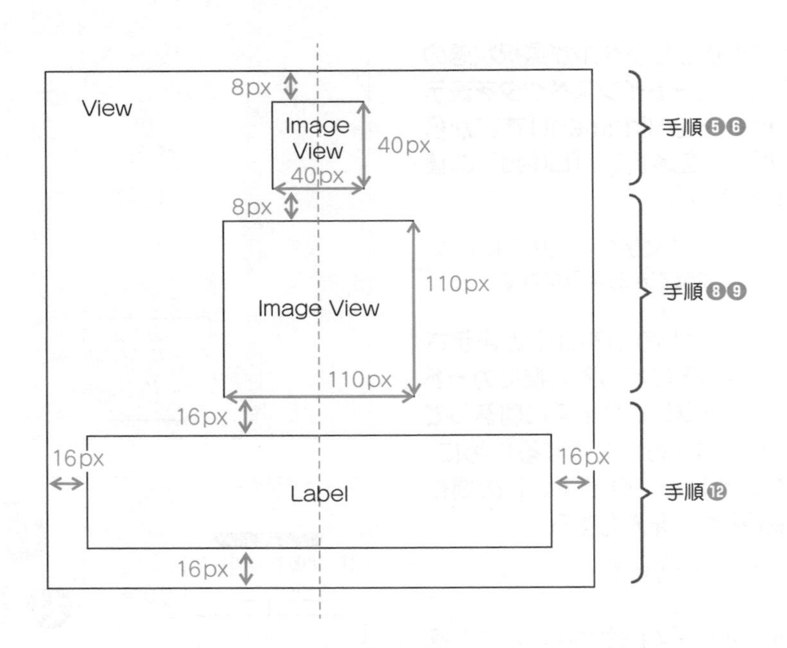

手順❹～❻では、上に配置したイメージビューの位置とサイズを設定しています。イメージビューの横方向のみビューの中央に設定しますので、手順❺では［Horizontally in Container］のみチェックを入れます。その他は上記の図のとおりに上と左右のスペースとサイズを設定します（手順❻）。その下のイメージビューも同様にして、この図のようにオートレイアウトを設定します。

最後にラベルのスペースを上下左右にそれぞれ16ピクセルを設定します（手順⓬）。ラベルは上下左右のスペースを指定しているため、サイズを指定する必要はありません。

なお、ラベルには複数行の文字を表示できるよう、[Lines] の値を0に設定しています（手順⑫）。

サイズの制約

手順❷では、ビューの位置の制約を設定した後に、サイズの制約がないという意味で赤い線が表示されました。この節の冒頭の「最初の画面にオートレイアウトを使ってみよう」でラベルとボタンのオートレイアウトを設定したときは、同じ手順でしたが赤い線は表示されませんでした。これには次の理由があります。

ラベルやボタンといった文字を表示するUIでは、サイズが指定されていないときは、文字が表示される大きさが自動的にUIのサイズとして利用されるためです。UIの種類による特別な例だと考えてください。基本的には、オートレイアウトを設定する場合には、位置とサイズの両方に気を配るようにしてください。

結果画面にオートレイアウトを適用しよう

これまでの手順と同様に、結果画面にもオートレイアウトを適用してみましょう。中央のUIを基準として上下のUIのオートレイアウトを設定します。

1 ナビゲーターエリアのプロジェクトナビゲーターで［Main.storyboard］を選択し、ドキュメントアウトラインから［結果画面 Scene］の［Text View］を選択する。

結果 Interface Builderに［結果画面 Scene］の画面が表示され、テキストビューが選択状態になる。

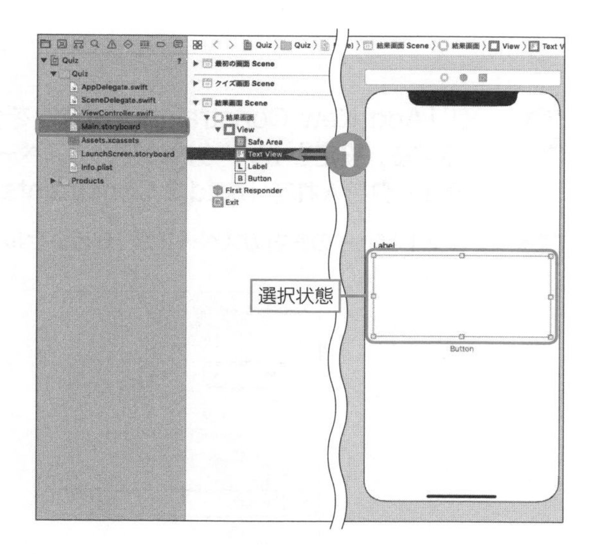

2 [Align] ボタンをクリックしてオートレイアウトの設定ウィンドウを表示する。設定ウィンドウ内の［Horizontally in Container］と［Vertically in Container］にチェックを入れ、両方とも値は0のまま［Add 2 Constraints］ボタンをクリックする。

結果 テキストビューが画面中央に配置される。

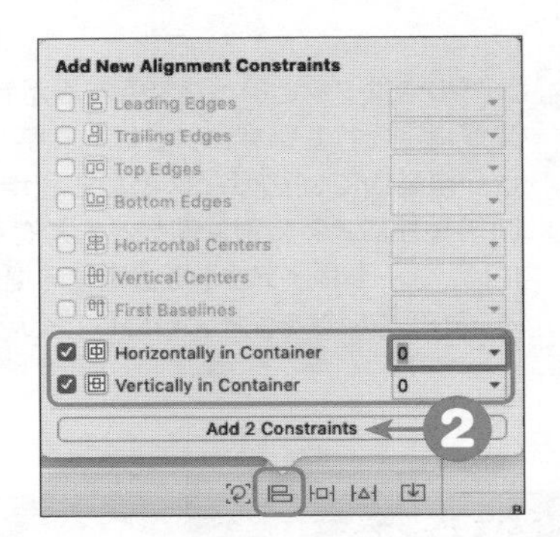

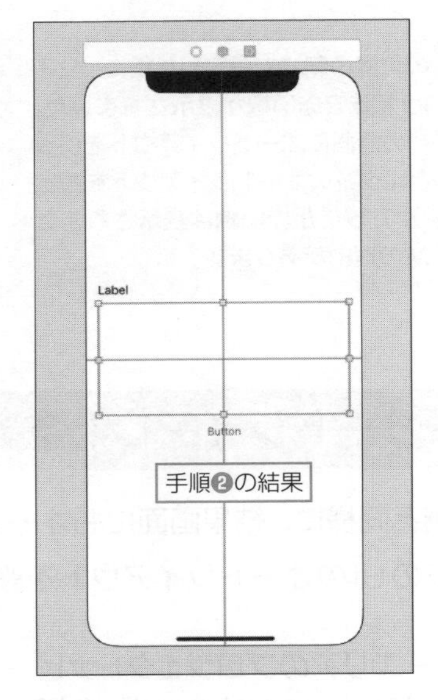

手順❷の結果

3 [Add New Constraints] ボタンをクリックしてオートレイアウトの設定ウィンドウを表示する。設定ウィンドウ内の左右のスペースに**16**、[Height] に**160**と入力し、[Height] にチェックを入れて［Add 3 Constraints］ボタンをクリックする。

結果 テキストビューの左右のスペースが16ピクセル、高さが160ピクセルに設定される。

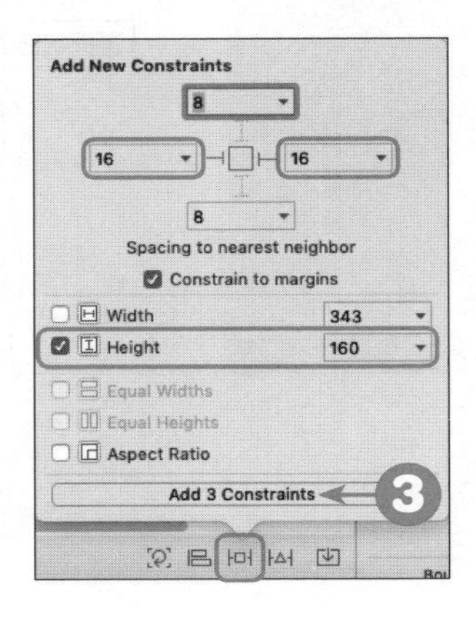

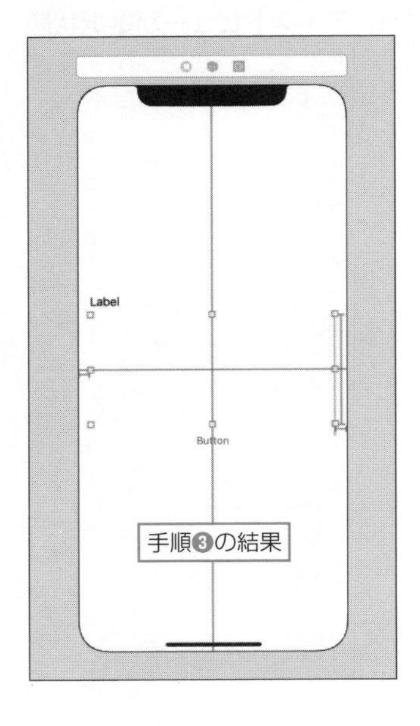

手順❸の結果

4 ドキュメントアウトラインから［結果画面 Scene］の［Label］を選択する。

結果 ストーリーボードでラベルが選択状態になる。

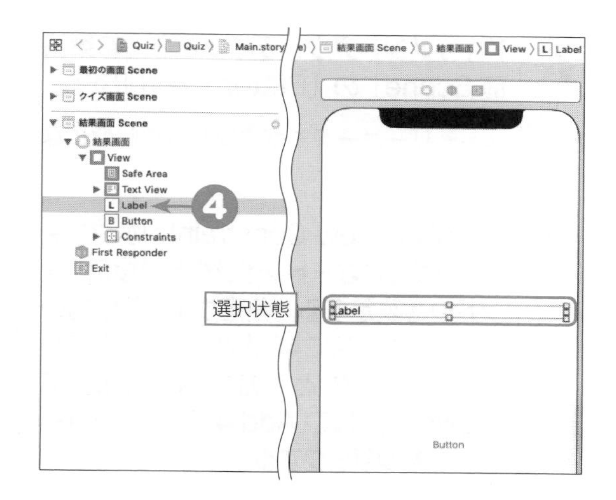

5 ［Add New Constraints］ボタンをクリックしてオートレイアウトの設定ウィンドウを表示する。設定ウィンドウ内の左右のスペースに**16**、下のスペースに**24**、［Height］に**36**と入力し、［Height］にチェックを入れて［Add 4 Constraints］ボタンをクリックする。

結果 ラベルの左右のスペースが16ピクセル、下のスペースが24ピクセル、高さが36ピクセルに設定される。

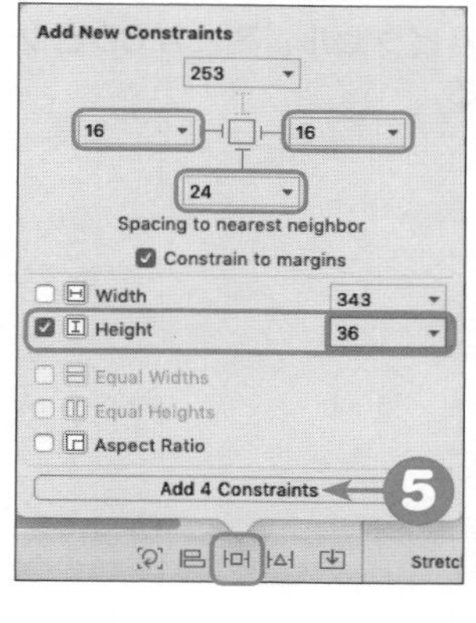

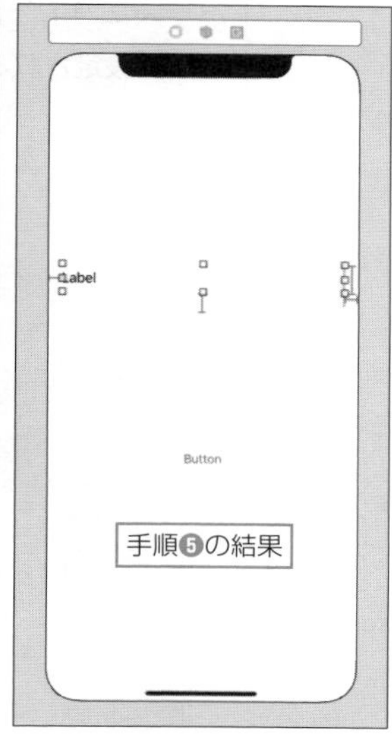

6 ラベルが選択状態のままでアトリビュートインスペクタを表示し、［Label］－［Alignment］で左から2番目のボタンを選択する。

結果 ラベルに表示される文字が中央揃えになる。

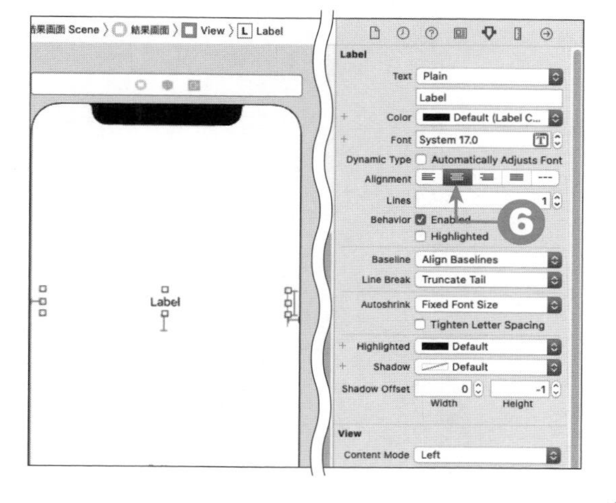

7 ドキュメントアウトラインから［結果画面 Scene］の［Button］を選択する。

結果 ストーリーボードでボタンが選択状態になる。

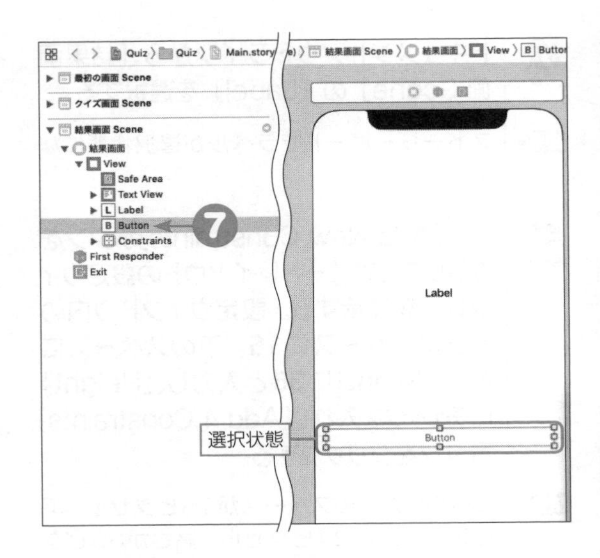

8 [Add New Constraints]ボタンをクリックしてオートレイアウトの設定ウィンドウを表示する。設定ウィンドウ内の左右のスペースに**40**、上のスペースに**24**、[Height]に**30**と入力し、[Height] にチェックを入れて[Add 4 Constraints]ボタンをクリックする。

結果 ボタンの左右のスペースが40ピクセル、上のスペースが24ピクセル、高さが30ピクセルに設定される。

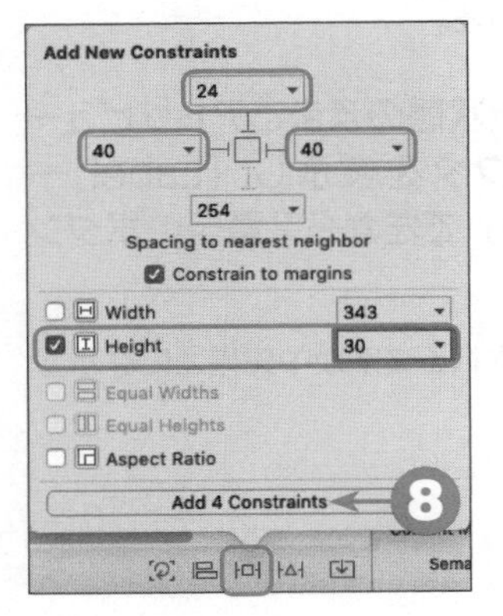

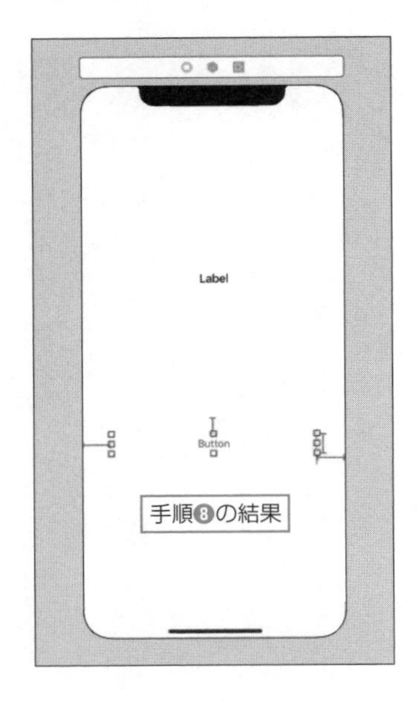

配置済みのUIを利用してUIを中央揃えにするには

手順❶～❸は、テキストビューを画面中央に配置し、左右のスペースを16ピクセル、高さを160ピクセルの制約を設定する手順です。先に基準となるテキストビューのオートレイアウトを設定し、その上下のラベルとボタンのオートレイアウトを設定します。設定するオートレイアウトの制約は次の図のとおりです。

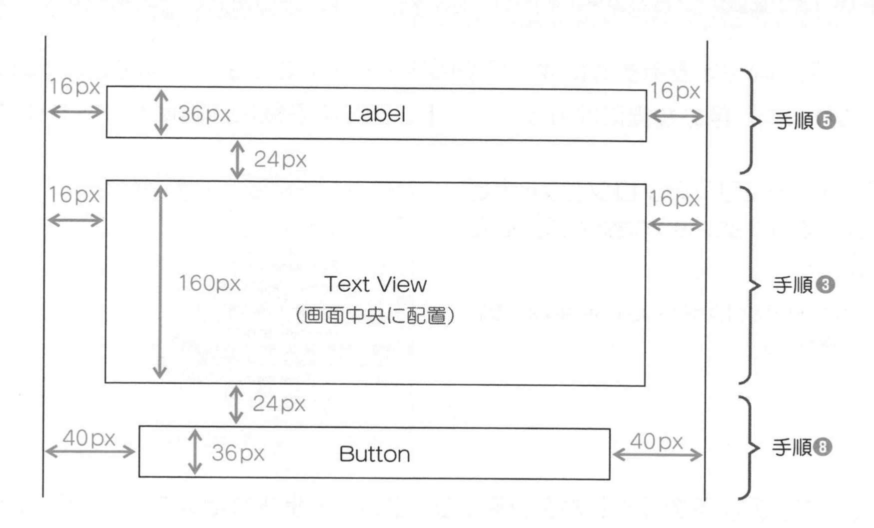

手順❹～❽では、テキストビューと左右の画面の端からのスペースを利用して、ラベルとボタンの位置の制約を設定しました。両方とも幅は左右のスペースから自動的に決まるので、高さのみを設定しています。

5.3 色や画像を利用しよう

クイズアプリの各画面へのUIの配置が完了したところで、次は画面とUIに色や画像を表示してみましょう。

色や画像を登録しよう

画面とUIに色や画像を表示するには、色や画像を利用できるよう、先にXcodeに登録しておく必要があります。色の登録にはカラーセット、画像の登録には画像セットを使います。

1 ナビゲーターエリアのプロジェクトナビゲーターで［Assets.xcassets］を選択する。

結果 エディタエリアが［Assets.xcassets］の表示に切り替わる。

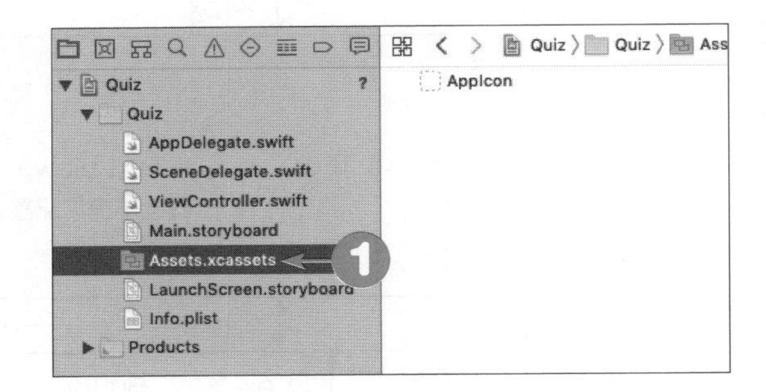

2 エディタエリア左下の［＋］ボタンをクリックし、表示されたメニューから［New Color Set］を選択する。

結果 ［Assets.xcassets］に新しいカラーセット（色の設定）が追加される。

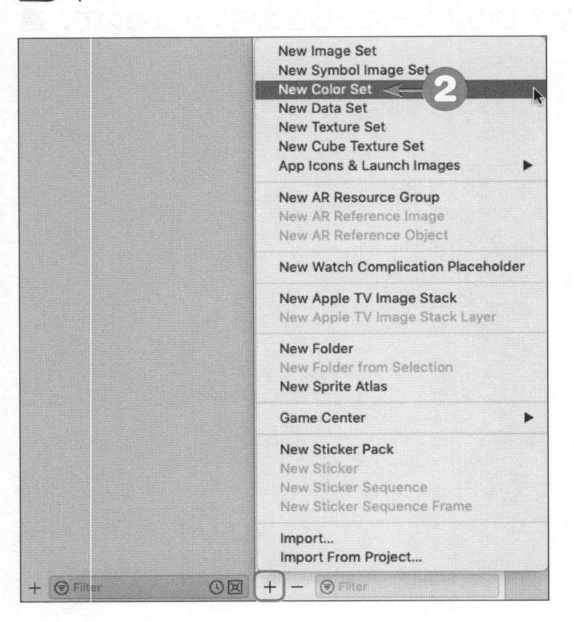

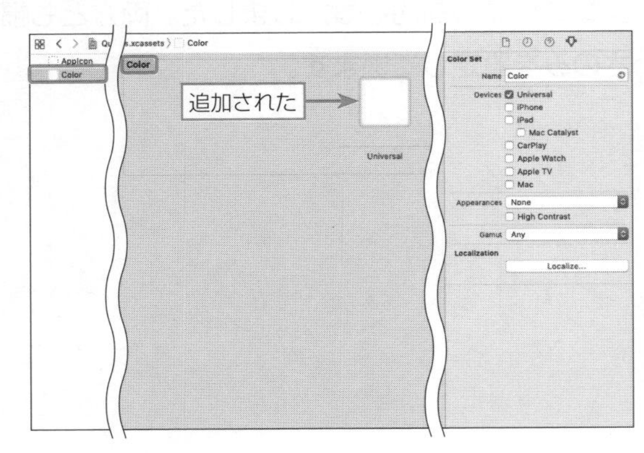

3 追加したカラーセットのアイコンをエディタエリアでクリックして選択し、ユーティリティエリアで[アトリビュートインスペクタのアイコン]アトリビュートインスペクタのボタンをクリックする。

結果 ユーティリティエリアがアトリビュートインスペクタの表示に切り替わり、カラーセットの詳細を設定する項目が表示される。

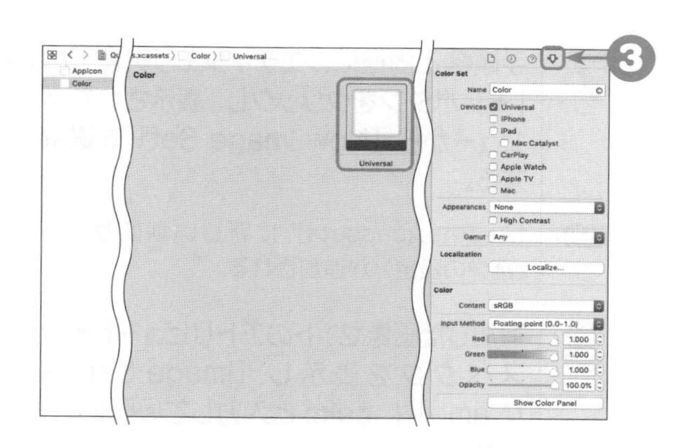

4 アトリビュートインスペクタ内の［Color Set］－［Name］に、あらかじめ入力されている「Color」という名前を削除して**Base**と入力して[Return]キーを押す。

結果 カラーセットに「Base」という名前がつけられる。

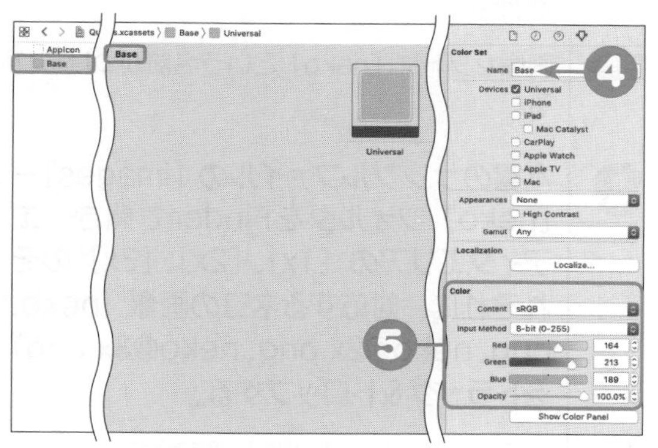

5 アトリビュートインスペクタ内の［Color］－［Content］で［sRGB］を選択し、［Input Method］で［8-bit（0-255）］を選択する。［Red］、［Green］、［Blue］にそれぞれ**164**、**213**、**189**と入力し、［Opacity］は100％のままにする。

結果 カラーセットのアイコンの色が指定した色に変更される。

6 手順❷～❺を3回繰り返して、次の表のとおりにカラーセットを3つ追加する。3つとも［Color］－［Content］では［sRGB］を選択し、［Input Method］では［8-bit（0-255）］を選択する。

名前	Red	Green	Blue	Opacity
normal background	235	235	235	100%
right background	0	136	90	100%
wrong background	231	104	112	100%

結果 合計４つのカラーセットが登録される。

7 手順❷と同様に、エディタエリア左下の［＋］ボタンをクリックし、表示されたメニューから［New Image Set］を選択する。

結果 ［Assets.xcassets］に新しい画像セット（画像の設定）が追加される。

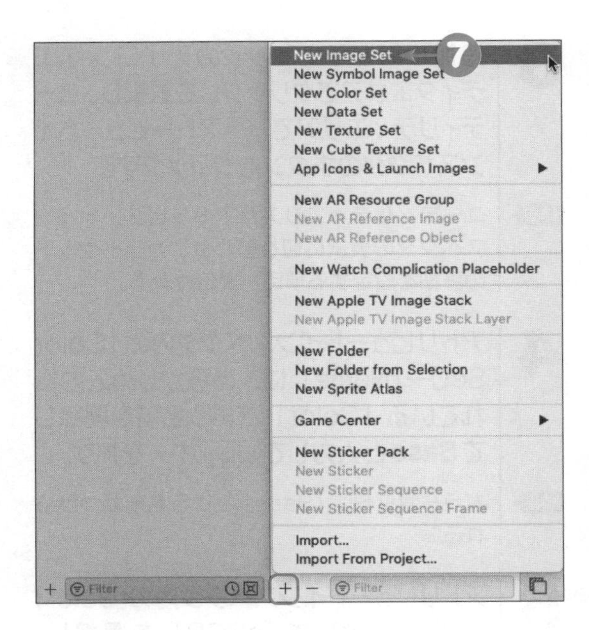

8 追加した画像セットのアトリビュートインスペクタを表示し、［Image Set］－［Name］に**neko**と入力して Return キーを押す。

結果 画像セットに「neko」という名前がつけられる。

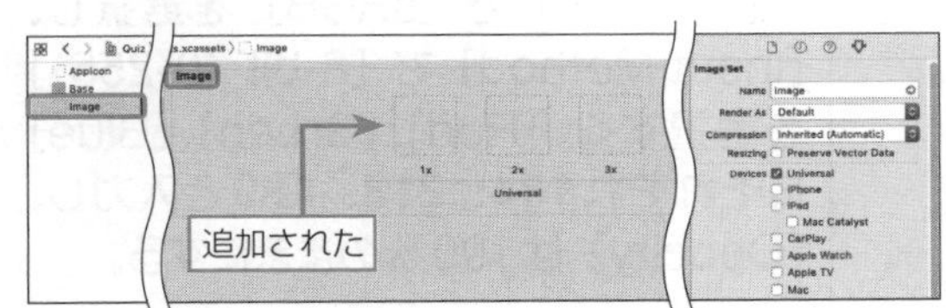

9 本書のサンプルファイルの［images］－［neko］フォルダをFinderで開き、エディタエリアの［1x］、［2x］、［3x］のそれぞれに、対応するネコの画像（neko.png、neko@2x.png、neko@3x.png）をドラッグ＆ドロップする。

結果 画像セットにネコの画像が設定される。

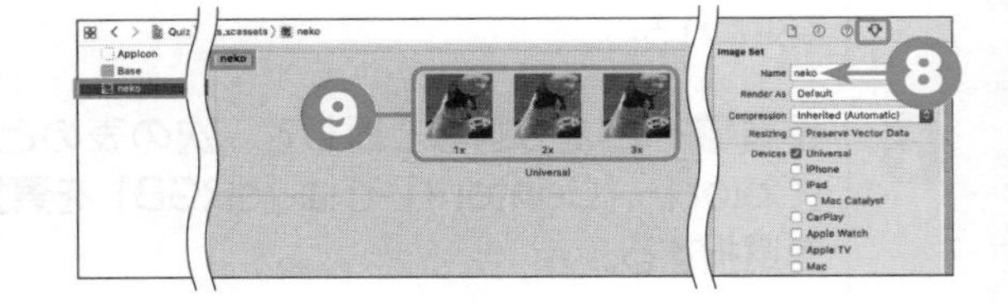

10 手順❼～❾を3回繰り返して、〇回答の画像（true.png、true@2x.png、true@3x.png）を**right icon**、×回答の画像（false.png、false@2x.png、false@3x.png）を**wrong icon**、スプラッシュ画面用の画像（top.png、top@2x.png、top@3x.png）を**top**という名前で登録する。

結果 合計4つの画像セットが登録される。

色を登録するには

Xcodeでは、**Assets.xcassets**というファイルで色と画像を設定できます。画像を登録する**画像セット**、色を登録する**カラーセット**というUIが用意されています（手順❷、手順❻）。

手順❹～❻は、カラーセットに名前と内容を登録する手順です。ここでは、カラーセットに「Base」という名前をつけています。また、**sRGB**という国際標準規格の色空間の設定で色の詳細を登録しています。[Red]、[Green]、[Blue] の各値を、スライダーを使うか、値を直接入力して設定します。入力はすぐにカラーセットのアイコンに反映されるので、確認しながら設定できます。

ここでは、次のようにアプリで利用する色を登録しています。

名前	Red	Green	Blue	概要
Base	164	213	189	画面の背景色
normal background	235	235	235	カードの初期の背景色
right background	0	136	90	ボタンの色、クイズの回答が○の場合のカードの背景色
wrong background	231	104	112	クイズの回答が × の場合のカードの背景色

画像を登録するには

画像を登録する場合も、色を登録するときと同様に登録用のUIから登録します（手順❼）。名前を設定した後に、登録する画像ファイルをFinderからドラッグ＆ドロップして登録します（手順❽〜❾）。画像をドラッグ＆ドロップするUIは、[1x]、[2x]、[3x] の３種類があります。[2x] と [3x] は、Retinaディスプレイに対応するため、２倍、３倍の解像度の画像を登録するために設けられています。[1x] は、ストーリーボード上のサイズと考えてください。それを基準にして [2x]、[3x] に該当する解像度の画像も登録します。

ここでは、アプリで利用する画像を次のように登録しています。使用する画像は本書のサンプルファイルの [images] フォルダにあります。

名前	画像	サンプルファイルのフォルダ名	概要
neko		neko	クイズのカードの 画像の初期表示
right icon		right icon	クイズの○回答のアイコン
wrong icon		wrong icon	クイズの × 回答のアイコン
top		top	スプラッシュ画面用の画像 （第9章の「9.4　スプラッシュ 画面を表示しよう」で説明）

色や画像を利用しよう

登録した色と画像は、次の手順でストーリーボードから利用することができます。登録した色と画像をiPhoneの画面で表示してみましょう。

1 ナビゲーターエリアのプロジェクトナビゲーターで［Main.storyboard］を選択し、ドキュメントアウトラインから［最初の画面 Scene］の[View]を選択する。

結果 Interface Builderに［最初の画面 Scene］の画面が表示され、ビューが選択状態になる。

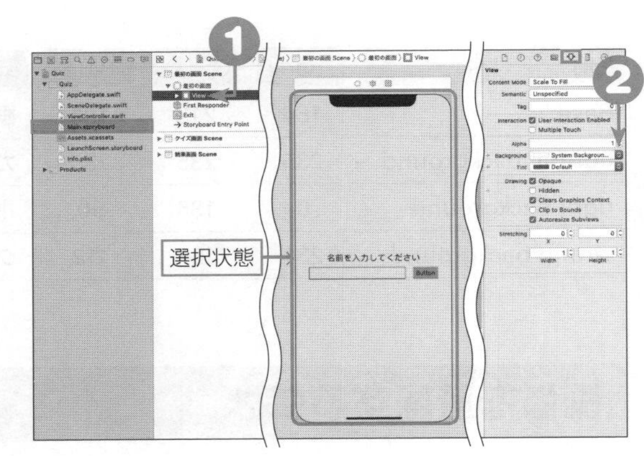

2 選択したビューのアトリビュートインスペクタを表示し、[View]−[Background]の選択肢から、先の手順で登録した［Base］を選択する。

結果 ビューの背景色が[Base]の色に変更される。

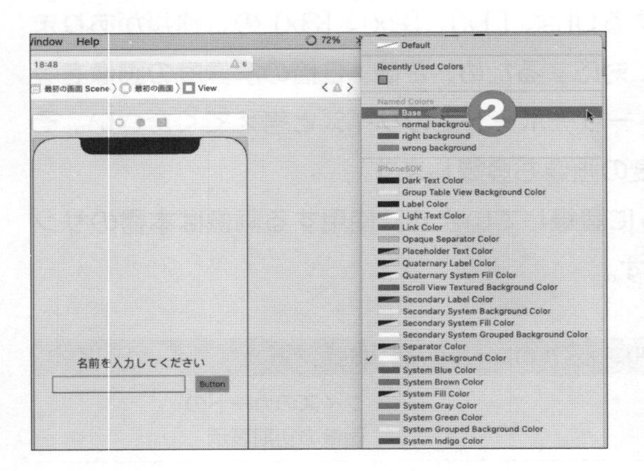

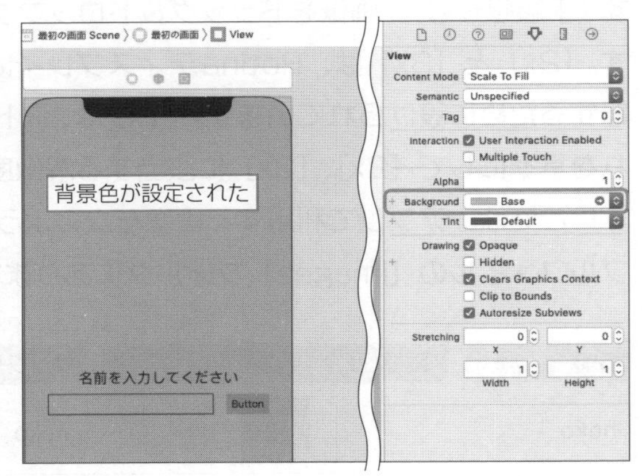

3 手順❶～❷を繰り返して、次の表のとおりにUIの背景色を設定する。

UI	色
［最初の画面 Scene］の［Button］	[right background]
［最初の画面 Scene］の［Line Style Text Field］	[White Color]
［クイズ画面 Scene］の［View］（上位のほう）	[Base]
［クイズ画面 Scene］の［View］の［View］	[normal background]
［結果画面 Scene］の［View］	[Base]
［結果画面 Scene］の［Text View］	[Clear Color]

UI	色
［結果画面 Scene］の［Button］	［right background］

結果 UIの背景色が指定した色に変更される。

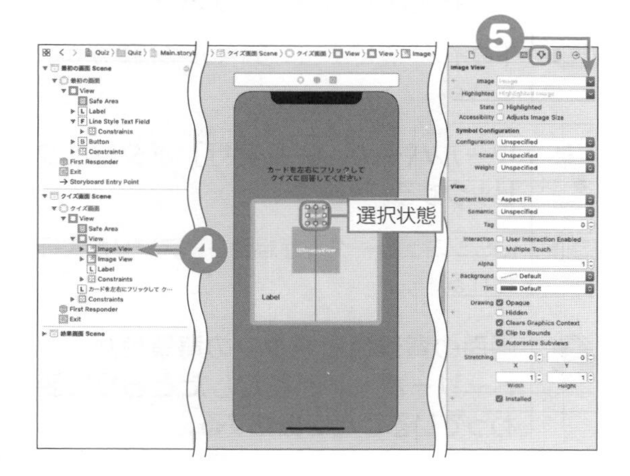

4 ドキュメントアウトラインから［クイズ画面 Scene］の［Image View］（2つあるうちの上のほう）を選択する。

結果 Interface Builderに［クイズ画面 Scene］の画面が表示され、上のイメージビューが選択状態になる。

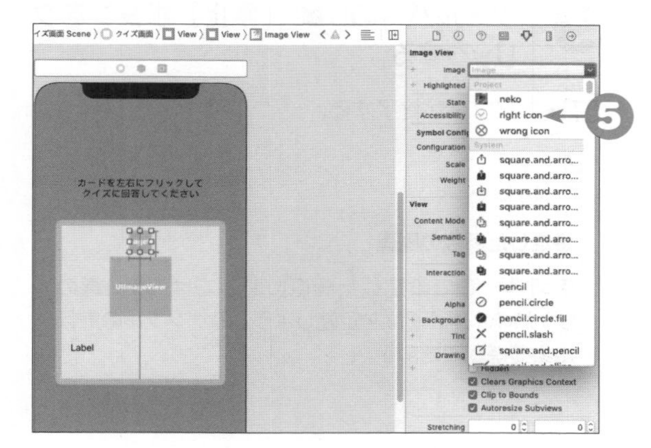

5 選択したイメージビューのアトリビュートインスペクタを表示し、［Image View］－［Image］の選択肢から、先の手順で登録した［right icon］を選択する。

結果 上のイメージビューに［right icon］の画像が表示される。

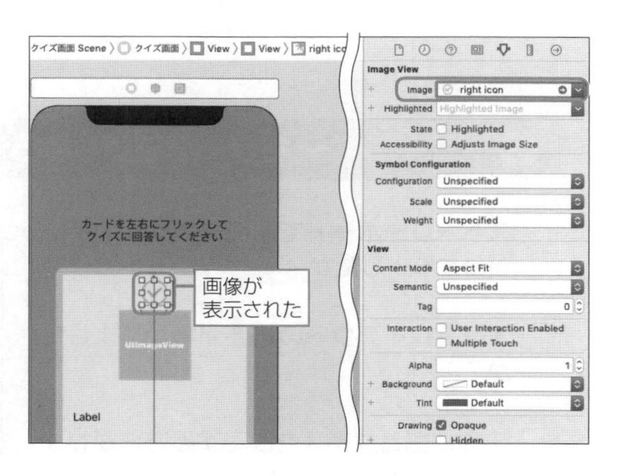

ヒント

Interface Builderで選択できるカラーセット

Assets.xcassetsに登録したカラーセットは、［Named Colors］の見出しの下に並んでいます。［Base］などのカラーセットはここから選択してください。［iPhoneSDK］という見出しの下にある色は、Xcodeであらかじめ用意されているカラーセットです。

6 手順❹～❺と同様に、もう1つのイメージビューのアトリビュートインスペクタを表示し、[Image View] －[Image] の選択肢から［neko］を選択する。

結果▶ 下のイメージビューに［neko］の画像が表示される。

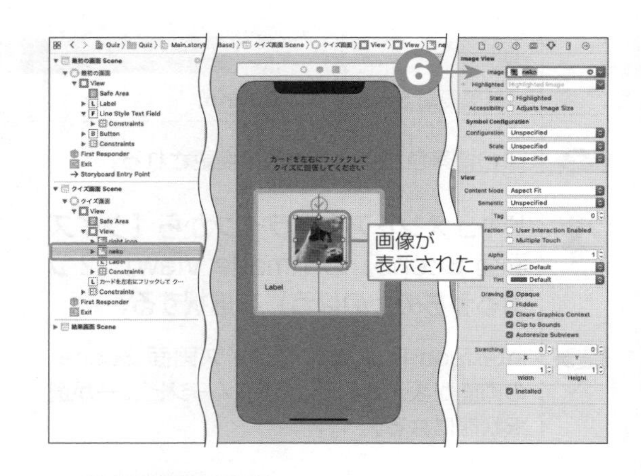

7 ツールバーの ▶ ［実行］ボタンをクリックする。

結果▶ iOSシミュレーターが起動し、アプリが実行される。

8 画面の背景色とボタンの背景色が、ストーリーボードで設定したとおりに変わっていることを確認する。

9 ツールバーの ■ ［停止］ボタンをクリックする。

結果▶ アプリが終了する。

ヒント

設定した画像の確認

手順❺～❻で設定した画像に関しては、第6章の6.1節の「画面遷移を定義しよう」のサンプルの実行結果で確認できます。

～もう一度確認しよう！～　チェック項目

- □ ストーリーボードで画面を作成する手順がわかりましたか？
- □ オートレイアウトの概要がわかりましたか？
- □ UIの位置とサイズを設定する方法がわかりましたか？
- □ 色と画像をXcodeに登録する方法がわかりましたか？
- □ 登録した色と画像を利用する方法がわかりましたか？

第 6 章

画面遷移を実装しよう

この章では、作成した画面を使って、画面を遷移する動きを実装します。Xcodeでの画面遷移の基本的な設定方法から、画面遷移のときに変数を受け渡す方法までを学びます。

この章で学ぶこと

この章では、クイズアプリで「最初の画面」から「クイズ画面」へ画面遷移する機能を作成します。

(1) 画面遷移を行うための準備
(2) 画面を管理するクラスの作成
(3) 画面遷移のときに次の画面に値を渡す
(4) 次の画面で値を受け取る

その過程を通じて、この章では次の内容を学習していきます。

- **UINavigationControllerを利用した画面遷移の実装**
- **UIViewControllerクラスを継承したクラスの作成方法**
- **画面遷移を行うときに値を渡す方法**
- **受け取った値の表示**

この章では次のような画面遷移の動きを実装します。

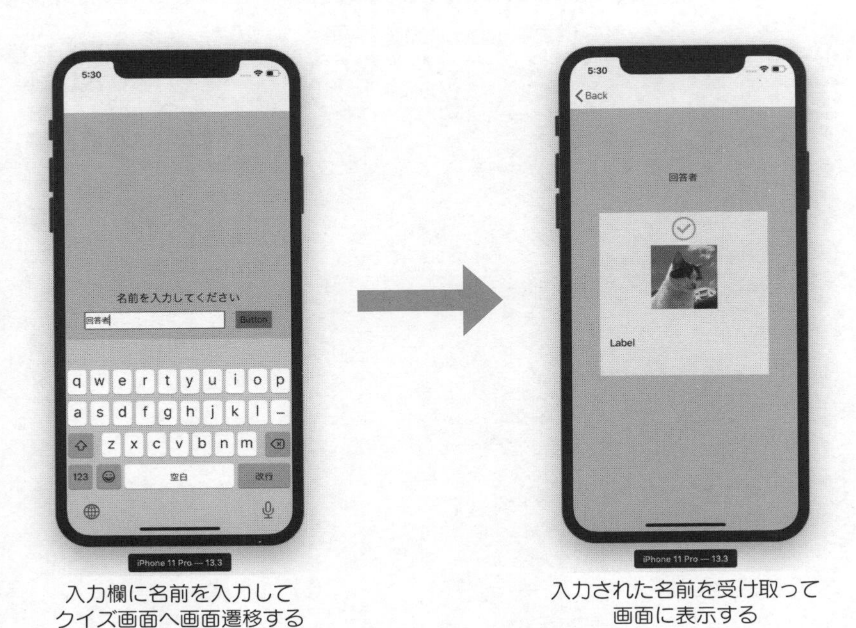

入力欄に名前を入力して
クイズ画面へ画面遷移する

入力された名前を受け取って
画面に表示する

画面遷移を行ってみよう

本書で作成するクイズアプリは、最初の画面からクイズ画面、クイズ画面から結果画面へと画面遷移を行います。ここでは、アプリの基本的な画面遷移について学びましょう。

画面遷移を行う準備をしよう

画面遷移（がめんせんい）とは、アプリの画面が切り替わることをいいます。省略して「遷移」ということもあります。本書のクイズアプリのように画面を順番に遷移させるには、**UINavigation Controller**クラスという画面遷移を行うためのクラスを利用します。実際の画面遷移を行う前に、UINavigationControllerクラスを利用して画面遷移の準備をしましょう。

1 ナビゲーターエリアのプロジェクトナビゲーターで[Main.storyboard]を選択し、[+]ライブラリボタンをクリックして［Navigation Controller］を［最初の画面 Scene］の左側にドラッグ＆ドロップする。

 ストーリーボードに[Navigation Controller Scene]と[Root View Controller Scene]が追加される。

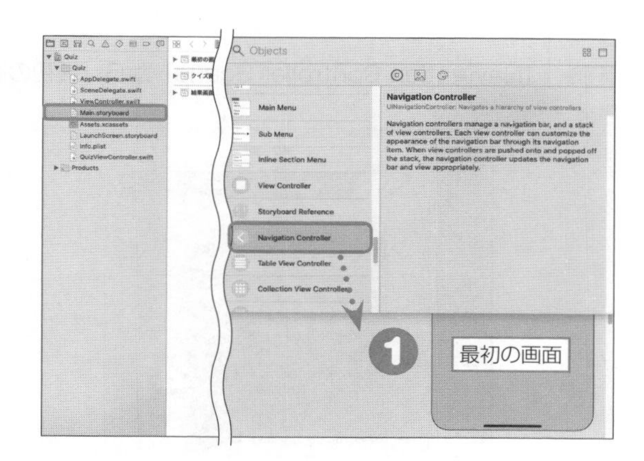

2 ドキュメントアウトラインから［Root View Controller Scene］を選択し、Deleteキーを押す。

結果 追加された［Root View Controller Scene］が削除される。

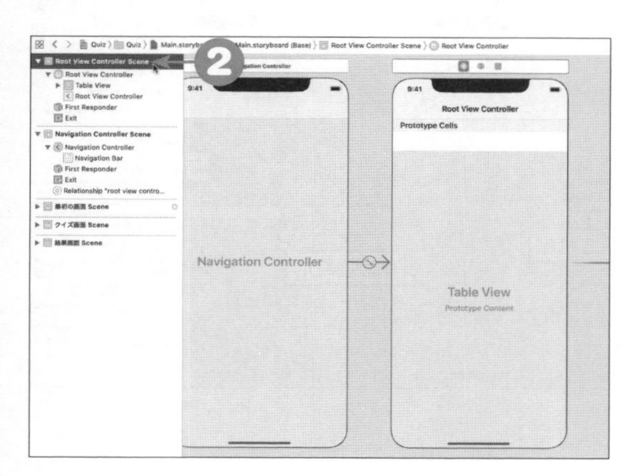

3 [Navigation Controller Scene]の画面を右クリックしてドラッグし、青い線が表示されたら、[最初の画面 Scene]の画面までドラッグして右クリックを離す。

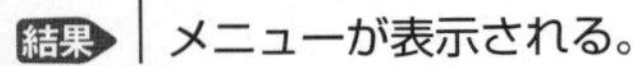

結果 メニューが表示される。

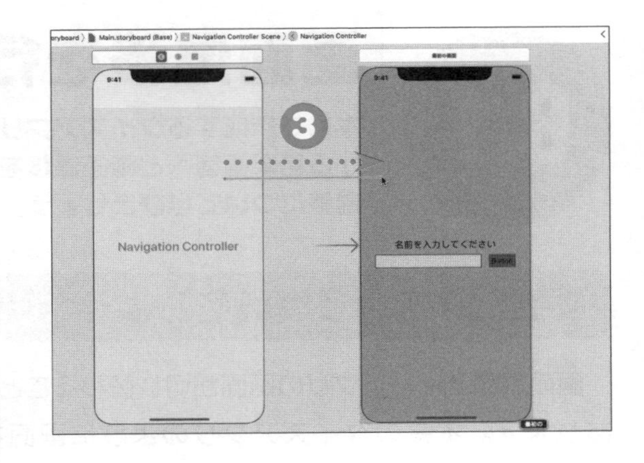

参照

macで右クリックするには

→第2章の2.1のヒント

4 表示されたメニューから[root view controller]を選択する。

結果 [Navigation Controller Scene]から[最初の画面 Scene]へ矢印が表示される。

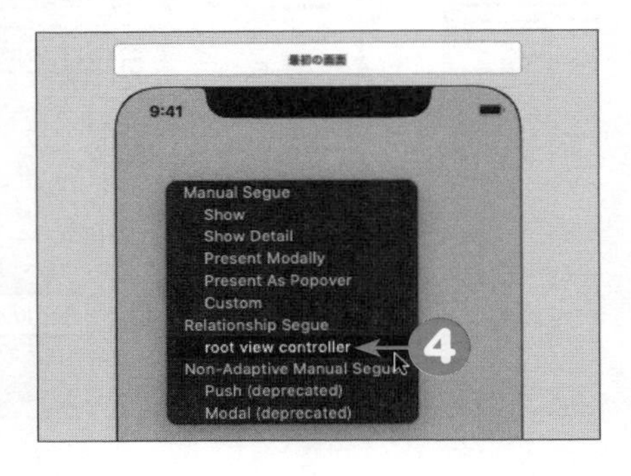

5 [Navigation Controller]のアトリビュートインスペクタを表示し、[View Controller]−[is Initial View Controller]を選択する。

結果 [Navigation Controller Scene]の左側に矢印が表示される。[最初の画面 Scene]の左側の矢印は削除される。

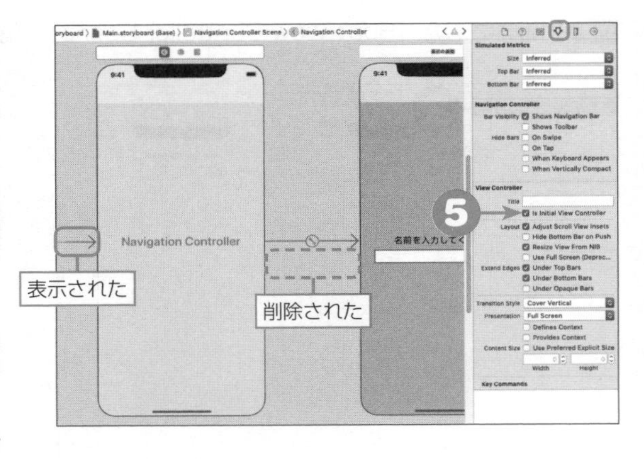

6 ツールバーの ▶ [実行]ボタンをクリックする。

結果 iOSシミュレーターが起動し、アプリが実行される。

7 アプリの画面上部にナビゲーションバーが表示されていることを確認する。

8 ツールバーの[■][停止]ボタンをクリックする。

結果 アプリが終了する。

階層的に画面遷移を行うUINavigationControllerクラス

もっともよく利用される画面遷移は、階層的な画面遷移を管理する**UINavigation Controller**クラスを利用する画面遷移です。現在の画面が左に押し出され、次の画面が右からスライドして表示される形式の画面遷移です。

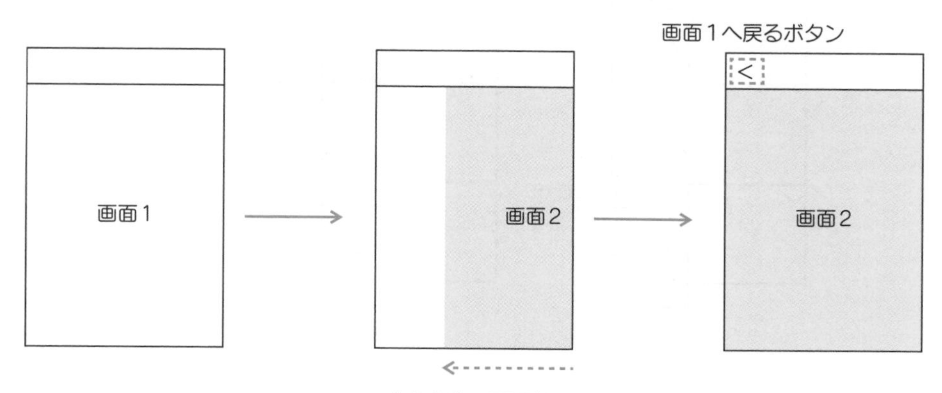

画面上部にナビゲーションバーが表示され、遷移した先の画面では、ナビゲーションバーの左端に表示されるボタンで前の画面に戻ることができます。この画面遷移の動きを実装するためのクラスが、UINavigationControllerクラスです。手順❶は、UINavigationControllerクラスのオブジェクト［Navigation Controller］をストーリーボードに配置する手順です。UINavigationControllerクラスはナビゲーションバーだけを持ち、表示する画面を持ってい

ません。そのイメージは次のとおりです。

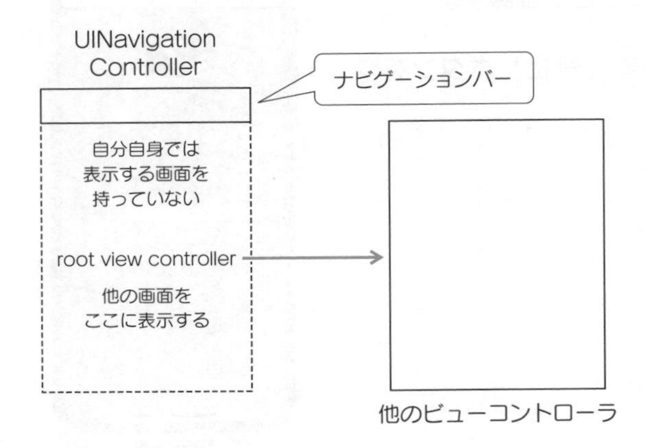

画面遷移の様子がフォルダを行き来する様子に似ているので、階層的な画面遷移といわれています。

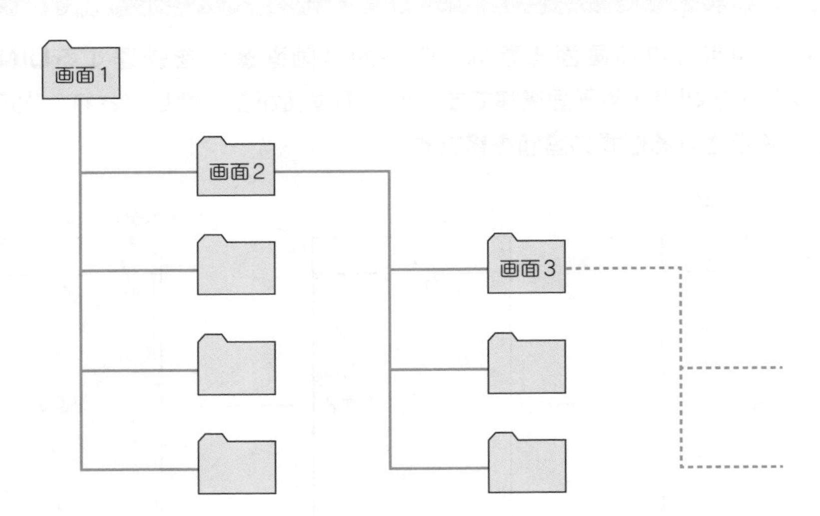

UINavigationControllerクラスを利用するには

UINavigationControllerクラスで最初に表示される画面を、**root view controller**といいます。[Navigation Controller] をストーリーボードに配置したときにデフォルトで配置される [Root View Controller Scene] が、初期状態でのroot view controllerです。[Root View Controller Scene] は、本書のサンプルアプリでは利用しませんので、手順❷で削除しています。

その後、改めて［最初の画面 Scene］をroot view controllerに設定しました。設定の手順は、［Navigation Controller Scene］を右クリックしてから［最初の画面 Scene］までドラッグ&ドロップし、表示されたメニューから［root view controller］を選択します（手順❸〜❹）。

続いて、［root view controller］を設定した［Navigation Controller Scene］を、アプリを起動したときに最初に表示される画面に設定しました。最初に表示される画面に設定するには、最初に表示したい画面のアトリビュートインスペクタから［is Initial View Controller］を選択します。［is Initial View Controller］は、1つのストーリーボードで1つの画面にのみ設定可能です。これまでは、［最初の画面 Scene］で［is Initial View Controller］が選択されていましたが、ここからは［Navigation Controller Scene］の［is Initial View Controller］を選択しています（手順❺）。第3章の3.3節でも触れたように、ストーリーボードでは、［is Initial View Controller］はシーンの左側に矢印で表示されます。手順❺の後に、［Navigation Controller Scene］の左側に矢印が表示されます。

シミュレーターを起動すると、最初の画面にナビゲーションバーが表示され、［Navigation Controller］のroot view controllerとして［最初の画面 Scene］が表示されます（手順❻）。

画面遷移を定義しよう

階層的な画面遷移を行う準備が終わった後は、実際に画面遷移を行ってみましょう。

1 ナビゲーターエリアのプロジェクトナビゲーターで［Main.storyboard］を選択し、［最初の画面 Scene］と［クイズ画面 Scene］の2つの画面がストーリーボード内に収まるように表示する。

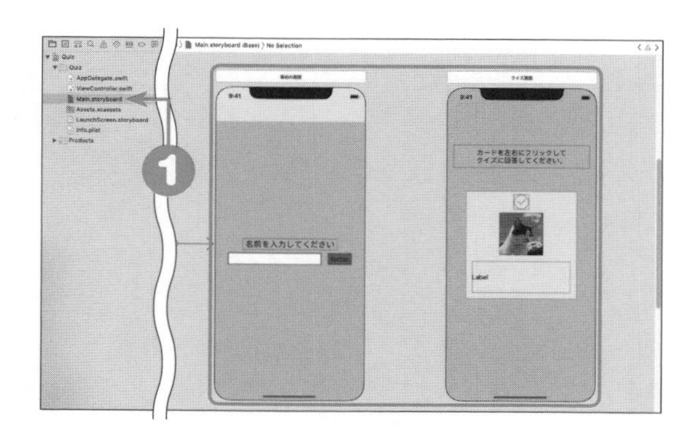

2 ［最初の画面 Scene］の［Button］を右クリックしたまま、［クイズ画面 Scene］の画面上の何もないところまでドラッグして右クリックを離す。

結果 メニューが表示される。

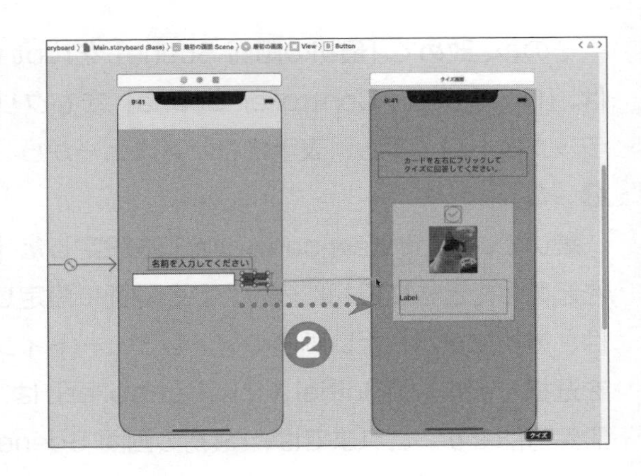

3 表示されたメニューから［Show］を選択する。

結果 ［最初の画面 Scene］から［クイズ画面 Scene］へ線が表示される。クイズ画面の上部にナビゲーションバーが表示され、左端に［Back］ボタンが表示されている。

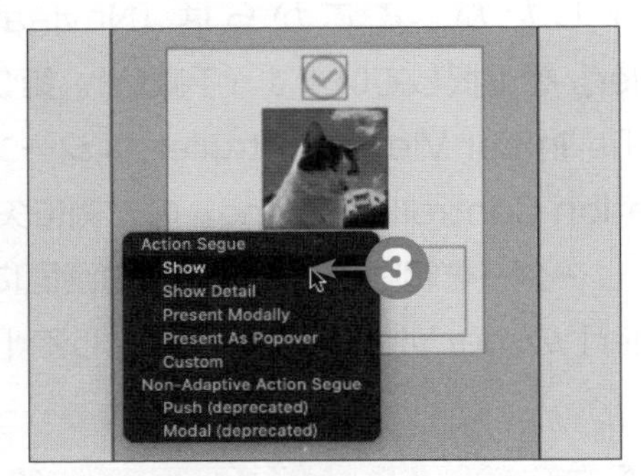

4 ツールバーの ▶ ［実行］ボタンをクリックする。

結果 iOSシミュレーターが起動し、アプリが実行される。

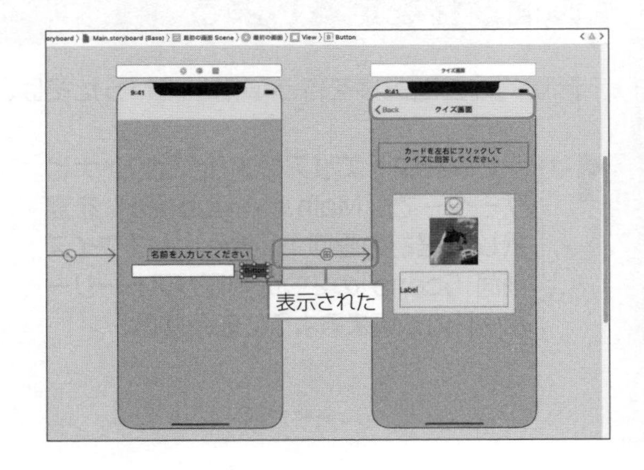

5 最初の画面のボタンをクリックするとクイズ画面に遷移し、クイズ画面の[Back]ボタンをクリックすると最初の画面に戻ることを確認する。

6 ツールバーの[■][停止]ボタンをクリックする。

結果 アプリが終了する。

画面遷移を定義するセグエ

画面遷移は、ストーリーボードでは**セグエ**（Segue）というオブジェクトで扱います。セグエはボタンのタップと接続できます。ここでは、最初の画面のボタンのタップとクイズ画面への遷移をセグエで定義しました（手順❷～❸）。画面遷移の起点となるボタンを右クリックしたまま、遷移先の画面にドラッグ＆ドロップし、表示されるメニューから画面遷移の種類を選択してセグエを定義しています。メニューから選択できる画面遷移の種類は次のとおりです。

名前	概要
Show	階層的な画面遷移
Show Detail	メニューと詳細を行き来する画面表示
Present Modally	覆いかぶさるような画面表示
Present As Popover	ポップアップでの画面表示

ここでは階層的な画面遷移を行う［Show］を選択しました。セグエの定義が終わった後に、シミュレーターを起動すると、最初の画面のボタンからクイズ画面へ遷移できることが確認できます（手順❺）。クイズ画面からは、ナビゲーションバーの［Back］ボタンで最初の画面に戻ることもできます。ナビゲーションバーの［Back］ボタンは、最初の画面以降は自動的に表示されます。

画面を管理するクラスを作成しよう

画面遷移を行うときに次の画面に値を渡したり、前の画面から値を受け取ったりするためには、画面を管理するためのクラスが必要です。ここでは、画面を管理するクラスの概要と作成方法などについて学びます。

新規にクラスを作成しよう

画面を管理するクラスは、既存のクラスを利用するのではなく、新規に作成する必要があります。まずはXcodeで新規にクラスを作成してみましょう。

1 [File] メニューから [New]－[File] を選択する。

結果▶ 新規ファイル作成画面が表示される。

2 [Cocoa Touch Class]を選択し、[Next] ボタンをクリックする。

結果▶ 新規クラス作成画面に移動する。

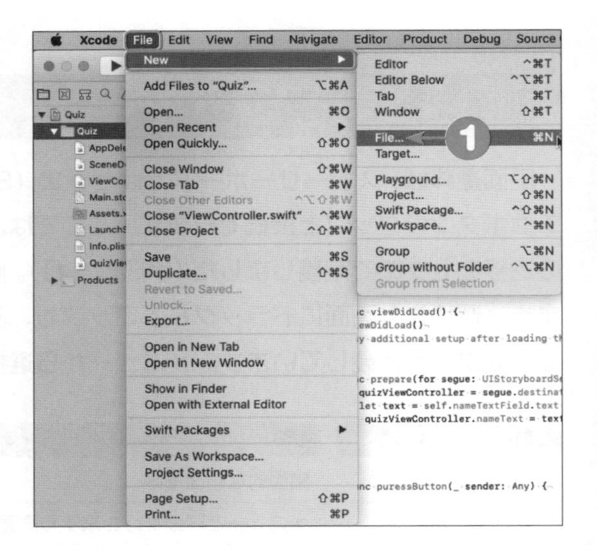

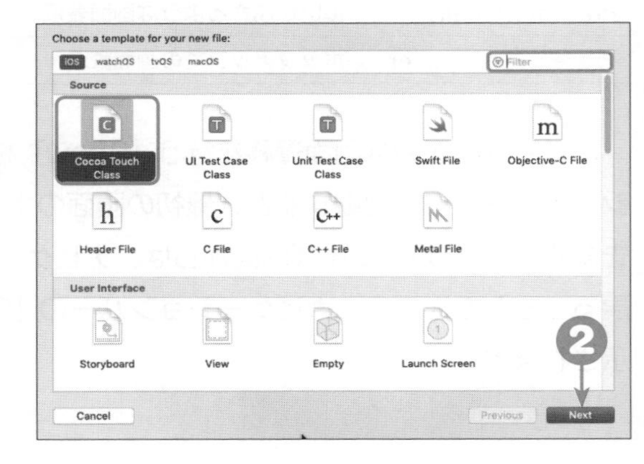

3 [Class] に**QuizViewController**と入力し、[Subclass of:]で[UIViewController] を選択して [Next] ボタンをクリックする。

結果 作成したファイルを保存する場所を指定する画面が表示される。

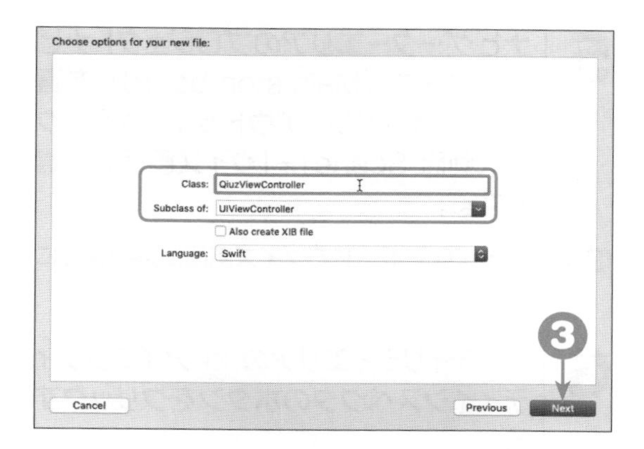

4 ファイルを保存する場所にプロジェクトフォルダの [Quiz] を選択し、[Create] ボタンをクリックする。

結果 [QuizViewController.swift]の名前でファイルが生成され、その中にQuizViewControllerクラスが定義される。

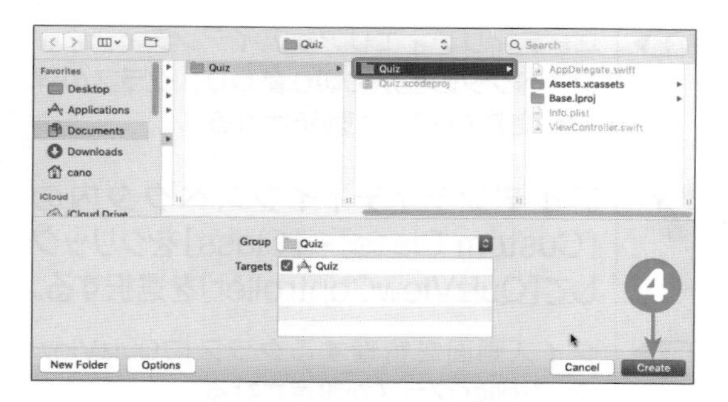

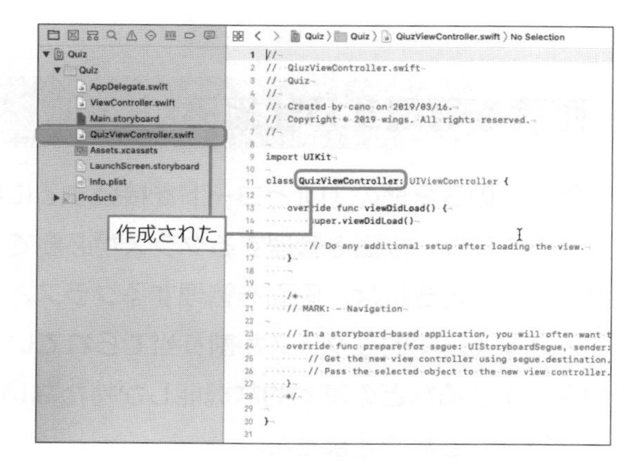

5 ナビゲーターエリアのプロジェクトナビゲーターで［Main.storyboard］を選択し、ドキュメントアウトラインから［クイズ画面 Scene］－［クイズ画面］を選択する。

結果 ストーリーボードでクイズ画面が選択状態になる。

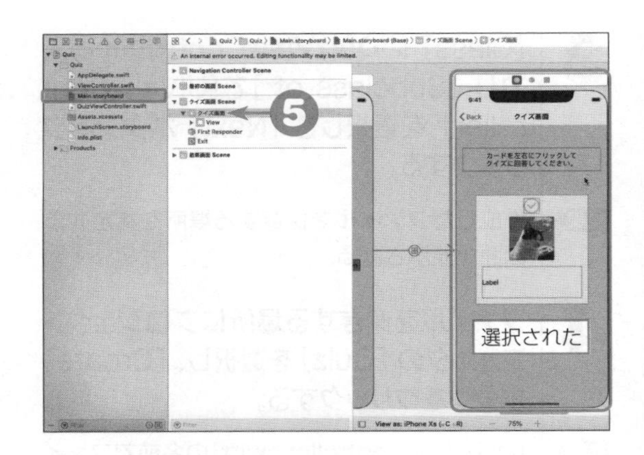

6 ユーティリティエリアの アイデンティティインスペクタのボタンをクリックする。

結果 ユーティリティエリアがアイデンティティインスペクタの表示に切り替わり、クラスの詳細を設定する項目が表示される。

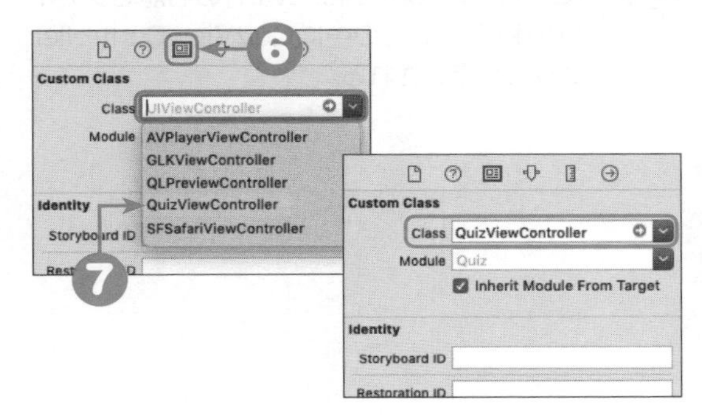

7 アイデンティティインスペクタ内の［Custom Class］－［Class］をクリックして［QuizViewController］を選択する。

結果 クイズ画面を管理するクラスにQuizViewControllerクラスが設定される。

画面を管理する仕組み

第3章の3.2節の「UIとコードを接続するには」で触れたように、画面のUIに対して処理を行うときには、画面を管理するクラスが必要です。ストーリーボードで［クイズ画面 Scene］を作成したときには、画面を管理するクラスとして**UIViewController**クラスという、画面を管理する基本的なクラスが割り当てられています。ただし、UIViewControllerクラスは、画面を表示するなどの基本的な機能しか持たないため、画面上のUIの接続やUIに対する処理などは行うことができません。

そこで、[クイズ画面 Scene] を管理するために、UIViewControllerクラスを継承したQuizViewControllerクラスを作成します。

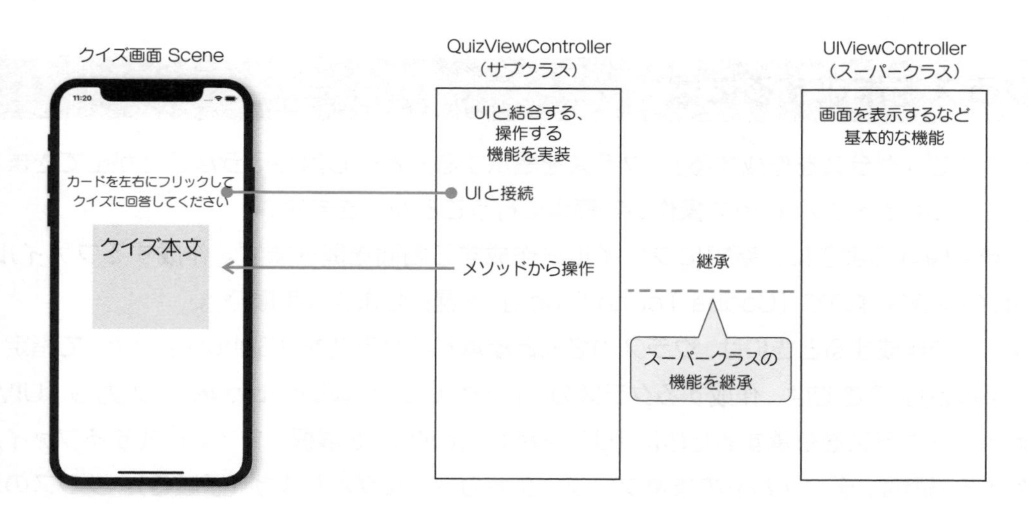

QuizViewControllerクラスはUIViewControllerクラスを継承しているため、画面を表示するなどの機能はUIViewControllerクラスから引き継いで利用できます。[クイズ画面 Scene]の画面に配置したUIとの接続やUIへの処理も行うことができます。言い換えると、[クイズ画面 Scene] を管理する専用のクラスとしてQuizViewControllerクラスを作成します。

ストーリーボードで画面を作成するときには、作成した画面を管理するためのクラスを、

UIViewControllerクラスを継承して作成すると考えてください。

また、第４章の4.5節の「クラスの継承」で説明したように、継承されるクラスのことを**スーパークラス**、継承するクラスのことを**サブクラス**といいます。サブクラスでは、スーパークラスのメソッドやプロパティなどの機能を引き継いで利用することができます。

また、UIViewControllerクラスを継承して作成した画面を管理するクラスのことを、**ビューコントローラ**といいます。

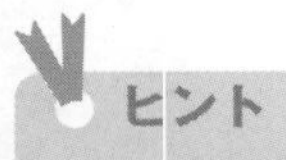

[View Controller Scene]と[View Controller]

プロジェクトを作成したときには、[View Controller Scene] と [View Controller] が自動的に作成されます。第３章ではこの２つを利用しているため、ストーリーボードで画面を作成したり、ビューコントローラを作成する必要はありませんでした。プロジェクトを作成した後で、新規に画面を作成するときには、ビューコントローラもセットで作成してください。

クラスを作成するには

前の項で「クラスを作成する」「クラスを継承する」と少し難しそうなことが出てきましたが、これらはすべてXcodeを操作して簡単に行うことができます。

まず手順❶のように、新規にファイルを作成する画面を開きます。作成するファイルは、Swiftのクラスなので［Cocoa Touch Class］を選択します（手順❷）。

クラスを作成するときには、クラスの名前と継承するクラスを［Subclass of:］で指定します（手順❸）。ここでは、作成するクラスの名前を**QuizViewController**と入力し、UIViewControllerクラスを継承するために [UIViewController] を選択します。作成するファイルを保存する場所は、デフォルトのままプロジェクトのフォルダとします（手順❹）。クラスの作成が終わると、クラス名の後ろに「.swift」がついたファイル名でクラスを定義したファイルが保存され、エディタエリアに作成したファイルの内容が表示されます（手順❹）。

クラスの作成が終わった後に、［クイズ画面 Scene］を管理するクラスに、作成したQuizViewControllerクラスを指定しました（手順❺～❻）。これで、作成したQuizViewControllerクラスで［クイズ画面 Scene］を管理できるようになりました。

作成したクラスの内容を見てみよう

手順❹で作成したファイルQuizViewController.swiftの中に、QuizViewControllerクラスが次のように定義されていることが確認できます。

```
8
9   import UIKit
10                                    (1)
11  class QuizViewController: UIViewController {
12                                                      (2)
13      override func viewDidLoad() {
14          super.viewDidLoad()
15
16          // Do any additional setup after loading the view.
17      }
18
19
20      /*
21      // MARK: - Navigation
22
23      // In a storyboard-based application, you will often want to do a
24      override func prepare(for segue: UIStoryboardSegue, sender: Any?)
25          // Get the new view controller using segue.destination.
26          // Pass the selected object to the new view controller.
27      }
28      */
29
30  }
```

Xcodeで新規にクラスを作成した場合、手順❷で指定した内容のとおりにクラスのひな型が次の書式で自動的に記述されます。第4章の「4.4 クラスを利用してみよう」で説明しきれなかった部分もありますので、ここで再度確認しましょう。

```
class 作成したサブクラス名 : スーパークラス名 {

   override func スーパークラスの主要なメソッド名 {
      super.スーパークラスの主要なメソッド名
        // Do any additional setup after loading the view.
   }
}
```

「class」の後にあるクラス名の後ろに「:」(コロン)で継承したクラス名が記述されます。ここでは、UIViewControllerクラスを継承したため、スーパークラス名としてUIViewControllerが記述されています(1)。

クラスの中には、名前に「override」がついたメソッドも記述されています。これは、スーパークラスの主要なメソッドを上書き(override)して利用するためのメソッドのひな型です。ここでは、UIViewControllerクラスのviewDidLoadメソッドという、画面が表示されたときに実行されるメソッドを上書きしたメソッドのひな型が記述されています(2)。

スーパークラスはサブクラスから「super」の予約語で参照できます。上書きされたviewDidLoadメソッドのはじめに「super.viewDidLoad()」と記述されています。これは、上書きしたviewDidLoadメソッドを実行するときには、最初にスーパークラスであるUIViewControllerクラスのviewDidLoadメソッドを実行するという意味です。

コメントに「Do any additional setup after loading the view.」とあるように、スーパークラスのメソッドを実行した後に、作成したクラスで実行する処理を記述します。

ドキュメントを読んでクラスの理解を深めよう

この章では、画面が表示されたときの処理や画面遷移を行う処理を、UIViewControllerクラスのメソッドを使って実装します。iPhoneアプリを作り始めた当初は、どこでどのようなクラスとメソッドを使えばいいか、といった疑問があるでしょう。また、学習を進めていくにつれて、使い方を覚えたUIViewControllerクラスやセグエについてもっと深く機能を知りたくもなってくるはずです。

このような場合は、Appleが公開する開発者向けドキュメントを参照しましょう。

Documentation Archive
https://developer.apple.com/library/archive/navigation/

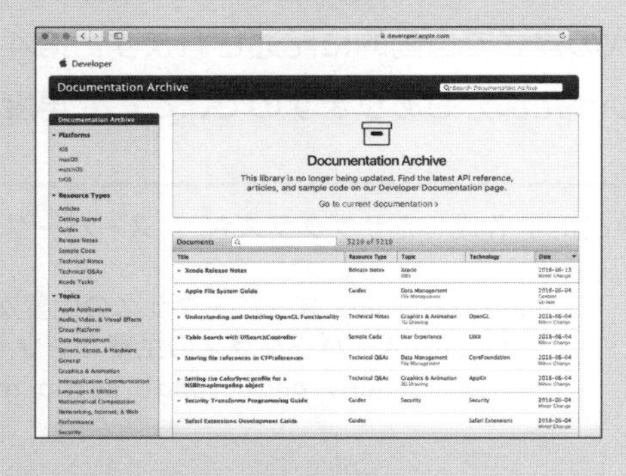

Documentation Archiveでは、クラスの説明資料だけでなく、これまでにAppleが公開したiPhoneアプリを開発するための技術資料がすべて検索できます。たとえば、ビューコントローラについては次のような資料があります。

Work with View Controllers
https://developer.apple.com/library/archive/referencelibrary/GettingStarted/DevelopiOSAppsSwift/WorkWithViewControllers.html

クラスのメソッドの説明だけでなく、iPhoneアプリの中での使い所などが図やXcodeの操作手順とともに説明されています。iPhoneアプリの学習を進めるとともに、このようなAppleの技術資料も参照するようにすると理解が深まります。

6.3 画面遷移で値を受け渡そう

最初の画面からクイズ画面へ画面遷移するときに、名前を受け渡せるようにしてみましょう。これまでに作成したセグエとクラスを利用して値を受け渡す方法を学びましょう。

値を受け渡す準備をしよう

最初の画面で入力欄のテキストフィールドに入力された名前をクイズ画面に渡すときには、UIやプロパティをプログラムから利用できるようにしておく必要があります。実際に値を受け渡す前に、それらの準備をしておきましょう。

1 ドキュメントアウトラインから［最初の画面 Scene］を選択した後、［エディタオプション］ボタンをクリックし、表示されたメニューから［Assistant］を選択する。

結果 アシスタントエディタが開き、View Controller.swiftの内容が表示される。

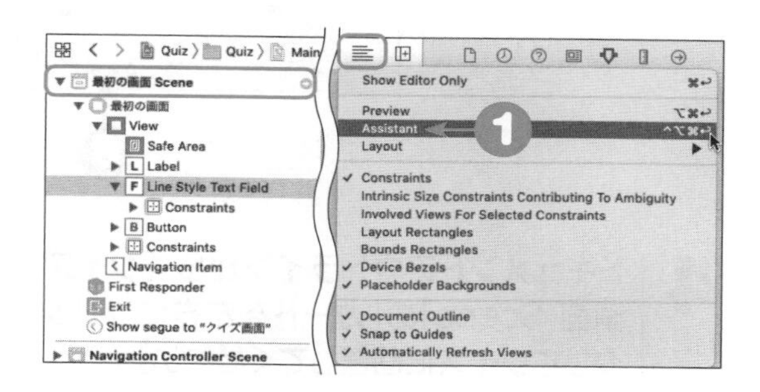

2 ドキュメントアウトラインから［最初の画面 Scene］の［Line Style Text Field］を選択し、ストーリーボードから、ViewControllerクラスのコードの「@IBOutlet weak var label: UILabel!」の下の行にCtrlキーを押しながらドラッグ＆ドロップする。

結果 入力欄とコードを接続するための接続ウィンドウが表示される。

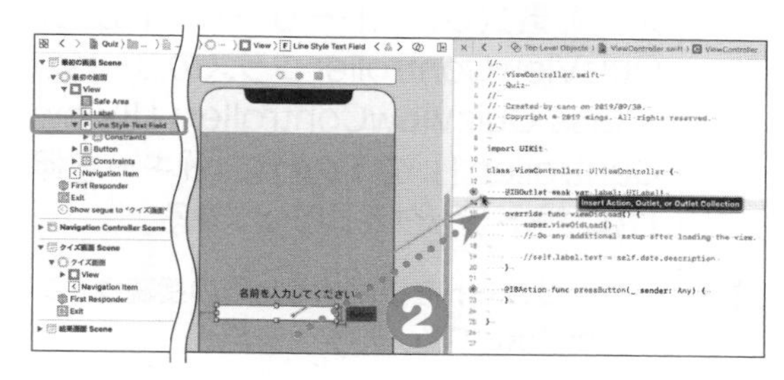

ヒント

ドキュメントアウトラインからもコードと接続できる

手順❷のドラッグ＆ドロップの操作がしづらいときは、ドキュメントアウトラインからドラッグ＆ドロップすると操作しやすいことがあります。たとえば手順❷の場合、ドキュメントアウトラインから［最初の画面 Scene］の［Line Style Text Field］を選択し、Ctrlキーを押しながらアシスタントエディタにドラッグ＆ドロップします。

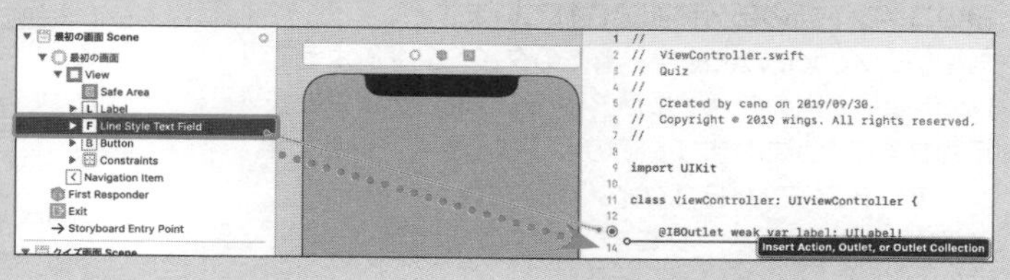

3 接続ウィンドウの［Name］に**nameTextField**と入力し、［Connect］ボタンをクリックする。

結果 コードに次の記述が追加され(色文字部分)、入力欄とコードが「nameTextField」の名前で接続される。

```
class ViewController: UIViewController {

    @IBOutlet weak var label: UILabel!
    @IBOutlet weak var nameTextField: UITextField!
    (中略)
    }
```

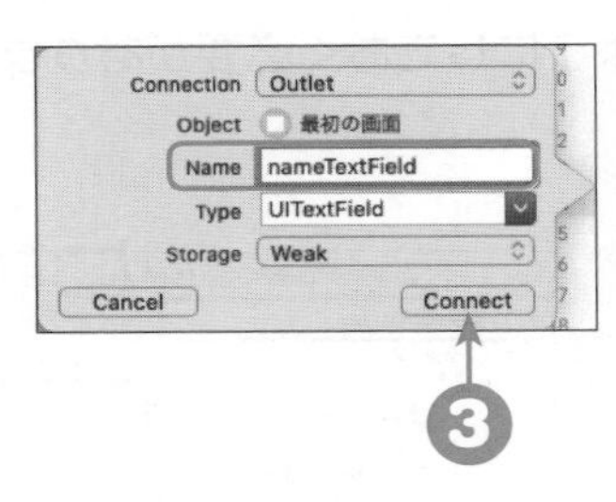

4 ドキュメントアウトラインから［クイズ画面 Scene］の［カードを左右にフリックしてクイズに回答してください］（ラベル）を選択し、ストーリーボードから、QuizViewControllerクラスのコードの「class QuizViewController: UIViewController {」の下の行にCtrlキーを押しながらドラッグ＆ドロップする。

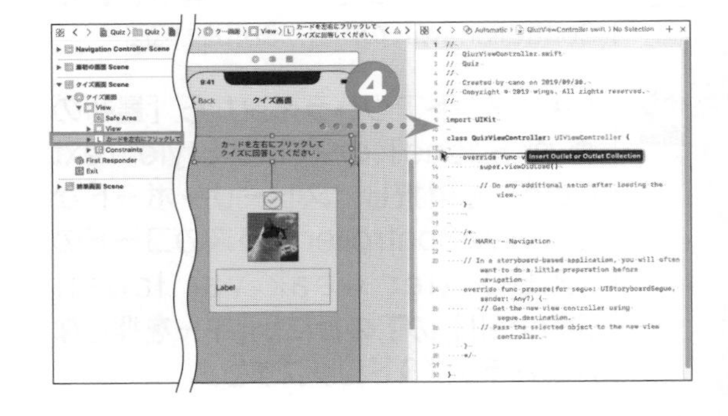

結果 ラベルとコードを接続するための接続ウィンドウが表示される。

注意

表示されているファイルの名前を確認する

手順4ではアシスタントエディタにQuizViewController.swiftのコードが表示されていることを確認してからドラッグ＆ドロップの操作を行ってください。そのとき開いているファイルの名前は、ファイル冒頭のコメント行の部分に記述されています。

お使いのXcodeの状態や、操作のタイミングによっては、手順4で別のファイルがアシスタントエディタに表示されることがあります。このようなときは、ドキュメントアウトラインから［クイズ画面 Scene］のラベルを選択した状態で、プロジェクトナビゲーターで［QuizViewController.swift］をOptionキーを押しながらクリックして、アシスタントエディタにQuizViewController.swiftのコードを表示します。

```
1  //
2  // QuizViewController.swift
3  // Quiz
4  //
5  // Created by user01 on 2020/01/22.
6  // Copyright © 2020 wings. All rights reserved.
7  //
8
9  import UIKit
10
```

5 接続ウィンドウの［Name］に**label**と入力し、［Connect］ボタンをクリックする。

結果▶ コードに次の行が追加され（色文字部分）、ラベルとコードが「label」の名前で接続される。

```
class QuizViewController: UIViewController {

    @IBOutlet weak var label: UILabel!

    override func viewDidLoad() {
    (中略)
    }
```

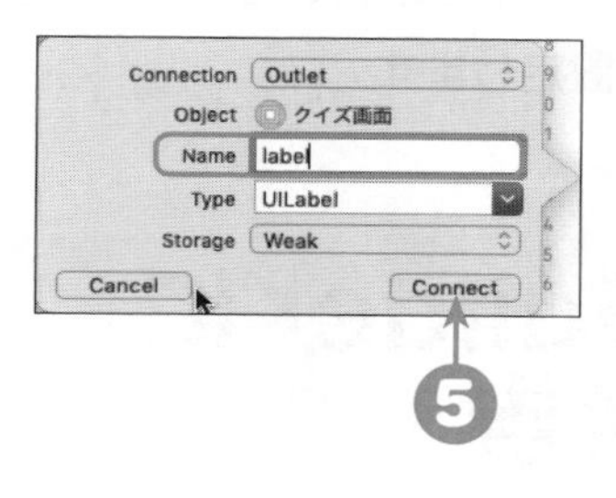

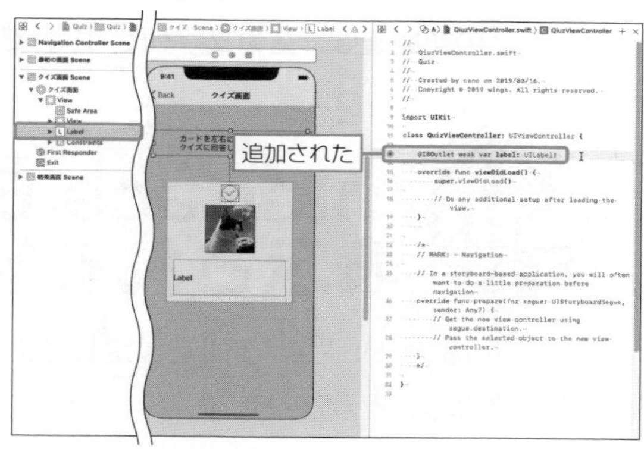

6 前の手順で追加された行の下に次のコードを追記する（色文字部分）。

```
class QuizViewController: UIViewController {

    @IBOutlet weak var label: UILabel!
    var nameText: String = ""

    override func viewDidLoad() {
        super.viewDidLoad()

        // Do any additional setup after loading the view.
    }
```

```
 9  import UIKit
10
11  class QuizViewController: UIViewController {
12
13      @IBOutlet weak var label: UILabel!
14      var nameText: String = ""
15
16      override func viewDidLoad() {
17          super.viewDidLoad()
18
19          // Do any additional setup after loading the view.
20      }
21
```

値を受け取るためのプロパティ

ここでは最初の画面の入力欄に入力された名前を受け取るために、入力欄（テキストフィールド）とコードを接続しています（手順❶〜❷）。手順は、第３章の3.2節の「UIとコードを接続しよう」の手順と同様です。クイズ画面では、受け取った名前を表示するためにラベルとコードを接続します（手順❸〜❹）。

画面遷移で次の画面に値を渡すためには、次の画面のビューコントローラのプロパティに値を設定する方法がもっともよく利用されます。ここでは、クイズ画面で名前を受け取るために、nameTextプロパティという文字列型のプロパティを定義しています（手順❺）。nameTextプロパティの初期値は、空の文字列を「""」で設定します。

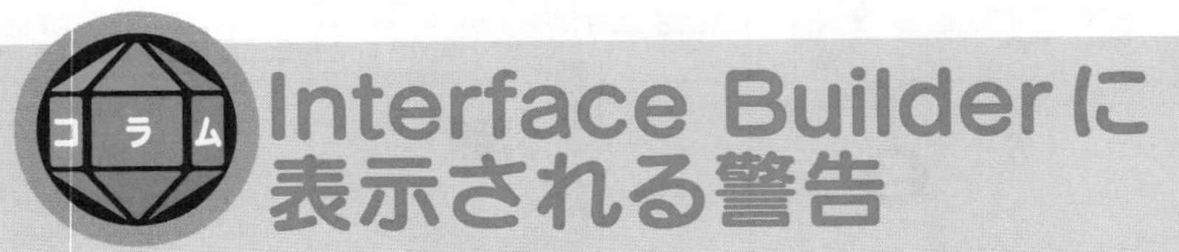

Interface Builderに表示される警告

Interface BuilderでUIを設定しているときに、次のように⚠警告のアイコンが表示されることがあります。

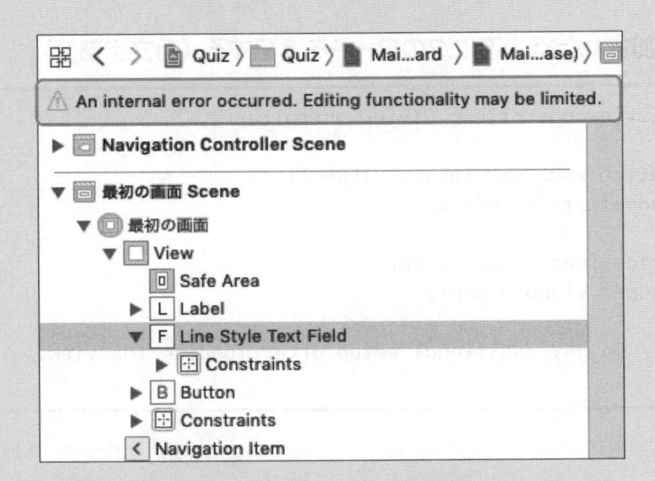

警告の内容は、プロジェクトナビゲーターの上部タブ内の警告のアイコンをクリックすると表示されます。

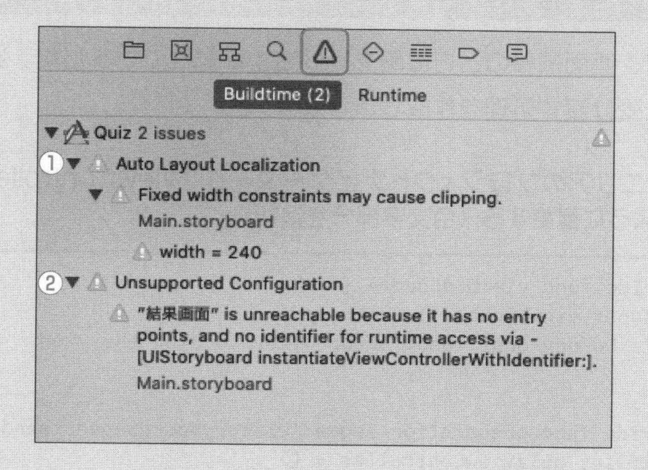

この画面に表示されている、それぞれのエラーメッセージの意味は次のとおりです。

① [Auto Layout Localization] グループ

```
Fixed width constraints may cause clipping.
width = 240
```

（意味：テキストフィールドの幅の制約が240pxですが、他の言語でアプリを利用する場合はこの制約が合わないことがあります）

② [Unsupported Configuration] グループ

```
"結果画面" is unreachable because it has no entry points, and no identifier
for runtime access via - [UIStoryboard instantiateViewControllerWithIdenti
fier:].
```

（意味：［結果画面 Sence］へ画面遷移する方法がまだありません）

本書のサンプルアプリは、日本語のみの動作を予定しています。また、［結果画面 Sence］への画面遷移はこれから作成します。したがってこれらの警告は気にする必要はありません。

値を渡す、受け取って表示する処理を作成しよう

ここまでの手順で、画面遷移のときに値を受け渡す準備はできました。次に、実際に画面遷移を行うときに値を受け渡す処理を作成しましょう。

1 ナビゲーターエリアのプロジェクトナビゲーターで［ViewController.swift］を選択し、コードを次のように編集する（色文字部分を追加）。

```
override func viewDidLoad() {
    super.viewDidLoad()
    // Do any additional setup after loading the view.
}

override func prepare(for segue: UIStoryboardSegue, sender: Any?) {
    if let quizViewController = ➡
        segue.destination as? QuizViewController {
        if let text = self.nameTextField.text {
            quizViewController.nameText = text
        }
    }
}
```

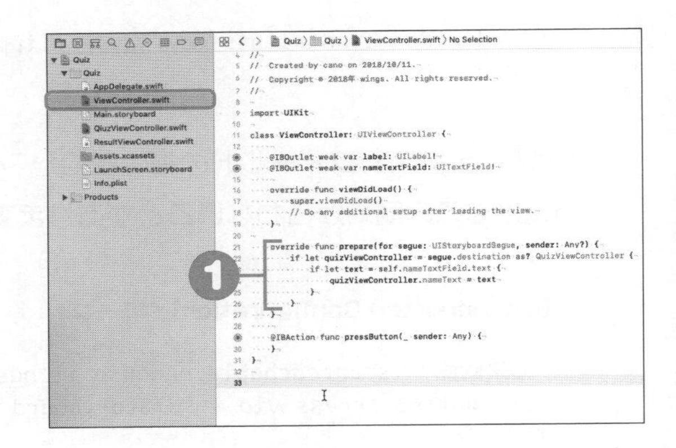

2 ナビゲーターエリアのプロジェクトナビゲーターで［QuizViewController.swift］を選択し、コードを次のように編集する（色文字部分を追加）。

```
class QuizViewController: UIViewController {

    @IBOutlet weak var label: UILabel!
    var nameText: String = ""

    override func viewDidLoad() {
        super.viewDidLoad()

        // Do any additional setup after loading the view.
        self.label.text = self.nameText
    }
```

3 ツールバーの［▶］［実行］ボタンをクリックする。

結果 iOSシミュレーターが起動し、アプリが実行される。

4 最初の画面で入力欄に文字を入力してボタンをクリックする。

結果 クイズ画面に遷移し、最初の画面に入力した文字がラベルに表示される。

5 ツールバーの［■］［停止］ボタンをクリックする。

結果 アプリが終了する。

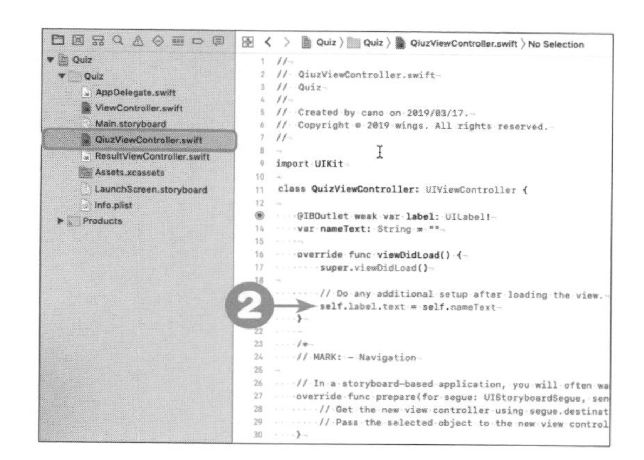

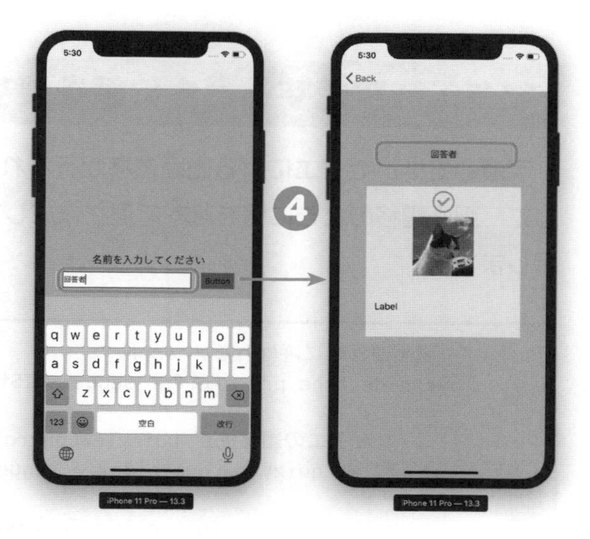

注意

iOSシミュレーターで日本語入力する

手順4で文字入力するときは、入力欄をクリックし、メッセージが表示された場合は［Continue］をクリックします。日本語文字を入力するには、キーボードが表示されたら地球のアイコンをクリックし、表示されたメニューから［日本語かな］を選択します。

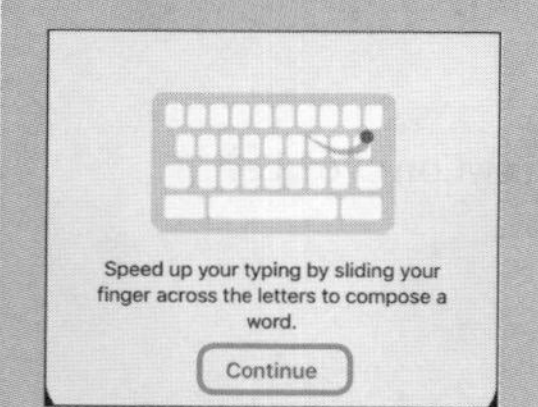

6

動作確認を行った後は、手順❷でQuizViewControllerクラス内に追加した、ラベルにnameTextプロパティの値を表示する処理を削除する（取り消し線部分）。

```
class QuizViewController: UIViewController {

    @IBOutlet weak var label: UILabel!
    var nameText: String = ""

    override func viewDidLoad() {
        super.viewDidLoad()

        // Do any additional setup after loading the view.
        self.label.text = self.nameText
    }
```

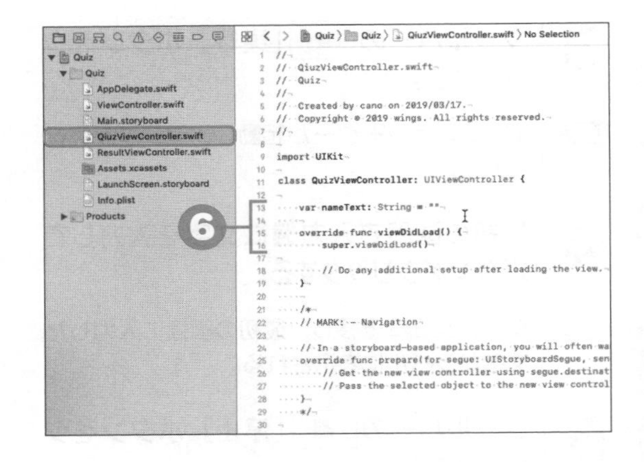

セグエを実行するときに値を渡すには

手順❶では、セグエによる画面遷移が行われるときに実行される**prepareメソッド**を利用して、画面遷移のときに値を渡す処理を作成しています。追記した部分をコメントつきで次に示します。

```
// 画面遷移時に呼ばれるメソッド
override func prepare(for segue: UIStoryboardSegue, sender: Any?) {

    // セグエの遷移先が QuizViewController の場合
    if let quizViewController = segue.destination as? QuizViewController {

        // QuizViewController の nameTextプロパティに
        // nameTextField に入力された内容を代入
        if let text = self.nameTextField.text {
```

```
                quizViewController.nameText = text
            }

        }

    }
```

prepareメソッドはUIViewControllerクラスのメソッドなので、「override」をつけて上書きして実装します。prepareメソッドの引数には、ストーリーボードで定義したセグエが変数名segueで、セグエの実行元のオブジェクトが変数名senderで渡されます。ここでは、segueの方だけを利用します。

segueは**UIStoryboardSegueオブジェクト**で、次のプロパティを持ちます。

名前	型	概要
source	UIViewController	遷移元の画面
destination	UIViewController	遷移先の画面
identifier	String	セグエの名前

この中で利用するのは、遷移先の画面を参照できるdestinationプロパティです。destinationプロパティを利用して、最初の画面の入力欄に入力された名前をクイズ画面に渡します。プログラムの中では、QuizViewControllerクラスのnameTextプロパティの値に名前を設定しています。

型変換と画面の取得

prepareメソッドの引数segueのdestinationプロパティで、遷移先の画面をオブジェクトとして得ることができます。ですが、得られた画面のオブジェクトの型はUIViewController型です。つまり、汎用的な画面のオブジェクトです。ここでは、QuizViewController型のオブジェクトとして、次の画面であるクイズ画面のオブジェクトを扱わなければなりません。

QuizViewControllerクラスはUIViewControllerクラスを継承したサブクラスなので、UIViewController型のオブジェクトはQuizViewController型のオブジェクトに変換することができます。そこで**as演算子**という型を変換する演算子を利用して、遷移先の画面をQuizViewController型のオブジェクトに変換します。今回のように継承関係にある型を継承先の型に変換する際のas演算子には、次の２種類があります。

種類	概要
as!	強制的に型を変換する（変換できない場合はエラーとなる）
as?	型変換が成功するかわからない場合に利用する（失敗した場合はnilを返す）

2つの演算子の構文は次のとおりです。

構文 as!演算子

```
let 変数2 = nilでない変数1 as! 型
```

構文 as!演算子

```
let 変数2 = nilかもしれない変数1 as? 型
```

ここでのUIViewController型のオブジェクトをQuizViewController型のオブジェクトに変換する例では、2つの演算子を使った構文は次のようになります。

```
// as!演算子での型変換
let quizViewController = segue.destination as! QuizViewController

// as?演算子での型変換
let quizViewController = segue.destination as? QuizViewController
```

as!演算子では、型変換に失敗した場合にその時点でエラーが発生してアプリが強制終了してしまいます。したがってas!演算子は、型変換に必ず成功するときだけに利用します。ここでは、型変換に失敗する可能性も考えてas?演算子を利用します。

nilチェックと値の受け渡し

as?演算子を利用して型変換を行なった場合、型変換に失敗すると**nil**という空のオブジェクトが生成されます。型変換を行なった結果がnilである場合には、オブジェクトがないので次の処理に困ってしまいます。そこで、オブジェクトがnilでない場合のみに処理を実行する**if let文**を利用します。if let文の構文は次のとおりです。

構文 if let文

```
if let 変数2 = nilかもしれない変数1 {
    // 変数1がnilでない場合、変数2をnilでない変数として扱うことができる
}
```

このように、if let文を利用すると、変数のnilチェックと変数がnilでない場合の処理を同時に記述することができます。つまり、プログラムの中でnilのオブジェクトを参照して、参照できないというエラーを防ぐことができます。as?演算子とif let文を利用して、遷移先の画面のオブジェクトをquizViewControllerの名前でQuizViewController型のオブジェクトに変換する処理は、次の（1）の部分です。

```
// セグエの遷移先が QuizViewController の場合
if let quizViewController = segue.destination as? QuizViewController {  // (1)

     // QuizViewController の nameTextプロパティに
     // nameTextField に入力された内容を代入
    if let text = self.nameTextField.text {  // (2)
            quizViewController.nameText = text
    }

}
```

入力欄であるnameTextFieldに入力された値は、第3章の3.2節の「コードからUIを利用するには」で説明したとおり、textプロパティで参照できます。ここでは、入力欄に入力された値がnilでないかのチェックをif let文で行っています（2）。nilでない場合のみ、quizViewControllerオブジェクトのnameTextプロパティの値に設定します。

ヒント

if let文を利用する場合

初学者のうちは、変数の値がnilになるかどうかわからない場合も多く、どこでif let文を利用すればよいかわからないことも多いです。そのような場合は、Xcodeの機能を利用しましょう。先ほどの（2）の部分をif let文を使わずにコードを記述したときには、右の画面のようにXcodeが自動的に、変数の値がnilになる場合に備えるよう警告を出します。この警告が出た場合は、該当する箇所の直前にif let文を使った処理を書くようにします。if let文にまだ慣れないうちは、このようなXcodeの機能も利用してみてください。

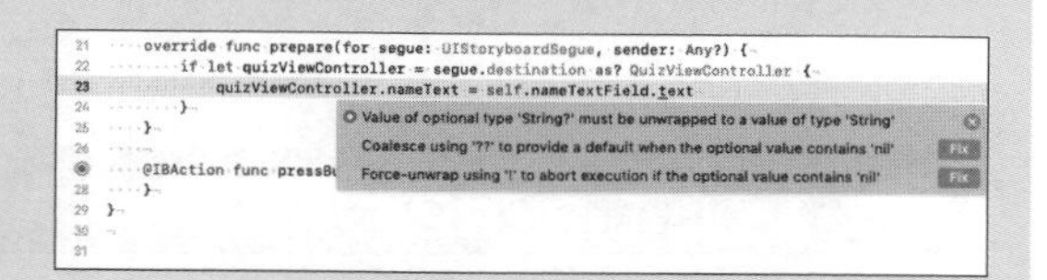

受け取った値の表示

手順❸は、nameTextプロパティの値をラベルのtextプロパティに設定して画面に表示する処理です。nameTextプロパティの値は、前の項のとおり画面遷移を行うときに設定されていますので、ここでは表示する処理を作成します。

具体的には、画面が表示されたときに実行されるviewDidLoadメソッドの中で、nameTextプロパティの値をラベルのtextプロパティに設定します。

```
override func viewDidLoad() {
    super.viewDidLoad()

    // Do any additional setup after loading the view.
    self.label.text = self.nameText
}
```

viewDidLoadメソッドの中に記述した処理は、画面が表示されたときに実行されます。viewDidLoadメソッドの中で、nameTextの値をラベルのtextプロパティに設定して画面に表示しています。

～もう一度確認しよう！～ チェック項目

- □ 画面遷移の概要について理解しましたか？
- □ ストーリーボードで画面遷移を定義する手順がわかりましたか？
- □ ビューコントローラクラスを作成する手順がわかりましたか？
- □ 画面遷移のときに値を渡す方法がわかりましたか？
- □ 画面遷移のときに値を受け取る方法がわかりましたか？

第7章

アプリの画面の動きを実装してみよう

この章ではiPhoneアプリの画面の機能を作成していきます。ストーリーボードで作成した画面や配置したUIに対して処理や動きをコードで実装します。

この章で学ぶこと

この章では、クイズのカードを管理するQuizCardというクラスを作成します。QuizCardクラスを利用して、クイズのカードを左右にフリックしてクイズに回答するUIの動きを実装します。

(1) QuizCardクラスの作成
(2) 画面上のクイズのカードとQuizCardクラスの接続
(3) クイズの回答状態の管理
(4) クイズのカードを左右にフリックする動きの実装

その過程を通じて、この章では次の内容を学習していきます。

- **UIを管理するクラスを作成する意味**
- **作成したクラスとUIの接続**
- **オブジェクトの状態を管理する列挙型**
- **ジェスチャの動きを実装する方法**

この章ではUIを管理するクラスの作成からUIに動きをつける処理を学びます。

回答前

○回答
右へドラッグ

×回答
左へドラッグ

UIの動きをクラスで実現しよう

前の章までで、画面の動きをビューコントローラで管理することについて学びました。ここでは、クイズのカードをクラスで管理する方法を学びましょう。

クイズのカードを管理するクラスを作成しよう

前の章でビューコントローラのクラスを作成したときと同様に、クイズのカードを管理するクラスを作成しましょう。

1 [File] メニューから [New]－[File] を選択する。

結果 新規ファイル作成画面が表示される。

2 [Cocoa Touch Class]を選択し、[Next]ボタンをクリックする。

結果 新規クラス作成画面に移動する。

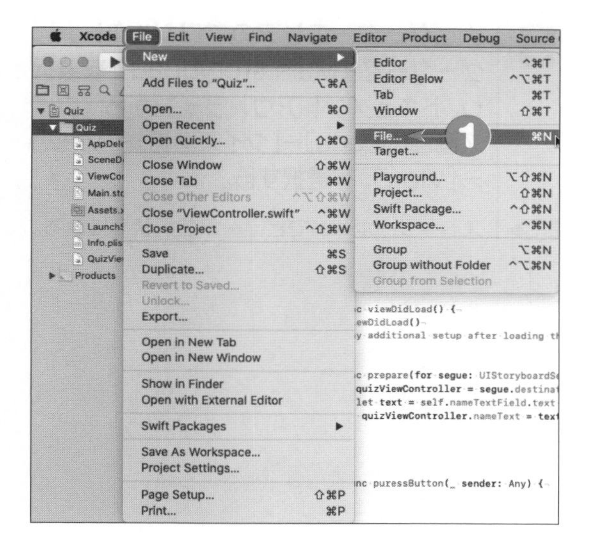

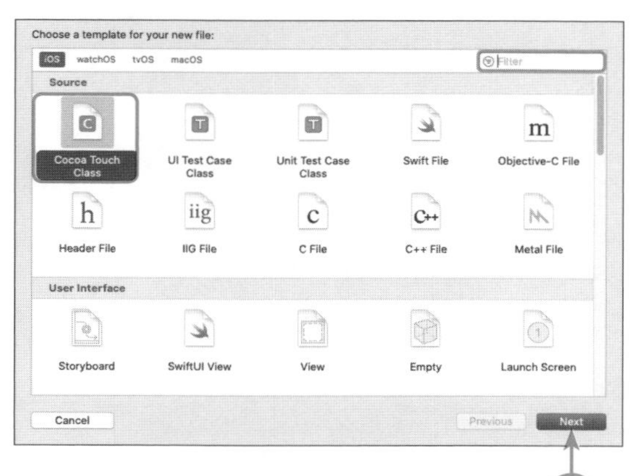

3 [Class] に**QuizCard**と入力し、[Subclass of:]で[UIView]を選択して[Next]ボタンをクリックする。

結果 作成したファイルを保存する場所を指定する画面が表示される。

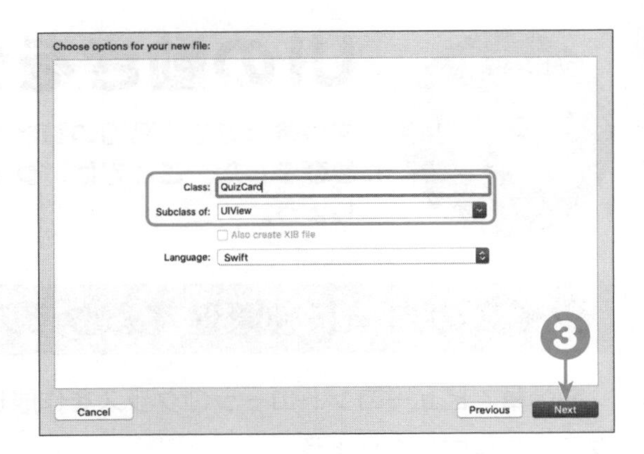

4 ファイルを保存する場所にプロジェクトフォルダの[Quiz]を選択し、[Create]ボタンをクリックする。

結果 [QuizCard.swift]の名前でファイルが生成され、その中にQuizCardクラスが定義される。

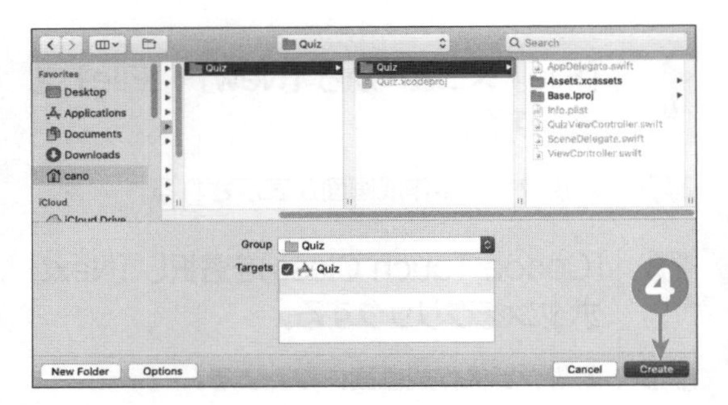

5 ナビゲーターエリアのプロジェクトナビゲーターで [Main.storyboad] を選択し、ドキュメントアウトラインから [クイズ画面 Scene]−[クイズ画面]−[View]−[View] を選択する。

結果 ストーリーボードでビューが選択状態になる。

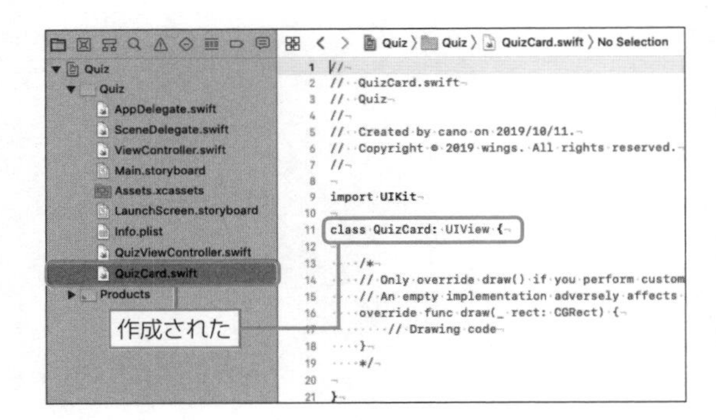

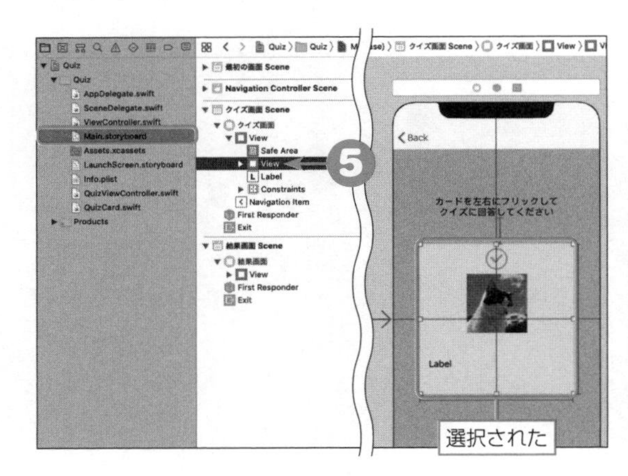

6 ユーティリティエリアの[アイコン]ボタンをクリックしてアイデンティティインスペクタの表示に切り替え、[Custom Class]－[Class]をクリックして[QuizCard]を選択する。

結果 選択したビューを管理するクラスがQuizCardクラスに変更され、ドキュメントアウトラインの［View］の名前が［Quiz Card］に変更される。

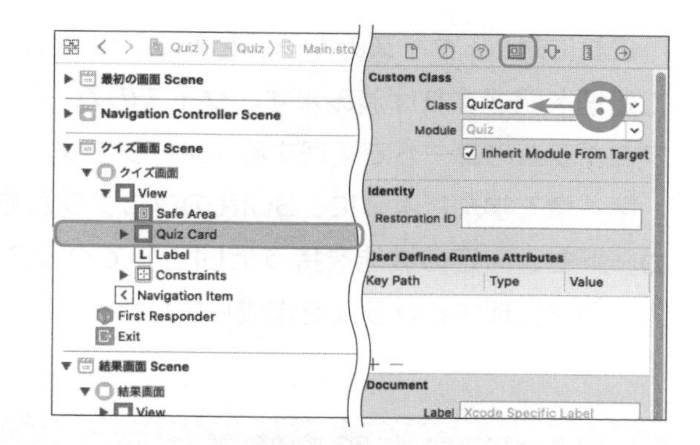

UIとクラスの関係

はじめに、なぜクイズのカードをクラスで管理するのかを考えてみましょう。「クイズのカードをクラスで管理する」ということは「クイズのカードを１つのUIとして管理する」ことと同じ意味です。ここで作成するクイズのカードの機能は次のとおりです。

・左右のフリックでクイズに回答できる
・フリックしたときに、回答に応じてカードの背景色とアイコンの画像が変わる
・回答を終えた後に、次のクイズを新しいカードで表示する

クイズのカードのUIは、第５章の「5.2　オートレイアウトを使ってみよう」で作成済みです。左右のフリックで上記の機能を実装するときに、クイズのカードが１つのUIとして管理されていない場合は、次のように各UIに対して個別にプログラムで処理を記述することになります。

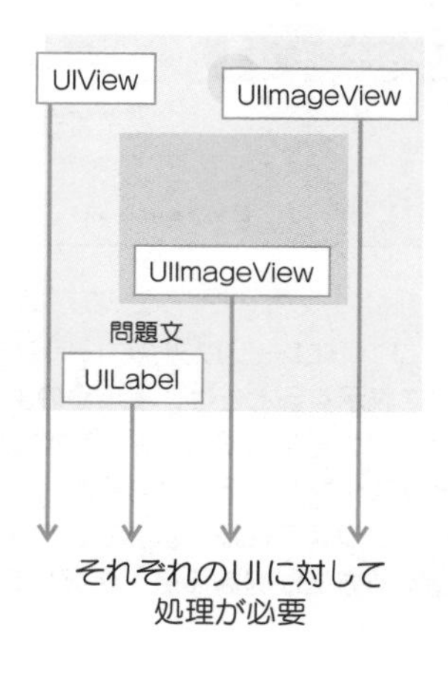

それぞれのUIに対して
処理が必要

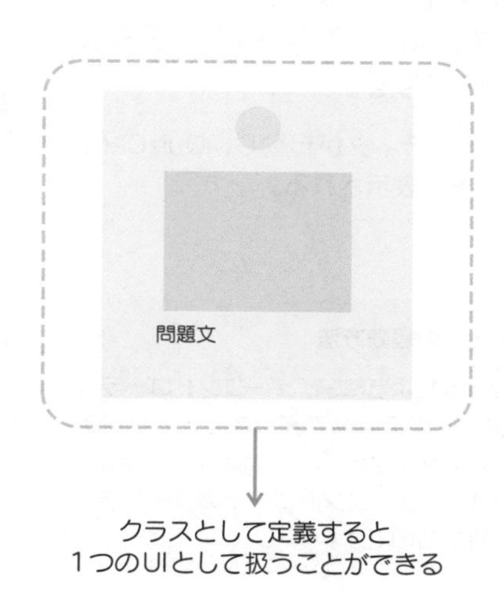

クラスとして定義すると
１つのUIとして扱うことができる

これに対し、クイズのカードを１つのUIとして管理する場合は、クイズのカード１つに対して処理を記述すれば済みます。クイズのカードを１つのUIの部品としてストーリーボードとプログラムのコードで管理するイメージです。

第４章で学んだように、Swiftのプログラムを構成する最小の単位はクラスです。クイズのカードも、一定の機能を持ったUIとしてクラスで管理します。このような理由で、クイズのカードを管理するクラスを作成しました。

UIにクラスを設定するには

手順❶～❹は、新規にクラスを作成する手順です。第６章の「6.2　画面を管理するクラスを作成しよう」でビューコントローラのクラスを作成した手順と同じです。ここではUIを管理するクラスを作成するので、継承元のクラスは汎用的にUIを管理するUIViewクラスです。

クラスを作成した後は、アイデンティティインスペクタでクイズのカードを管理するクラスを、作成したQuizCardクラスに設定しました（手順❺～❻）。

クラスのコードとUIを接続しよう

作成したQuizCardクラスとストーリーボードのQuizCard内のUIをアウトレット接続してみましょう。

1 ドキュメントアウトラインから［クイズ画面 Scene］の［Quiz Card］を選択し、プロジェクトナビゲーターで［QuizCard.swift］をOptionキーを押しながらクリックする。

アシスタントエディタが起動し、QuizCard.swiftのコードが表示される。

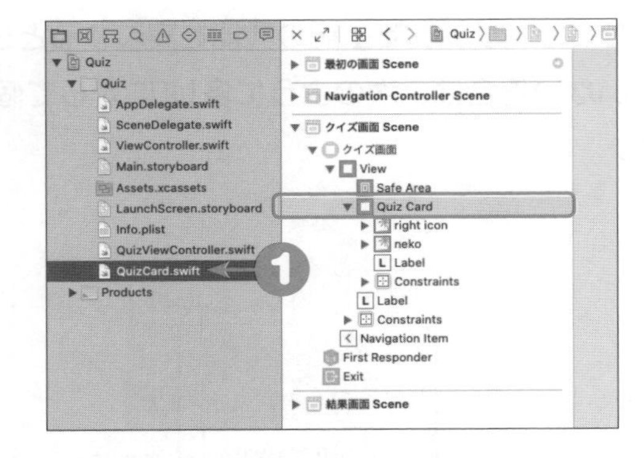

ヒント

アシスタントエディタの起動方法

第３章の3.2節で行ったように、ビューコントローラのコードをアシスタントエディタで表示するときは［エディタオプション］ボタンから［Assistant］を選択しました。この手順は、ビューコントローラのコードを表示するときに限られたものです。

ビューコントローラ以外のコードをアシスタントエディタに表示するときは、手順❶のように、コードを表示したいファイルをOptionキーを押しながらクリックして、アシスタントエディタを起動します。
表示するクラスの種類によって、アシスタントエディタを起動する方法が異なる点に注意してください。

2 アシスタントエディタ内で、QuizCardクラスのコードに次の行を追記する（色文字部分）。

```
class QuizCard: UIView {

    @IBOutlet weak var iconImageView: UIImageView!

    （中略）
}
```

結果 追記した行の左に白丸が表示される。

3 表示された白丸をクリックして選択状態にした後、Ctrlキーを押しながら、マウスポインタを［Quiz Card］オブジェクト内の［Image View］オブジェクト（クイズの○回答のアイコン）にドラッグし、「right」と表示された位置でドロップする。

結果 行の左の白丸が黒丸に変わり、[Image View] オブジェクトが「iconImageView」の名前でQuizCardクラスのコードとアウトレット接続される。ドキュメントアウトラインに表示されるUIの名前が［Icon Image View］に変わる。

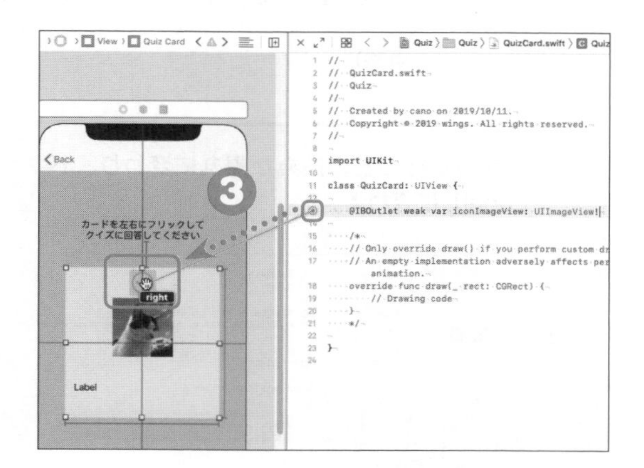

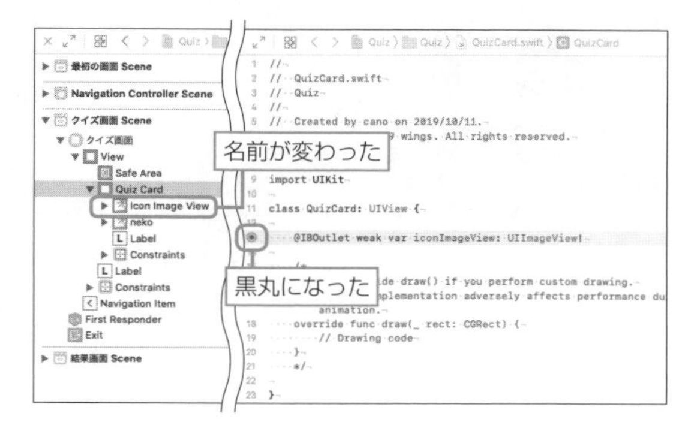

あらかじめ［クイズ画面 Scene］を表示しておく

手順❸は、あらかじめ［クイズ画面 Scene］の画面を表示しておくと操作しやすくなります。ナビゲーターエリアのプロジェクトナビゲーターで［Main.storyboad］を選択し、ドキュメントアウトラインから［クイズ画面 Scene］を選択して、手順❸の画面のようにアシスタントエディタの隣に表示しておきましょう。すでに手順❸の画面の状態になっているときは、この操作を行う必要はありません。

4 手順❷～❸と同様に、QuizCardクラスのコードに次の行を追記し（色文字部分）、[Quiz Card] オブジェクト内の [Image View]（ネコの画像）とアウトレット接続する。

```
class QuizCard: UIView {

    @IBOutlet weak var iconImageView: UIImageView!
    @IBOutlet weak var quizImageView: UIImageView!

    （中略）
}
```

結果 追記した行の左の白丸が黒丸に変わり、ドキュメントアウトラインに表示されるUIの名前が [Quiz Image View] に変わる。

5 もう一度手順❷～❸と同様に、QuizCardクラスのコードに次の行を追記し（色文字部分）、[Quiz Card] オブジェクト内の [Label]（ネコの画像の下の位置にあるラベル）とアウトレット接続する。

```
class QuizCard: UIView {

    @IBOutlet weak var iconImageView: UIImageView!
    @IBOutlet weak var quizImageView: UIImageView!
    @IBOutlet weak var quizLabel: UILabel!

    （中略）
}
```

結果 追記した行の左の白丸が黒丸に変わり、ドキュメントアウトラインに表示されるUIの名前が [Quiz Label] に変わる。

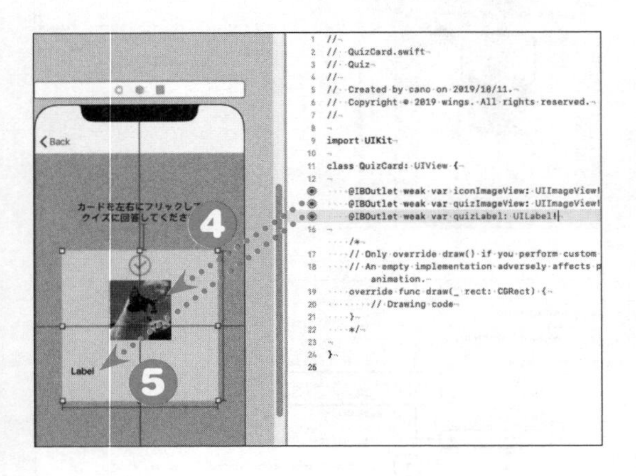

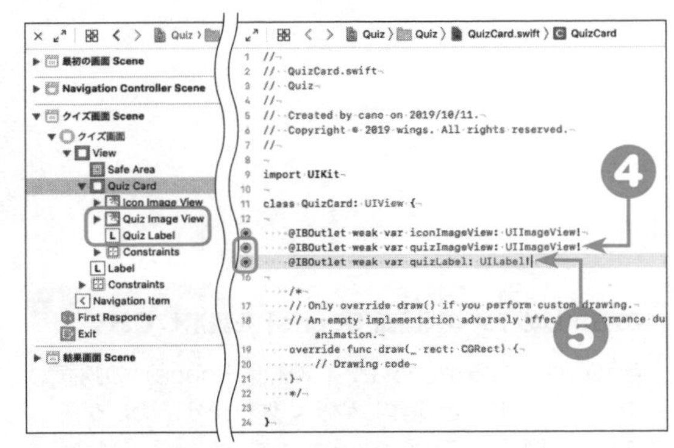

作成したクラスをストーリーボードで利用するには

ストーリーボードとコードを接続する方法、ビューコントローラのクラスを設定する方法については、第３章の3.2節の「UIとコードを接続しよう」、第６章の「6.1　画面遷移を行ってみよう」など、これまでの手順で説明しました。

この章のように新しくクラスを作成したときにも、同様の手順でUIに対してクラスを設定し、UIをクラス内のプロパティとしてコードと接続します。

これまでの章で行ったのは、既存のUIとコードとの接続でした。この章のように、新しくUIとクラスを作成するときには、ストーリーボードでは既存のUIと同じようには認識されません。そのため、コードの方からUIに向けてドラッグ＆ドロップしてアウトレット接続を行う必要があります（手順❷〜❸）。このアウトレット接続の手順が、これまでに説明した手順と逆になることに気をつけてください。

アウトレット接続した後は、コードとドキュメントアウトラインが次のように変わります。

・アウトレット接続したコードのプロパティの左側に黒丸が表示される。
・ドキュメントアウトラインに表示されるUIの名前が、コードとアウトレット接続したプロパティの名前に準じたものに変更される。

クイズのカードの状態を定義してみよう

クイズのカードを左右にフリックすることで、回答前の初期状態、○回答、×回答となるようにクイズのカードの状態を定義してみましょう。

1 ナビゲーターエリアのプロジェクトナビゲーターで［QuizCard.swift］を選択する。

結果 エディタエリアにQuizCardクラスのコードが表示される。

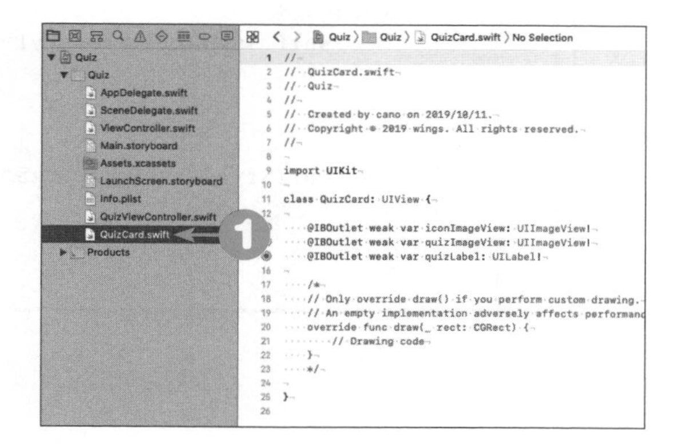

2 QuizCardクラスのコードにあらかじめ入力されているコメントを削除する（取り消し線部分）。

```
class QuizCard: UIView {

    （中略）

    /*
    // Only override draw() if you perform custom drawing.
    // An empty implementation adversely affects performance during
animation.
    override func draw(_ rect: CGRect) {
        // Drawing code
    }
    */

}
```

3 QuizCardクラスのコードを次のように編集する（色文字部分を追加）。

```
class QuizCard: UIView {

    @IBOutlet weak var iconImageView: UIImageView!
    @IBOutlet weak var quizImageView: UIImageView!
    @IBOutlet weak var quizLabel: UILabel!

    enum QuizStyle {
        case initial
        case right
        case wrong
    }

    var style: QuizStyle = .initial {
        didSet {
            self.setQuizStyle(style: style)
        }
    }

    func setQuizStyle(style: QuizStyle) {
    }

}
```

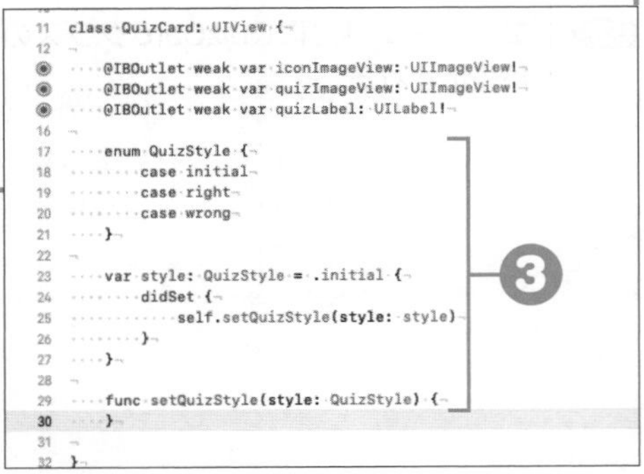

オブジェクトの状態を定義するには

クイズのカードには、回答前、○回答、×回答の3つの状態があります。アプリの画面では、右フリックで○回答、左フリックで×回答を、アイコンと背景色でわかるようにします。まずはこの3つの状態をクラスの中で管理できるようにします。

クイズのカードは、3つの状態のうち必ずどれか1つの状態で表示されます。この例のように、複数の中からどれか1つが必ず選択されるときは、**列挙型**の変数を利用すると便利です。列挙型とは、複数の定数を1つにまとめた変数のことです。ここでは、UIの表示を回答前、○回答、×回答の3つで分けられるように、QuizStyleの変数名で次のように定義しています。

```
enum QuizStyle {
    case initial
    case right
    case wrong
}
```

列挙型でまとめられた定数のことを**列挙子**といいます。列挙型の変数を定義するときの構文は次のとおりです。

構文 列挙型の変数の定義

```
enum 変数名[: 型] {
    case 列挙子1[= 値1]
    case 列挙子2[= 値2]
    ・・・
    case 列挙子N[= 値3]
}
```

列挙型の変数では、まとめる列挙子の値を指定して利用することもできます。本書のサンプルアプリでは、クイズの回答が今どんな状態であるかだけを知りたいので、型や値は指定していません。値を指定しないときは、自動的に上の列挙子から0、1、……、nという0から始まる順番で整数の値が割り当てられます。

コードの中で列挙型の変数を利用するときには、「列挙型の変数名.列挙子」の形式で変数名と列挙子を「.」（ドット）でつないで利用します。変数の型が列挙型のものであるとわかっているときには、「.列挙子」の書式で列挙型の変数名を省略して記述することができます。

ヒント

よく利用される列挙型の例

オブジェクトの状態を表すほかに、列挙型がよく利用される例には、処理の結果があります。何かの処理を行った後に、Resultなどの名前で列挙型の変数を定義します。その中でsuccess（成功）、failure（失敗）、cancel（キャンセル）といった処理の結果を管理する定数を持たせるパターンが多く見られます。

プロパティの監視とは

第4章の「4.4　クラスを利用してみよう」では、プロパティはオブジェクトの状態を表すものであると説明しましたSwiftには、プロパティに値が代入される直前、直後に処理を行う仕組みがあります。この仕組みのことを、**プロパティの監視**といいます。この仕組みを利用して、前の項の、クイズのカードの表示状態によってアイコンと背景色を変更する処理を作成しています。

ここでは、styleの名前でプロパティを作成し、プロパティの監視を利用します。

```
var style: QuizStyle = .initial {
    didSet {
        self.setQuizStyle(style: style)
    }
}
```

列挙型の変数QuizStyleを指定できるプロパティを「style」の名前で定義します。styleプロパティの初期値を「.initial」（回答前）として、値が設定された直後にsetQuizStyleメソッドを実行します。プロパティの監視の構文は次のとおりです。

構文 プロパティの監視

```
var 変数名: 型 [= 初期値] {
    willSet {
        値が設定される直前に行う処理
    }
    didSet {
        値が設定された直後に行う処理
    }
}
```

プロパティの後ろに「{」と「}」でブロックを作成します。その中でwillSetブロックで値が設定される直前の処理、didSetブロックで値が指定された直後の処理を定義します。willSetブロックとdidSetブロックは、両方または利用する方だけを記述します。本書のサンプルアプリでは、didSetブロックのみ記述しています。

カードの状態で表示を変更しよう

ここまでの手順で、styleプロパティの値か変わったときにsetQuizStyleメソッドが実行されるところまでコードを記述しました。ここでは、setQuizStyleメソッドの処理を作成しましょう。

1 QuizCardクラスのsetQuizStyleメソッドのコードに次の内容を追記する（色文字部分）。

```
func setQuizStyle(style: QuizStyle) {
    switch style {
    case .initial:
        self.backgroundColor = UIColor(named: "normal background")
        self.iconImageView.isHidden = true
    case .right:
        self.backgroundColor = UIColor(named: "right background")
        self.iconImageView.isHidden = false
        self.iconImageView.image = UIImage(named: "right icon")
    case .wrong:
        self.backgroundColor = UIColor(named: "wrong background")
        self.iconImageView.isHidden = false
        self.iconImageView.image = UIImage(named: "wrong icon")
    }
}
```

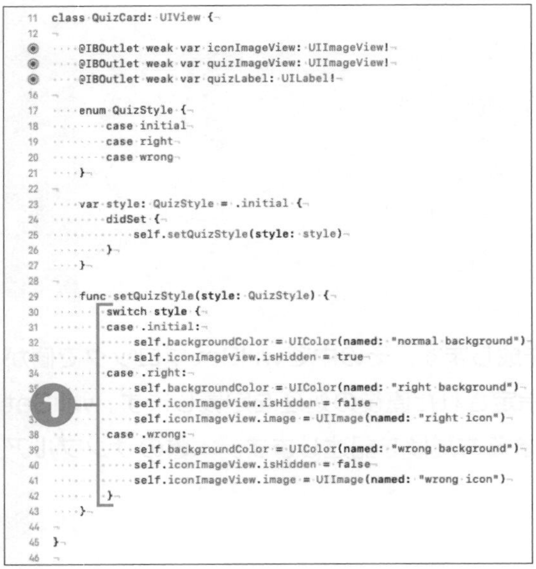

```
class QuizCard: UIView {

    @IBOutlet weak var iconImageView: UIImageView!
    @IBOutlet weak var quizImageView: UIImageView!
    @IBOutlet weak var quizLabel: UILabel!

    enum QuizStyle {
        case initial
        case right
        case wrong
    }

    var style: QuizStyle = .initial {
        didSet {
            self.setQuizStyle(style: style)
        }
    }

    func setQuizStyle(style: QuizStyle) {
        switch style {
        case .initial:
            self.backgroundColor = UIColor(named: "normal background")
            self.iconImageView.isHidden = true
        case .right:
            self.backgroundColor = UIColor(named: "right background")
            self.iconImageView.isHidden = false
            self.iconImageView.image = UIImage(named: "right icon")
        case .wrong:
            self.backgroundColor = UIColor(named: "wrong background")
            self.iconImageView.isHidden = false
            self.iconImageView.image = UIImage(named: "wrong icon")
        }
    }

}
```

1

UIの表示を変更するには

前の項では、プロパティの監視を利用して、値が設定された後に行う処理をsetQuizStyleメソッドで定義しました。setQuizStyleメソッドでは、UIの状態を表すQuizStyleオブジェクトを引数として、状態に応じて次のように背景色と○と×のアイコンを変更しています。

```
func setQuizStyle(style: QuizStyle) {
    switch style {
    case .initial:
        // 背景色に淡いグレー、アイコンは表示しない
        self.backgroundColor = UIColor(named: "normal background")
        self.iconImageView.isHidden = true
    case .right:
        // 背景色に緑、アイコンをtrueの画像で表示
        self.backgroundColor = UIColor(named: "right background")
        self.iconImageView.isHidden = false
        self.iconImageView.image = UIImage(named: "right icon")
    case .wrong:
        // 背景色に赤、アイコンをfalseの画像で表示
        self.backgroundColor = UIColor(named: "wrong background")
        self.iconImageView.isHidden = false
        self.iconImageView.image = UIImage(named: "wrong icon")
    }
}
```

switch文でQuizStyleオブジェクトの列挙子ごとに処理を行っています。引数の型が列挙型のQuizStyleオブジェクトとわかっているので、変数名を省略して列挙子で処理を分岐しています。switch文で分岐した処理の中で、回答前、○回答、×回答のそれぞれの状態に応じて背景色とアイコン表示を変更しています。

表示の変更に利用しているのは次のクラスとプロパティです。

クラス名	プロパティ名	概要	値
UIView	backgroundColor	背景色の設定	UIColorオブジェクト
UIView	isHidden	非表示する／しないをtrue ／ falseで設定	Bool型の値
UIImageView	image	表示する画像オブジェクトを設定	UIImageオブジェクト

各プロパティに新しい値を設定することで、設定した値でUIを表示することができます。

backgroundColorプロパティの値はUIColorオブジェクト、imageプロパティの値はUIImageオブジェクトで指定します。UIColorクラス、UIImageクラスはともに、色、画像を指定して初期化するinitメソッドが用意されています。指定する色、画像は、[Assets.xcassets］で登録します。[Assets.xcassets］に関しては、第5章の「5.3　色や画像を利用しよう」で説明しました。

構文 UIColorクラスとUIImageクラスの初期化メソッド

```
init(named: %name%)

%name%          [Assets.xcassets］に登録した色、画像の名前
```

登録した色や画像を上記のメソッドで取得することによって、アイコンの画像や背景色に代入しています。

参照

switch文による条件分岐

→第4章の4.2

UIを指で動かしてみよう

画面の上で指を動かしてアプリを操作できるのは、iPhoneの大きな特徴の1つです。クイズの問題文を表示するUIを指で動かして回答する部分の処理を記述してみましょう。

UIを指で動かす処理を書いてみよう

UIを指で動かす処理は、ストーリーボードではなく、コードで記述します。前の節で作成したQuizCardオブジェクトをQuizViewControllerクラスのコードにアウトレット接続し、指で動かす処理を書いてみましょう。

1 ナビゲーターエリアのプロジェクトナビゲーターで［Main.storyboard］を選択し、ドキュメントアウトラインから［クイズ画面 Scene］を選択する。

結果 Interface Builderに［クイズ画面 Scene］の内容が表示される。

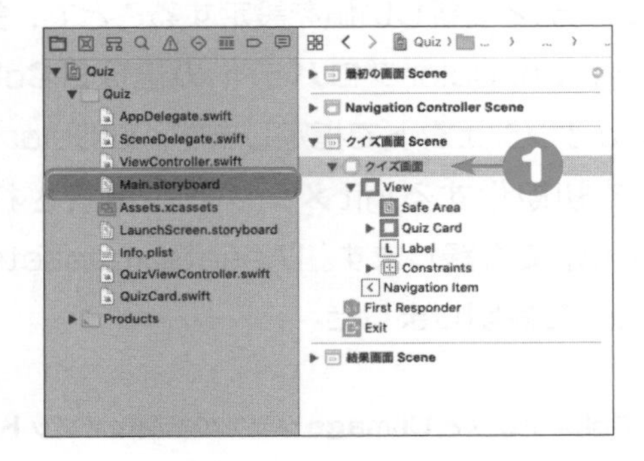

2 ドキュメントアウトラインから［クイズ画面 Scene］の［Quiz Card］を選択し、ストーリーボードから、QuizViewControllerクラスのコードの「var nameText: String = ""」の下の行にCtrlキーを押しながらドラッグ＆ドロップする。

結果 ［Quiz Card］とコードを接続するための接続ウィンドウが表示される。

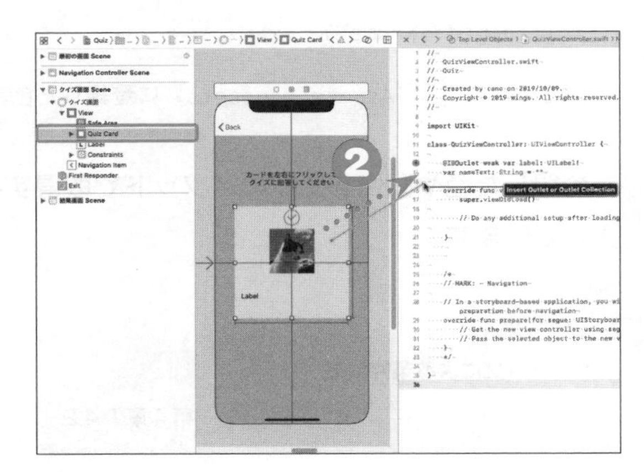

注意

アシスタントエディタを表示しておく

手順2でアシスタントエディタが表示されていないときは、ドキュメントアウトラインから［クイズ画面 Scene］の［Quiz Card］を選択した状態で、プロジェクトナビゲーターで［QuizViewController.swift］をOptionキーを押しながらクリックして、アシスタントエディタにQuizViewController.swiftのコードを表示します。

3 接続ウィンドウの［Name］にquizCardと入力し、［Connect］ボタンをクリックする。

コードに次の記述が追加され（色文字部分）、［Quiz Card］とコードが「quizCard」の名前で接続される。

```
class QuizViewController: UIViewController {

    @IBOutlet weak var label: UILabel!
    var nameText: String = ""

    @IBOutlet weak var quizCard: QuizCard!

    (中略)
    }
```

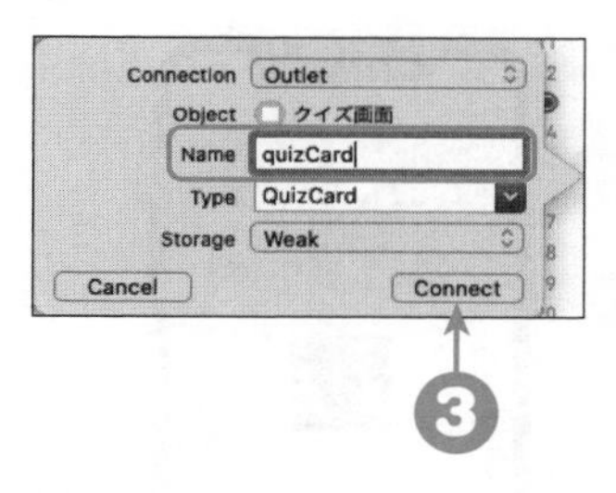

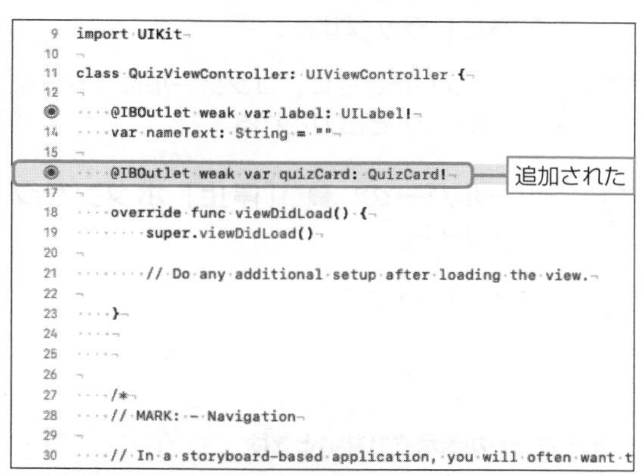

4 QuizViewControllerクラスのコードに次のコードを追記する（色文字部分）。

```
class QuizViewController: UIViewController {

    (中略)

    override func viewDidLoad() {
        super.viewDidLoad()

        // Do any additional setup after loading the view.

        self.quizCard.style = .initial
        let panGestureRecognizer = ➡
            UIPanGestureRecognizer(target: self, ➡
                                   action: #selector(dragQuizCard(_:)))
        self.quizCard.addGestureRecognizer(panGestureRecognizer)
    }
```

```
        @objc func dragQuizCard(_ sender: UIPanGestureRecognizer) {
            print("ドラッグしました")
        }

    }
```

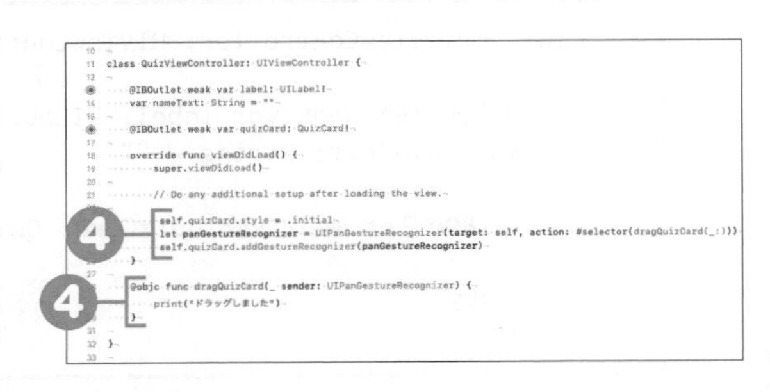

5 **ツールバーの［▶］［実行］ボタンをクリックする。**

結果 iOSシミュレーターが起動し、アプリが実行される。

6 **最初の画面の入力欄に名前を入力した後に［Button］ボタンをクリックしてクイズ画面まで遷移し、クイズのカードを左右にドラッグする。**

結果 ドラッグしたときに、コンソールに「ドラッグしました」と出力される。

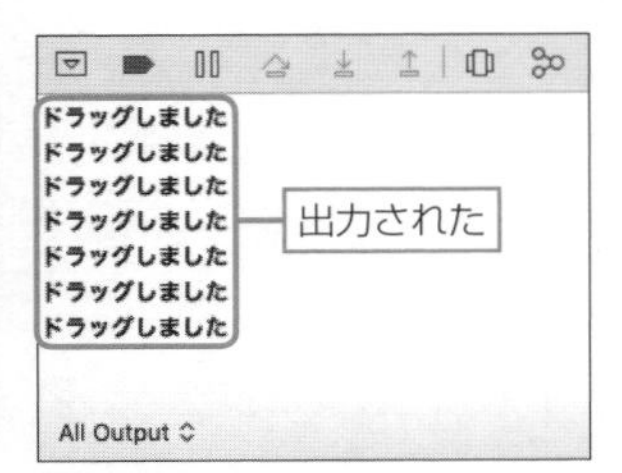

7 **ツールバーの［■］［停止］ボタンをクリックする。**

結果 アプリが終了する。

ヒント

キーボードが表示されないときは

入力欄に名前を入力するときにキーボードが表示されないときは、シミュレーターの[Hardware]メニューをクリックして[Keyboard]－[Connect Hardware Keyboard] のチェックを外してください。

コンソールが表示されないときは

Xcodeでアプリを実行すると、通常はデバッグエリアにコンソールが表示されます。もしコンソールが表示されないときは、[View] メニューから [Debug Area]－[Activate Console] を選択してください。

ジェスチャを利用するには

ジェスチャとは、画面上でUIをタップしたり拡大や縮小を行うなどの指の動きのことです。Swiftでは、ジェスチャの動きを管理するクラスが用意されており、そのクラスを利用してジェスチャの動きをアプリに反映します。ここでは、ドラッグのジェスチャを管理する

UIPanGestureRecognizerクラスを利用します。

```
let panGestureRecognizer = ➲
    UIPanGestureRecognizer(target: self, action: #selector(dragQuizCard(_:)))
self.quizCard.addGestureRecognizer(panGestureRecognizer)

@objc func dragQuizCard(_ sender: UIPanGestureRecognizer) {
     print("ドラッグしました")
}
```

最初にドラッグの動きを管理するUIPanGestureRecognizerクラスを初期化します。そのときに、ドラッグの動きを解釈する対象をtargetで、処理を行うメソッドをactionの引数で指定します。

ドラッグの動きを解釈するのはビューコントローラ自身なので「self」を指定します。処理を行うメソッドは、**セレクタ**で指定します。セレクタとは、あるメソッドを別のメソッドの引数とすることを指します。

セレクタで指定するメソッドの最初には、「**@objc**」をつけてセレクタで利用するメソッドであることを明記します。メソッドには、ドラッグに反応するオブジェクトとして、UIPanGestureRecognizer型のオブジェクトが渡されます。

ジェスチャの構文をまとめると次のとおりです。

構文 ジェスチャの利用

```
let 変数名 = UIPanGestureRecognizer(target: self, action: #selector(呼び出すメソッド))
ドラッグを検出したいオブジェクト.addGestureRecognizer(変数名)

@objc func 呼び出すメソッド(_ sender: UIPanGestureRecognizer) {
    // ジェスチャ時の処理
}
```

UIPanGestureRecognizeクラスを初期化した後に、ドラッグを検出したいオブジェクトにaddGestureRecognizerメソッドで登録します。こうすることで、ドラッグのジェスチャがプログラムから利用できるようになります。ドラッグの動きを利用する手順を次にまとめます。

（1）UIPanGestureRecognizeクラスをドラッグ時に実行するメソッドをセレクタにして初期化
（2）セレクタの処理を定義
（3）ドラッグを検出したいオブジェクトにaddGestureRecognizerメソッドで（1）で作成したインスタンス変数を登録

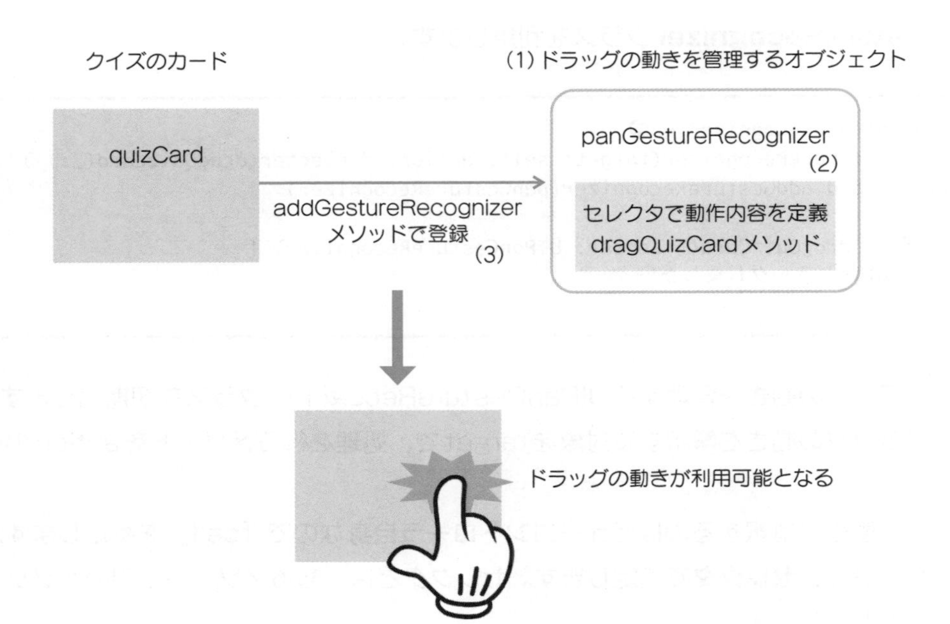

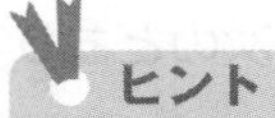

ここでは、UIPanGestureRecognizeクラスを初期化するときに、dragQuizCardメソッドをセレクタとしました。dragQuizCardメソッドの中では、**print**メソッドで「ドラッグしました」の文字列を出力するように定義しました。

シミュレーターを起動して、クイズのカードの上でドラックの動きを行うと、コンソールに「ドラッグしました」と出力されます。

ヒント

printメソッド

printメソッドは、引数をコンソールに出力するメソッドです。変数の値を出力して確認したり、ここでのドラッグのように何らかの動作の確認として文字列を出力するなどの利用方法があります。

ジェスチャを管理するクラス

ジェスチャの動きを管理するクラスは、**UIGestureRecognizer**クラスというジェスチャを管理する基底クラスのサブクラスとして定義されています。

UIGestureRecognizerクラスのサブクラスを右の表にまとめました。ジェスチャの動きをアプリで利用するときには、これらのクラスを利用します。

クラス名	反応するジェスチャ
UITapGestureRecognizer	タップ
UIPinchGestureRecognizer	ピンチイン、ピンチアウト
UIRotationGestureRecognizer	回転
UISwipeGestureRecognizer	スワイプ
UIPanGestureRecognizer	ドラッグ
UIScreenEdgePanGestureRecognizer	画面端のドラッグ
UILongPressGestureRecognizer	長押し

ジェスチャの状態に応じて処理を行ってみよう

ここまでの手順で、ドラッグの動きを利用するところまでの処理を作成しました。ここでは、「ジェスチャが始まった」「ジェスチャが終わった」など、実際のジェスチャの動きに応じた処理を作成します。

1 QuizViewControllerクラスのコードを次のように編集する（取り消し線部分を削除し、色文字部分を追加）。

```
class QuizViewController: UIViewController {

    （中略）

    @objc func dragQuizCard(_ sender: UIPanGestureRecognizer) {
        print("ドラッグしました")
        switch sender.state {
        case .began, .changed:
            self.transformQuizCard(gesture: sender)
        case .ended:
            break
        default:
            break
        }
    }

    func transformQuizCard(gesture: UIPanGestureRecognizer) {

    }

}
```

```
11 class QuizViewController: UIViewController {
12 
21         // Do any additional setup after loading the view.
22 
23         self.quizCard.style = .initial
24         let panGestureRecognizer = UIPanGestureRecognizer(target: self, action: #selector(dragQuizCard(_:)))
25         self.quizCard.addGestureRecognizer(panGestureRecognizer)
26     }
27 
28     @objc func dragQuizCard(_ sender: UIPanGestureRecognizer) {
29         switch sender.state {
30         case .began, .changed:
31             self.transformQuizCard(gesture: sender)
32         case .ended:
33             break
34         default:
35             break
36         }
37     }
38 
39     func transformQuizCard(gesture: UIPanGestureRecognizer) {
40 
41     }
42 
43 }
44 
```

❶

ジェスチャの状態と処理の分岐

ジェスチャの状態は、セレクタに渡されるUIPanGestureRecognizer型オブジェクトのstateプロパティで、UIGestureRecognizer.Stateオブジェクトとして参照できます。

UIGestureRecognizer.Stateオブジェクトは列挙型のオブジェクトで、次の列挙子を持ちます。

名前	概要
began	開始した
changed	変わった
ended	終了した
cancelled	キャンセルされた
failed	失敗した

ジェスチャの状態は上記のうち1つです。同時に2つの状態にはなりませんので、列挙型で扱います。これらの列挙子を利用すると、ジェスチャの動きが今どんな状態であるかを知ることができます。つまり、ジェスチャの今の状態に応じて処理を分けて実行することができます。

ここでは、セレクタとして定義したdragQuizCardメソッドの中で、ジェスチャの状態に応じた処理を行います。このイメージは次の図のとおりです。

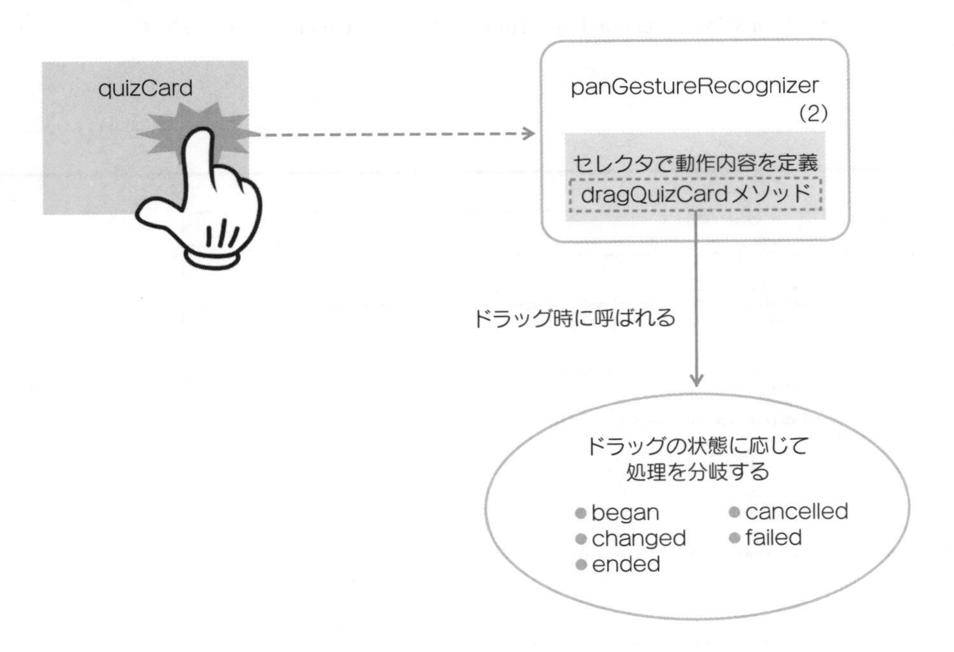

処理を分けるときには、switch文を利用し、stateプロパティの値に応じて処理を分岐させます。

```
@objc func dragQuizCard(_ sender: UIPanGestureRecognizer) {
    switch sender.state {
    case .began, .changed:
        self.transformQuizCard(gesture: sender)
    case .ended:
        break;
    default:
        break
    }
}

func transformQuizCard(gesture: UIPanGestureRecognizer) {

}
```

ここでは、ジェスチャの動きが開始されたときと動きが変わったときに、transformQuizCardメソッドを実行します。動きが変わったことを表す「.changed」は、ジェスチャの中で指がタッチしている位置が変わったという意味です。ジェスチャが継続して行われている状態だと考えてください。

ジェスチャが終わったときには、breakでswitch文から抜けるようにしています。

最終的には、ジェスチャが終わったときに、クイズに回答した処理を実行します。クイズに回答する処理は、第8章で説明します。

参照

switch文による条件分岐

→第4章の4.2

ジェスチャの動きをUIに反映させよう

先ほど作成したtransformQuizCardメソッドの処理に、クイズのカードをドラッグして○回答、×回答をカードに反映させる処理を追加しましょう。

1 QuizViewControllerクラスのコードに次のコードを追記する（色文字部分）。

```
class QuizViewController: UIViewController {

    （中略）

     func transformQuizCard(gesture: UIPanGestureRecognizer) {
        let translation = gesture.translation(in: self.quizCard)
        let translationTransform = CGAffineTransform(➡
            translationX: translation.x, y: translation.y)
        let translationPercent = ➡
            translation.x/UIScreen.main.bounds.width/2
        let rotationAngle = CGFloat.pi/3 * translationPercent
        let rotationTransform = ➡
            CGAffineTransform(rotationAngle: rotationAngle)
        let transform = ➡
            translationTransform.concatenating(rotationTransform)
        self.quizCard.transform = transform

        if translation.x > 0 {
            self.quizCard.style = .right
        } else {
            self.quizCard.style = .wrong
        }
    }

}
```

```
38
39      func transformQuizCard(gesture: UIPanGestureRecognizer) {
40          let translation = gesture.translation(in: self.quizCard)
41          let translationTransform = CGAffineTransform(translationX: translation.x, y: translation.y)
42          let translationPercent = translation.x/UIScreen.main.bounds.width/2
43          let rotationAngle = CGFloat.pi/3 * translationPercent
44          let rotationTransform = CGAffineTransform(rotationAngle: rotationAngle)
45          let transform = translationTransform.concatenating(rotationTransform)
46          self.quizCard.transform = transform
47
48          if translation.x > 0 {
49              self.quizCard.style = .right
50          } else {
51              self.quizCard.style = .wrong
52          }
53      }
54
55  }
56
```

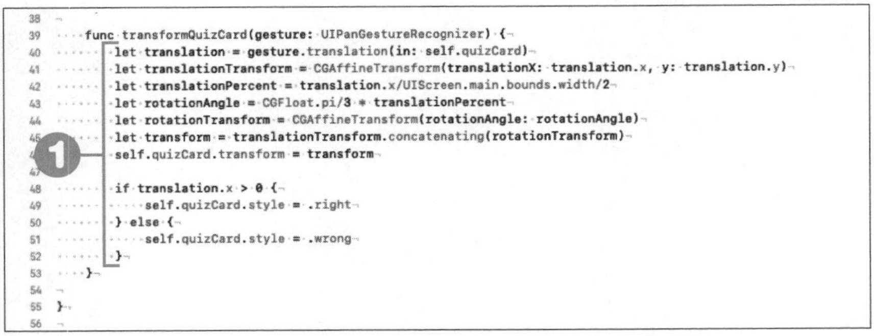

2 ツールバーの ▶ ［実行］ボタンをクリックする。

結果 iOSシミュレーターが起動し、アプリが実行される。

3 最初の画面の入力欄に名前を入力した後に［Button］ボタンをクリックしてクイズ画面まで遷移し、クイズのカードを左右にドラッグする。

結果 クイズのカードを右にドラッグしたときに○回答、左にドラッグしたときに×回答の外観となる。

4 ツールバーの ■ ［停止］ボタンをクリックする。

結果 アプリが終了する。

ドラッグした距離を取得するには

ジェスチャを利用するときも、指で動かす位置はUIの配置と同じように画面の左上頂点を原点(0, 0)としたX軸とY軸で考えます。X軸方向では、右に動かすとX軸の座標が加算され、左に動かすと減算されます。Y軸に関しても同様に、下方向に向くときは座標が加算され、上方向に動くときは減算されます。

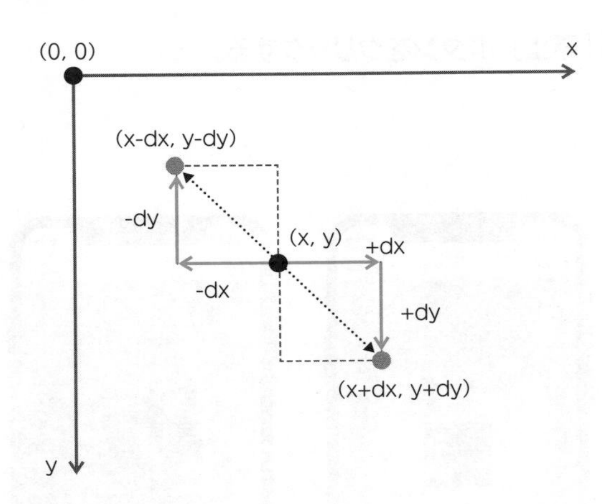

ドラッグした距離は、UIPanGestureRecognizerクラスの**translation**メソッドで取得できます。移動した距離はX軸方向とY軸方向の縦横で取得できます。

```
func transformQuizCard(gesture: UIPanGestureRecognizer) {
    // 移動した距離を取得
    let translation = gesture.translation(in: self.quizCard)
```

取得できる距離は、ドラッグを開始した位置を基準としたX軸方向とY軸方向それぞれのピクセル数です。したがって移動した距離をUIの座標に反映させるなどの処理にそのまま利用できます。

UIPanGestureRecognizerクラスのtranslationメソッドは次のように宣言されています。

構文 translationメソッド

```
let %distance% = %gesture%.translation(in: %view%)

%distance%    ドラッグした距離のオブジェクト
%gesuture%    UIPanGestureRecognizerオブジェクト
%view%        ドラッグしたオブジェクト
```

引数はドラッグしたオブジェクトです。得られた距離のオブジェクトに関しては、xプロパティでX軸方向の移動量、yプロパティでY軸方向の移動量を参照できます。移動量はピクセル数です。

ここでは、ドラッグで移動した距離に応じて、クイズのカードを動かしたり回転したりする処理を次の図のように実装します。次の項からは、図の中の各処理について順を追って説明します。

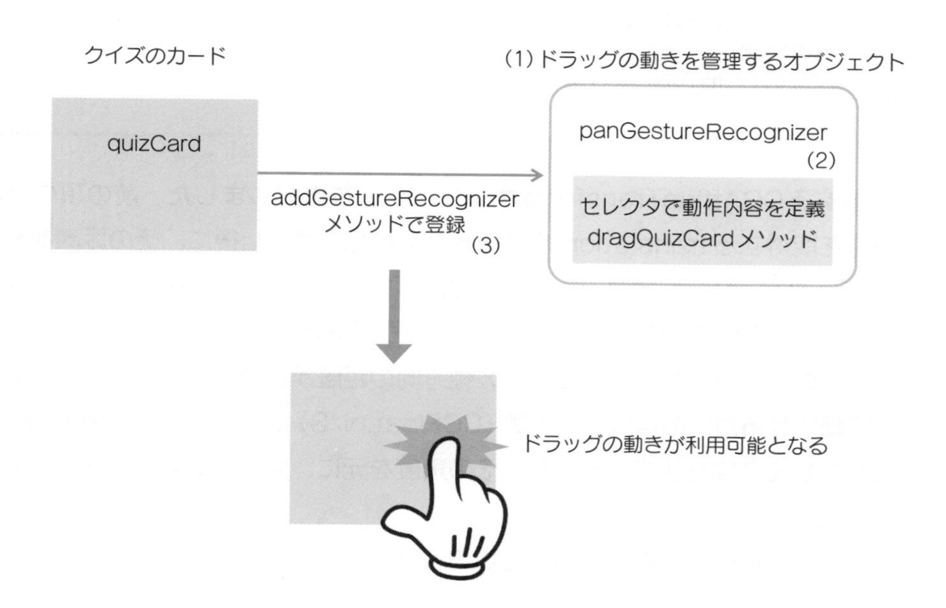

UIの移動と回転

UIを移動させたり回転させるには**CGAffineTransform**というオブジェクトを利用します。CGAffineTransformオブジェクトは、UIの座標を変換して移動や回転の動きを表現するオブジェクトです。ここでは、ドラッグした距離での移動（1）とその距離を元にした回転（2）の2つのCGAffineTransformオブジェクトを合成して（3)、移動しながら回転する動きを実装しました。

```
func transformQuizCard(gesture: UIPanGestureRecognizer) {
    // 移動した距離を取得
    let translation = gesture.translation(in: self.quizCard)
    // 移動した距離を元にCGAffineTransformオブジェクトを作成 (1)
    let translationTransform = ➲
        CGAffineTransform(translationX: translation.x, y: translation.y)
```

```
        // 画面の幅の半分に対する移動した距離の割合
        let translationPercent = translation.x/UIScreen.main.bounds.width/2
        // 割合に対して角度を算出
        let rotationAngle = CGFloat.pi/3 * translationPercent
        // 算出した角度でのCGAffineTransformオブジェクトを作成 (2)
        let rotationTransform = CGAffineTransform(rotationAngle: rotationAngle)

        // 変換のオブジェクトを合成 (3)
        let transform = translationTransform.concatenating(rotationTransform)
        // quizCardに反映
        self.quizCard.transform = transform
(後略)
```

最初に、移動するCGAffineTransformオブジェクトを作成しました。前の項のとおりドラッフした距離を取得するtranslationメソッドで距離を取得した後に、その距離を元にして移動するCGAffineTransformオブジェクトを生成しました（1）。CGAffineTransformオブジェクトの生成は、初期化処理を行うinitメソッドに引数を渡して行います。

その後に、画面の幅半分に対して移動したX軸方向の距離がどのぐらいの割合であるかを算出しました。回転させる最大の角度を60度（CGFloat.pi/3）と算出した割合を乗算して、割合に応じて回転させる角度を決定しました。その角度を元に、回転するCGAffineTransformオブジェクトを生成しました（2）。

これらのコードでの処理を図にまとめると次のようになります。

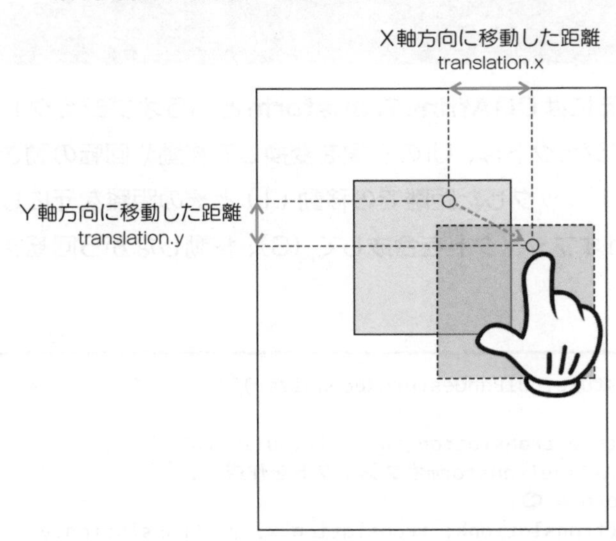

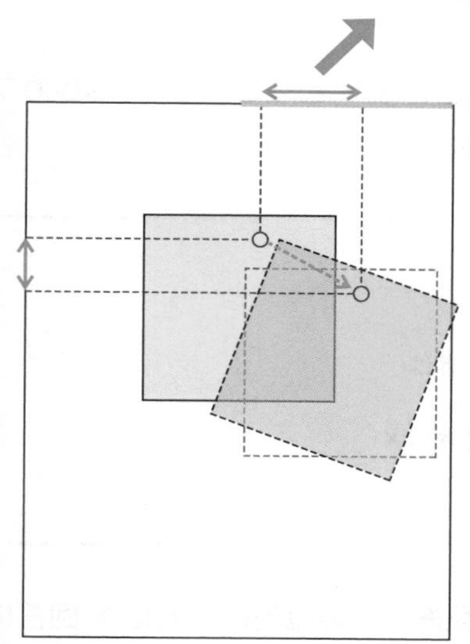

画面の幅の半分に対してどれだけ移動したか
let translationPercent = translation.x / UIScreen.main.bounds.width / 2

割合に対して角度を算出
let rotationAngle = CGFloat.pi/3 * translationPercent

(2) 算出した角度での変換オブジェクトを作成
let rotationTransform = CGAffineTransform (rotationAngle: rotationAngle)

(3) 変換オブジェクトを合成
let transform = translationTransform.concatenating (rotationTransform)

quizCardに反映
self.quizCard.transform = transform

移動と回転を行うCGAffineTransformオブジェクトを別々に定義した後、合成してUIに反映させることで、回転しながらドラッグで移動する動きを実装しています。

CGAffineTransformオブジェクトでは、メソッドは次のように宣言されてます。

構文 移動させるinitメソッド

```
init(translationX: %x%, y: %y%)

%x%   X軸方向に移動させるピクセル数
%y%   Y軸方向に移動させるピクセル数
```

構文 回転させるinitメソッド

```
init(rotationAngle: %angle%)

%angle%      回転させる角度
```

構文 CGAffineTransformオブジェクトを合成するconcatenatingメソッド

```
let %transform% = %t1%.concatenating(%t2)%

%transform%  合成後のCGAffineTransformオブジェクト
%t1%, %t2%   合成するCGAffineTransformオブジェクト
```

Swiftはオブジェクト指向のプログラミング言語なので、ジェスチャの指の動きや動かした距離、移動や回転といった動作もすべてオブジェクトで扱います。これらのオブジェクトを組み合わせることで、ドラッグしたUIの動きを実装しています。

UIの動きとともに、右に動かしたときは○、左に動かしたときは×となるように、styleプロパティの値を設定して背景色と画像も変わるようにしました。

```
func transformQuisCard(gesture: UIPanGestureRecognizer) {
    (中略)
    if translation.x > 0 {
        self.quizCard.style = .right  // 右に動かしたときは○
    } else {
        self.quizCard.style = .wrong  // 左に動かしたときは×
    }
}
```

ジェスチャを開始した位置からUIが右の位置にあれば○回答、左の位置にあれば×回答になるよう、styleプロパティの値を変更しています。styleプロパティに値が設定された直後には、プロパティの監視を利用して、UIのアイコンと背景を○回答と×回答で切り替えて表示します。

～もう一度確認しよう！～ チェック項目

- □ 作成したUIをクラスで管理する仕組みが理解できましたか？
- □ 列挙型の変数について使い方がわかりましたか？
- □ プロパティの監視について理解しましたか？
- □ ジェスチャの処理について理解しましたか？
- □ UIを移動、回転させる手順がわかりましたか？

第 8 章

アプリの機能を作成しよう

この章では、クイズを表示する、回答する、正解のスコアをカウントするという、アプリのもっとも重要な機能を作成します。画面からの操作のほかに、内部的にクイズを管理する仕組みなども作成します。

この章で学ぶこと

この章では、クイズ自体を管理するQuizクラスと、クイズを表示し、回答し、スコアを計算するQuizManagerクラスの2つを作成します。作成したクラスを利用してクイズに回答する処理を作成します。

(1) Quizクラス、QuizManagerクラスの作成
(2) クイズに回答する各処理の作成
(3) 画面にクイズを表示する処理の作成
(4) 画面からクイズに回答する処理の作成

その過程を通じて、この章では次の内容を学習していきます。

- **クラスの設計と作成**
- **メソッドの作成と使い方**
- **作成した処理を画面の動きから呼び出す方法**
- **アニメーションの動きを実装する方法**

この章ではクイズを管理するクラスの作成から、画面上でのUIの動きとの連携までを学びます。

クイズを表示

クイズに回答

スコアを計算
次のクイズを表示

8.1 クイズを管理しよう

ここからはクイズに回答する処理を作成します。そのために、まずはクイズ1問単位で、問題文、正解、画像を管理するクラスを作成します。

クイズを管理するクラスを作成しよう

クイズを管理するクラスを新規に作成します。ここから先は、UIと結合しない抽象的なクラスを扱うので、クラス作成と作成後の確認の手順に注意しながら進めてください。

1 [File] メニューから [New]−[File] を選択する。

結果 新規ファイル作成画面が表示される。

2 [Cocoa Touch Class]を選択し、[Next]ボタンをクリックする。

結果 新規クラス作成画面に移動する。

3 [Class] に **Quiz** と入力し、[Subclass of:]で[NSObject]を選択して[Next]ボタンをクリックする。

結果 作成したファイルを保存する場所を指定する画面が表示される。

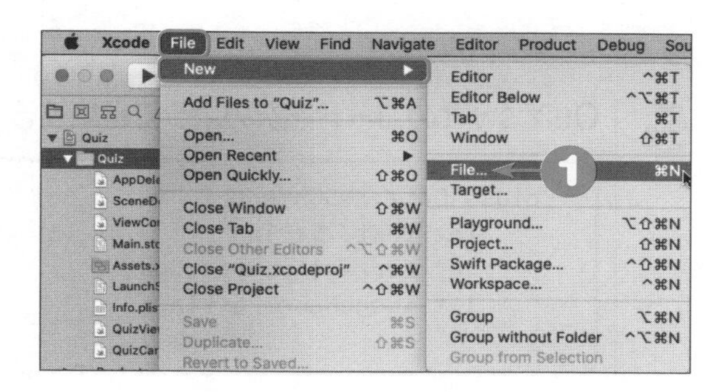

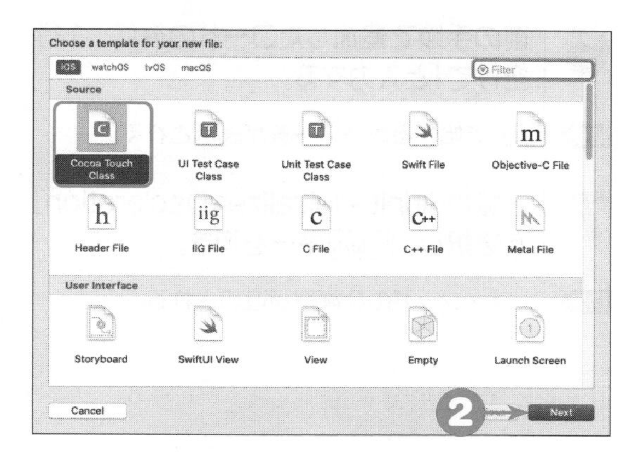

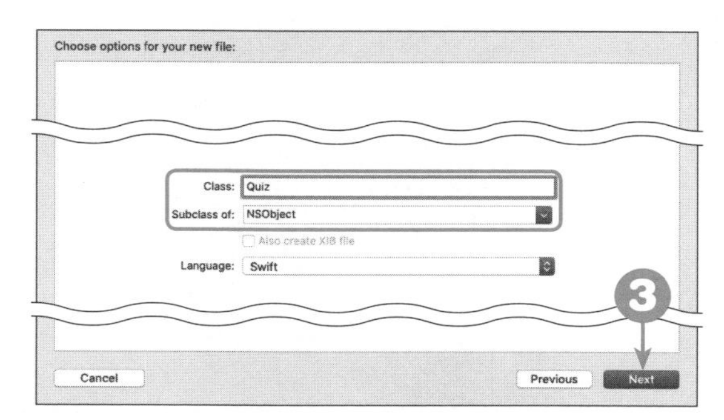

4 プロジェクトフォルダである［Quiz］を選択し、［Create］ボタンをクリックする。

結果 新規のソースファイル［Quiz.swift］が作成され、プロジェクトナビゲーターに表示される。

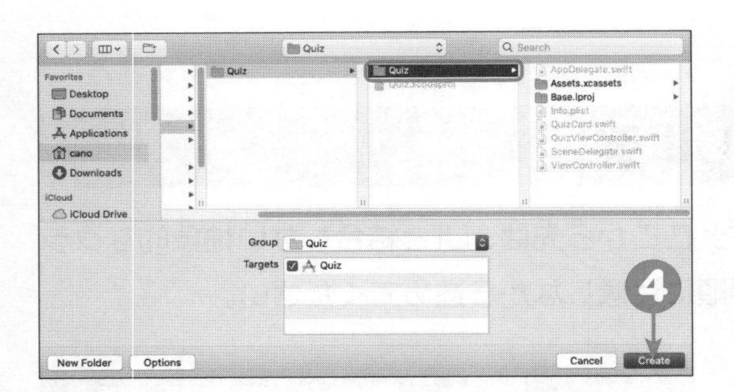

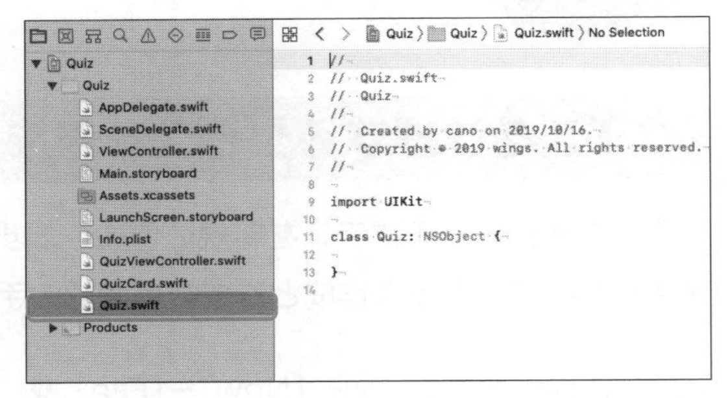

5 Quiz.swiftのコードを次のように編集する（取り消し線部分を削除し、色文字部分を追加）。

```
class Quiz: NSObject {
    let text: String
    let correctAnswer: Bool
    let imageName: String
}
```

6 前の手順で追加したコードの後に、1行空けてiと入力する。

結果 「i」で始まる候補の一覧が表示される。

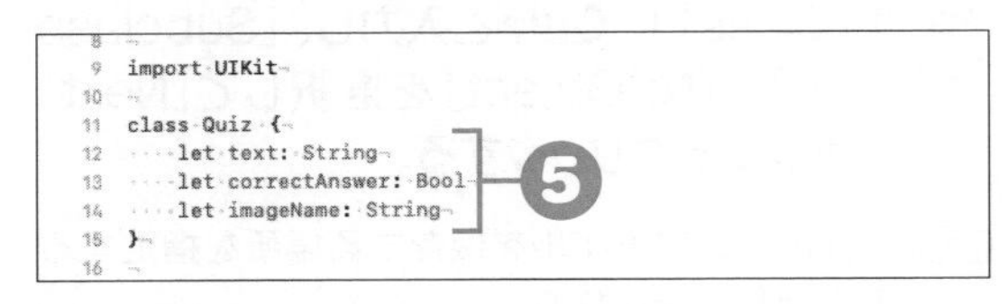

7 一覧から[init - Initializer Declaration]を選択し、Returnキーを押す。

結果 initメソッドのひな型が追加される。

8 initメソッドのコードに次の内容を追記する（色文字部分）。

```
class Quiz {
    let text: String
    let correctAnswer: Bool
    let imageName: String

    init(text: String, correctAnswer: Bool, imageName: String) {
        self.text = text
        self.correctAnswer = correctAnswer
        self.imageName = imageName
    }
}
```

9 ナビゲーターエリアから［ViewController.swift］を選択し、エディタエリアでコードに次の内容を追記する（色文字部分）。

```
    override func viewDidLoad() {
        super.viewDidLoad()
        // Do any additional setup after loading the view.

        let q = Quiz(text: "問題文", correctAnswer: true, imageName: "neko")
        print(q.text)
        print(q.correctAnswer)
        print(q.imageName)
     }
}
```

```
 9  import UIKit
10
11  class Quiz {
12      let text: String
13      let correctAnswer: Bool
14      let imageName: String
15
16      init(text: String, correctAnswer: Bool, imageName: String) {
17          self.text = text
18          self.correctAnswer = correctAnswer
19          self.imageName = imageName
20      }
21  }
22
```

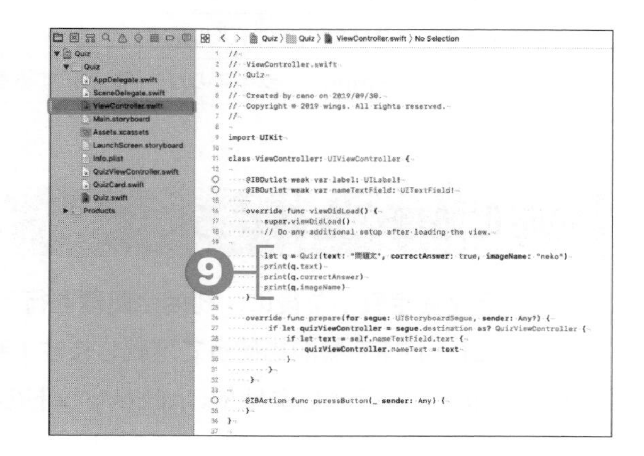

10 ツールバーの［▶］［実行］ボタンをクリックする。

結果 iOSシミュレーターが起動し、アプリが実行される。

11 コンソールに次の文字列が出力されていることを確認する。

12 ツールバーの［■］［停止］ボタンをクリックする。

結果 アプリが終了する。

クラスとプロパティを定義するには

最初にクイズを管理するクラスを［Quiz］という名前で新規に作成しました（手順❶〜❺）。Xcodeで新規にクラスを作成するときは、既存のクラスのサブクラスとしてのクラスの定義が必要です（手順❹）。ここでは、**NSObject**クラスという汎用的にオブジェクトを管理するクラスのサブクラスとして新規に作成しました。ですが、QuizクラスはNSObjectクラスの機能を使いませんので、手順❺でNSObjectクラスの継承を削除しています。その後に、クイズを管理するために、問題文、正解、画像のプロパティを次のように設けました（手順❺）。

プロパティ名	型	概要
text	String	クイズの問題文
correctAnswer	Bool	クイズの正解
imageName	String	クイズのカードに表示する画像の名前

初期化処理を定義するには

プロパティを定義した後に、初期化処理を行うinitメソッドを定義します。initメソッドは、Xcodeのコード補完機能を使って定義します（手順❼〜❾）。initメソッドは、処理を定義するときに「func」は記述しません。initメソッドの構文は次のとおりです。

構文 initメソッド

```
init(引数:型, 引数:型, 引数:型, ...) {
    // 処理
}
```

ここでは、手順❺で定義した3つのプロパティに該当する値を引数にしています。引数の後に「:」（コロン）で区切って値を記述します。このような記述の仕方を「引数をラベルとして利用する」といいます。これまでのメソッドでは、引数の前に「_」（アンダーバー）をつけていました。「_」があるときは、引数をラベルとして記述せずに値をそのまま記述できます。メソッドの定義でラベルの有無の違いを比較すると、次の図のようになります。

クイズを表示　クイズに回答　スコアを計算 次のクイズを表示

引数をラベルとして利用すると、メソッドの引数がわかりやすくなり、コードも読みやすくなります。引数が1つのメソッドでは、ラベルを省略できるように「_」を設けてメソッドを定義することが多いです。ここで作成したinitメソッドのように、引数が複数存在するメソッドのときは、引数の意味をわかりやすくするために「_」を用いずに、引数をラベルとして利用できるように記述することが多いです。

最後に、作成したクラスの動作確認を行いました。問題文、正解、画像を指定してQuizクラスのインスタンスを生成しました。インスタンス生成後に、各プロパティの値をprintメソッドで出力し、それぞれ正しく値が設定されていることを確認できます（手順❿〜⓬）。

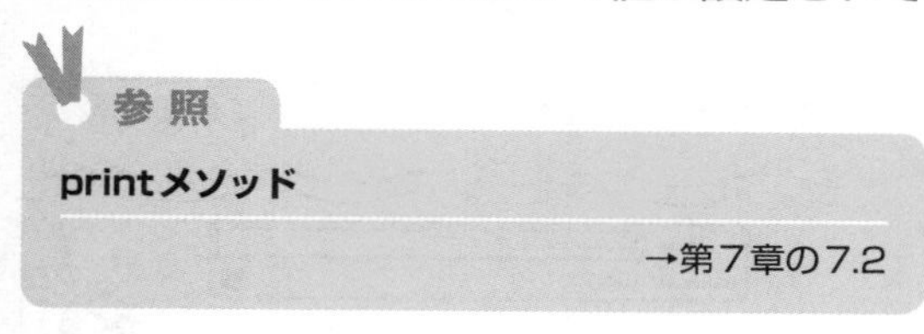

出題するクイズやスコアを管理しよう

ここでは出題する5問のクイズやクイズに回答するときの処理、回答した後の処理などを作っていきます。これらの処理は、ストーリーボードではなくコードから行います。

クイズ5問を管理するクラスを作成しよう

最初に、5問のクイズを管理するクラスを作成しましょう。ストーリーボードは利用せず、コードの記述のみを行います。

1 [File] メニューから [New]−[File] を選択する。

結果 新規ファイル作成画面が表示される。

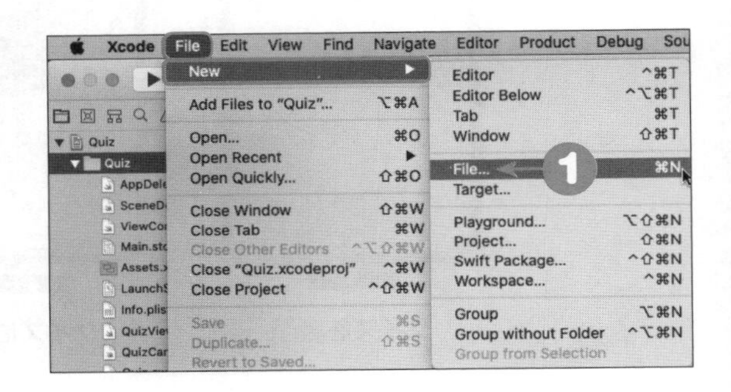

2 [Cocoa Touch Class] を選択し、[Next] ボタンをクリックする。

結果 新規クラス作成画面に移動する。

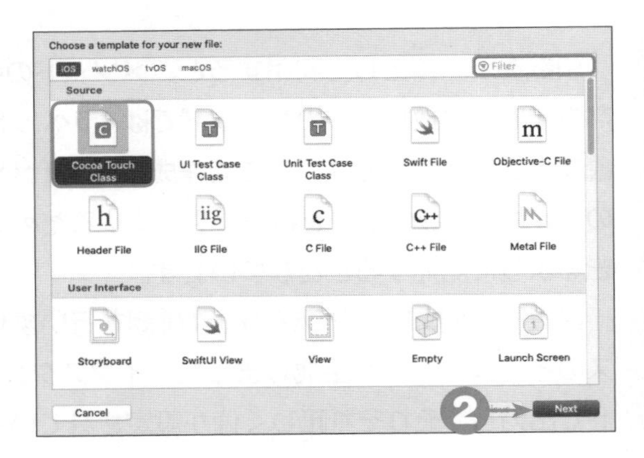

3 [Class] に**QuizManager**と入力し、[Subclass of:] で [NSObject] を選択して [Next] ボタンをクリックする。

結果 作成したファイルを保存する場所を指定する画面が表示される。

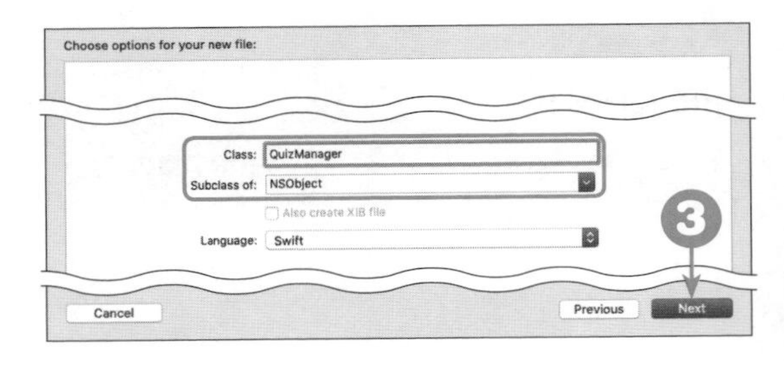

4 プロジェクトフォルダである［Quiz］を選択し、［Create］ボタンをクリックする。

結果▶ 新規のソースファイル［QuizManager.swift］が作成され、プロジェクトナビゲーターに表示される。

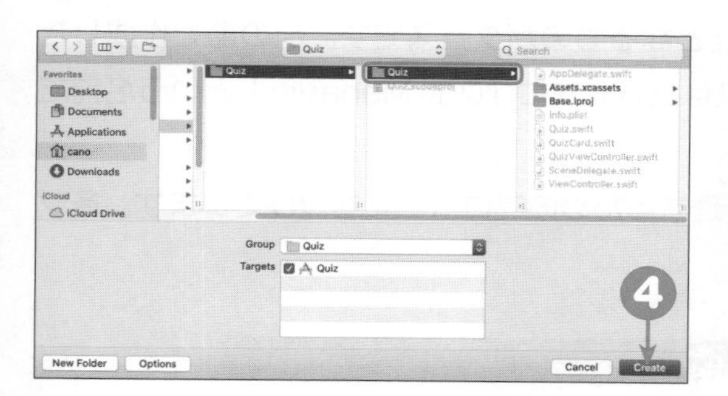

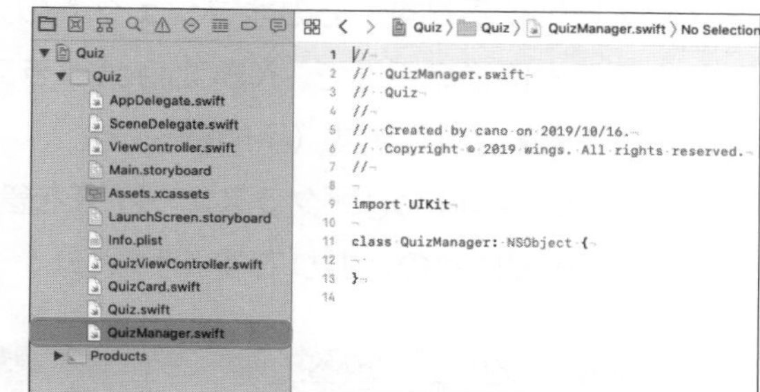

5 QuizManager.swiftのコードを次のように編集する（取り消し線部分を削除し、色文字部分を追加）。

```
class QuizManager: NSObject {
    var quizzes: [Quiz]
    var currentIndex: Int
    var score: Int

    enum Status {
        case inAnswer
        case done
    }
    var status: Status
}
```

```
 9 import UIKit
10
11 class QuizManager {
12     var quizzes: [Quiz]
13     var currentIndex: Int
14     var score: Int
15
16     enum Status {
17         case inAnswer
18         case done
19     }
20     var status: Status
21 }
22
```

ヒント

コード編集中のエラー

Xcodeでは、コードの編集中にエラーが表示されることがあります。エラーは右の画面のように、赤い丸とメッセージで表示されます。このエラーは手順❺で表示されるもので、プロパティの宣言だけで初期値が設定されていないという意味です。このようなエラーは、該当する部分がコードに記述されれば表示されなくなるので、作業中は気にしないでください。

```
10
11 class QuizManager {        Class 'QuizManager' has no initializers
12     var quizzes: [Quiz]
13     var currentIndex: Int
14     var score: Int
15
16     enum Status {
17         case inAnser
18         case done
19     }
20     var status: Status
21
22 }
23
```

クイズの管理に必要な項目

アプリでクイズを順番に表示して、回答を集計するためには、出題するクイズを管理するオブジェクトが必要です。そのオブジェクトの元となるものがクラスです。前の節で作成したQuizクラスと同様の手順で、NSObjectクラスは継承せずに「QuizManager」という名前で新規にクラスを定義します（手順❶〜❹）。

作成したQuizManagerクラスにクイズを管理するためのプロパティを設けています。各プロパティの概要は次のとおりです（手順❺）。

プロパティ名	型	概要
quizzes	[Quiz]	クイズ5問を格納するための配列
currentIndex	Int	現在何問目を回答しているかの順番、quizzes配列のインデックス番号
score	Int	クイズに正解したスコア
status	enum	現在クイズに回答中か、回答が終わっているかの状態

各プロパティとも、処理によって値が変わることがあるので、「var」をつけて定義します。statusプロパティに関しては、列挙型の変数Statusを定義し、それを値としています。列挙型の変数Statusの列挙子で、回答中か回答完了かを指定できるようにしています。

初期化処理を定義しよう

クラスを利用するためには、クラスを利用可能な状態にする初期化処理が必要です。この章の「8.1　クイズを管理しよう」と同様にinitメソッドで初期化処理を定義しましょう。

1 ナビゲーターエリアのプロジェクトナビゲーターで［QuizManager.swift］を選択する。

結果 エディタエリアにQuizManager.swiftの内容が表示される。

2 QuizManagerクラスに、次のようにinitメソッドを追記する（色文字部分）。

```
class QuizManager {
    var quizzes: [Quiz]
    （中略）
    var status: Status
```

```
    init() {
        quizzes = []
        // 問題文、正解、画像名 でクイズを作成
        quizzes.append(Quiz(text: "人間を超でっかいネコだと思っている？",
                             correctAnswer: true, imageName: "cat"))
        quizzes.append(Quiz(text: "イヌは食べ物の美味しさを味よりも匂いで判断し
ている？",
                             correctAnswer: true, imageName: "dog"))
        quizzes.append(Quiz(text: "トラのしましま模様は皮膚まで繋がっていない？",
                             correctAnswer: false, imageName: "tiger"))
        quizzes.append(Quiz(text: "クマは走る時に全部の足がバラバラに動いている？
",
                             correctAnswer: true, imageName: "bear"))
        quizzes.append(Quiz(text: "パンダのいちばんの好物は笹である？",
                             correctAnswer: false, imageName: "panda"))

        currentIndex = 0
        score  = 0
        status = .inAnswer
    }
}
```

3 ナビゲーターエリアのプロジェクトナビゲーターで［Assets.xcassets］を選択し、次の表の画像セットを追加して動物の画像を登録する。画像は本書のサンプルファイルの［images］フォルダに含まれているものを使用する。

名前	概要
cat	猫の画像
dog	犬の画像
tiger	虎の画像
bear	くまの画像
panda	パンダの画像

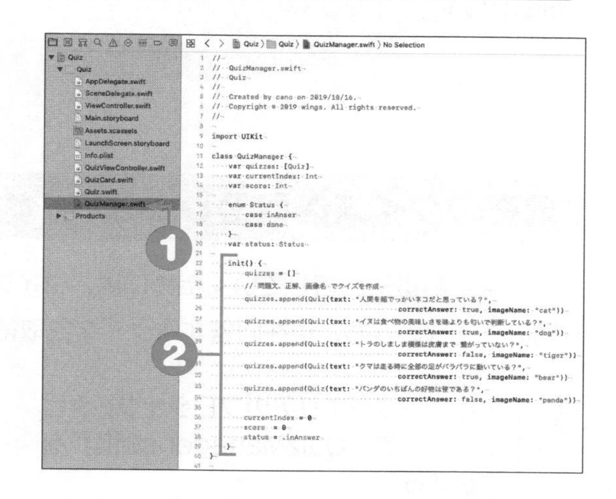

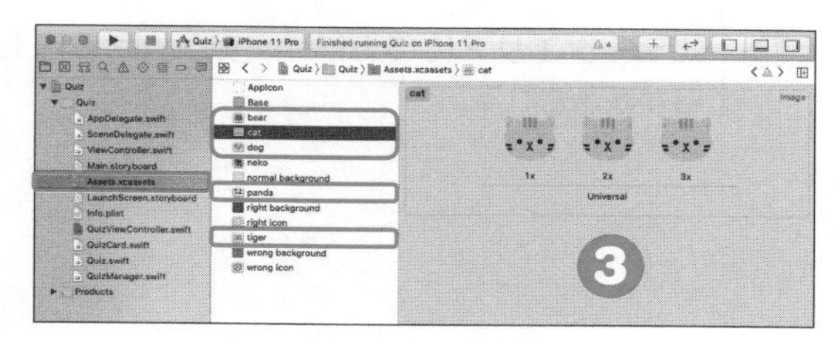

参照

画像を登録するには

→第５章の5.3

出題するクイズ5問、インデックス、スコアの初期化

前の項ではQuizManagerクラスを初期化するinitメソッドを作成しました。initメソッドの中で、各プロパティに初期値を設定しています（手順❷）。プロパティや変数に初期値を設定することを、**初期化**といいます。

QuizManagerクラスで管理するクイズのオブジェクトは、この章の「8.1　クイズを管理しよう」で作成したQuizクラスを利用して作成しました。問題文、正解、画像名の３つで１つのクイズを作成しました。合計で５問のクイズを作成し、quizzesの配列に追加しました（手順❷）。

currentIndexとscoreの値は、これからクイズに回答していくので、それぞれ0としています。statusの値は、クイズの回答中である「.inAnswer」とします。

５問のクイズで利用する画像も、Assets.xcassetsに登録しました（手順❸）。

次の項からは、これらのプロパティを利用して、クイズを管理する処理を実装していきます。

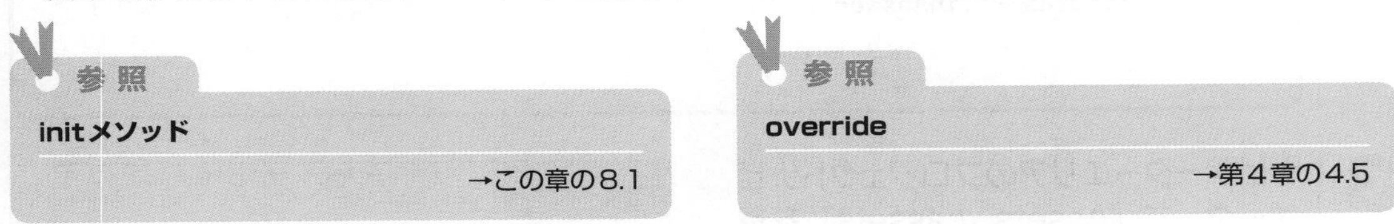

現在のクイズを取得しよう

クイズに順番に回答していくためには、クイズを順番に表示する必要があります。出題する５問のクイズのうち、現在回答するクイズを取得する処理を作成してみましょう。

1 ナビゲーターエリアのプロジェクトナビゲーターで［QuizManager.swift］を選択する。

結果 エディタエリアにQuizManager.swiftの内容が表示される。

Quiz 〉 Quiz 〉 QuizManager.swift 〉 No Selection

```
    enum Status {
        case inAnser
        case done
    }
    var status: Status

    init() {
        quizzes = []
        // 問題文、正解、画像名 でクイズを作成
        quizzes.append(Quiz(text: "人間を超でっかいネコだと思っている？",
                                  correctAnswer: true, imageName: "cat"))
        quizzes.append(Quiz(text: "イヌは食べ物の美味しさを味よりも匂いで判断している？",
                                  correctAnswer: true, imageName: "dog"))
        quizzes.append(Quiz(text: "トラのしましま模様は皮膚まで繋がっていない？",
                                  correctAnswer: false, imageName: "tiger"))
        quizzes.append(Quiz(text: "クマは走る時に全部の足がバラバラに動いている？",
                                  correctAnswer: true, imageName: "bear"))
        quizzes.append(Quiz(text: "パンダのいちばんの好物は笹である？",
                                  correctAnswer: false, imageName: "panda"))

        currentIndex = 0
        score  = 0
        status = .inAnswer
    }

    var currentQuiz: Quiz {
        get {
            return self.quizzes[currentIndex]
        }
    }
}
```

2 initメソッドの後に、1行空けて次のコードを追記する（色文字部分）。

```
        init() {
        (中略)
            status = .inAnswer
        }

        var currentQuiz: Quiz {
            get {
                return self.quizzes[currentIndex]
            }
        }
    }
```

ヒント

コード補完の候補

Xcodeのコード補完の候補の一覧には、Swiftの予約語のほかに、コードで定義した変数やクラスなども定義したとおりに候補の一覧に表示されます。コード補完をうまく利用することで、コードを早く正確に記述することができます。ただし、コードで定義するときにつづりを間違えると、候補の一覧にも間違えたとおりに表示されるので注意しましょう。

```
40
41      var currentQuiz: Quiz {
42          get {
43              return self.q
44          }   V [Quiz] quizzes
45      }       V    Quiz currentQuiz
46  }
47
```

計算型プロパティを利用するには

クイズに順番に回答していくためには、クイズを順番に表示する必要があります。現在のクイズが何番目であるかは、currentIndexプロパティの値からわかります。これを利用して現在のクイズのオブジェクトを参照できるようにします。手順❷のコードでは、**計算型プロパティ**を利用して、「currentQuiz」という名前で現在のクイズオブジェクトを参照できるようにしました。

計算型プロパティとは、自分自身では値を持たずに、他のプロパティなどから値を生成するプロパティのことです。currentQuizプロパティの値が参照されたときに、quizzes配列の中から、currentIndexに該当するクイズのオブジェクトを返します。

計算型プロパティの構文は次のとおりです。

構文 計算型プロパティ

```
var 変数名: 型 [= 初期値] {
    get {
        // 値が参照されたときに行う処理
        return 値
    }
    set(newValue) {
        //値が設定されたときに行う処理
    }
}
```

プロパティを定義した後に、getブロックで値が参照されたときの処理と返す値を定義します。setブロックでは値が設定されたときに行う処理を記述します。getブロックとsetブロックは使う方だけを記述し、使わない方を省略できます。

計算型プロパティは、現在回答するクイズのオブジェクトのように、他のプロパティによって値が決まるオブジェクトを参照するときによく利用されます。

参照

プロパティの監視

→第7章の7.1

クイズのスコアを記録しよう

クイズに正解したときは、スコアをカウントアップ（1を加算）します。このカウントアップの処理を作成しましょう。

1 ナビゲーターエリアのプロジェクトナビゲーターで［QuizManager.swift］を選択する。

結果 エディタエリアにQuizManager.swiftの内容が表示される。

2 currentQuizプロパティの定義の後に、1行空けて**f**と入力する。

結果 「f」で始まる候補の一覧が表示される。

3 候補の一覧から［func - Function Statement］を選択し、Returnキーを押す。

結果 メソッドのひな型が追加される。

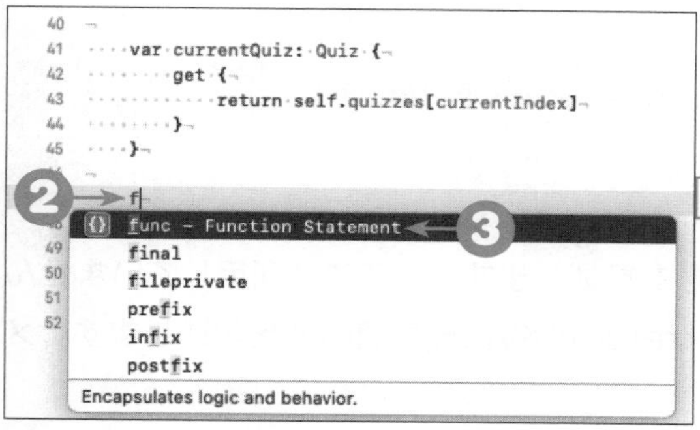

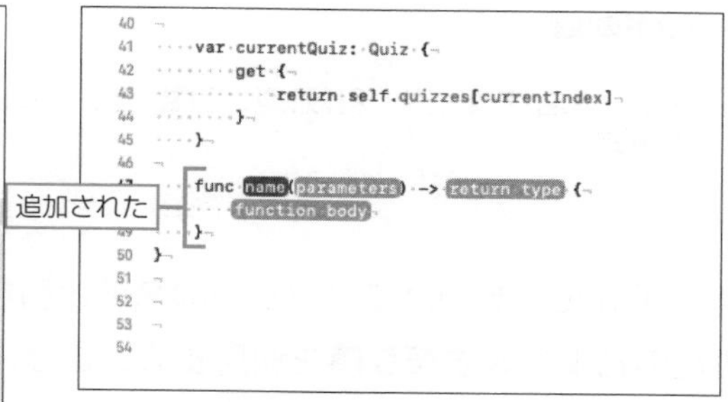

```
40
41     var currentQuiz: Quiz {
42         get {
43             return self.quizzes[currentIndex]
44         }
45     }
46
47     f
       func - Function Statement
       final
       fileprivate
       prefix
       infix
       postfix
       Encapsulates logic and behavior.
```

❷ ❸

```
40
41     var currentQuiz: Quiz {
42         get {
43             return self.quizzes[currentIndex]
44         }
45     }
46
47     func name(parameters) -> return type {
48         function body
49     }
50 }
51
52
53
54
```

追加された

4 追記されたメソッドのひな型を次のように編集する（色文字部分）。

```
        var currentQuiz: Quiz {
            get {
                return self.quizzes[currentIndex]
            }
        }

        func answerQuiz(answer: Bool) {
            if (self.currentQuiz.correctAnswer == answer) {
                score += 1
            }
        }
    }
```

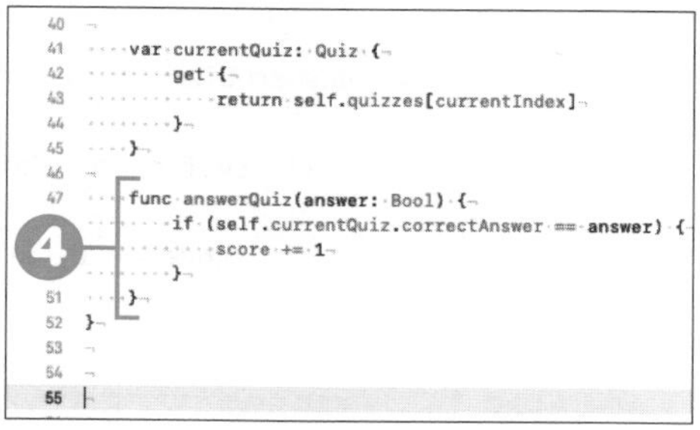

```
40
41     var currentQuiz: Quiz {
42         get {
43             return self.quizzes[currentIndex]
44         }
45     }
46
47     func answerQuiz(answer: Bool) {
48         if (self.currentQuiz.correctAnswer == answer) {
49             score += 1
50         }
51     }
52 }
53
54
55
```

❹

メソッドを定義するには

ここでは「answerQuiz」という名前で、クイズに正解したときにスコアをカウントアップするメソッドを定義しました。メソッドを定義するときは、手順❷～❸のようにコード補完機能を利用し、ひな型を作成して編集します。メソッドの構文は次のとおりです。

構文 メソッドの定義

```
func メソッド名(引数:型, 引数:型, 引数:型, ...) [-> return 戻り値の型] {
    // 処理
}
```

最初に「func」をつけてメソッドの名前と引数を記述します。ここでは利用していませんが、処理の結果を返す**戻り値**を利用するときは、returnの後に戻り値の型を記述します。メソッドの処理はブロックの中に記述します。

クラスのコードにメソッドを定義する手順は、UIの動作と接続してメソッドを定義する手順とは異なります。メソッドの名前や引数などは開発者自身がコードに記述します。

スコアをカウントアップするには

クイズに正解したときは、スコアをカウントアップ（1を加算）します。手順❹では、ユーザの回答を引数にクイズに正解した際にスコアをカウントアップするメソッドを、「answerQuiz」という名前で定義しています。answerQuizメソッドの引数は、クイズの回答を○（true）と×（false）で指定する、「answer」という名前のBool型の変数です。

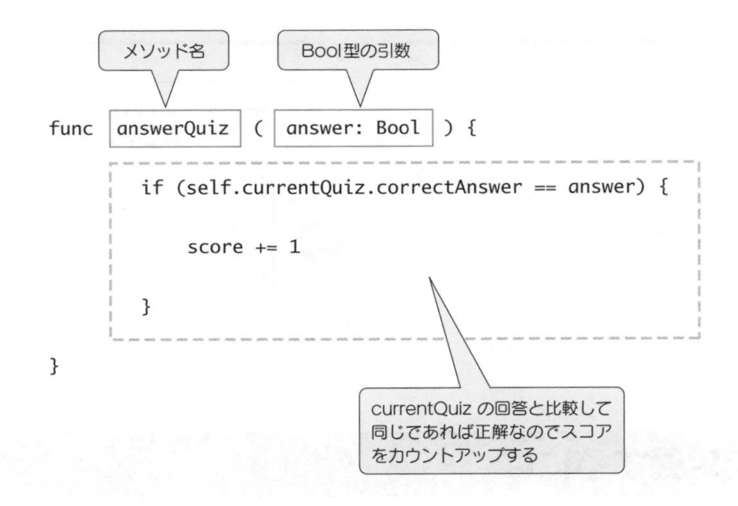

現在のクイズは、先に作成したcurrentQuizプロパティで参照できます。Quizオブジェクトでは、correctAnswerプロパティで正解を取得できます。クイズの正解とユーザの回答が一致したときに、scoreプロパティの値をカウントアップします。

次のクイズを取得しよう

クイズ5問を順番に表示するために、現在のクイズに回答した後に、次のクイズを取得する処理を作成してみましょう。

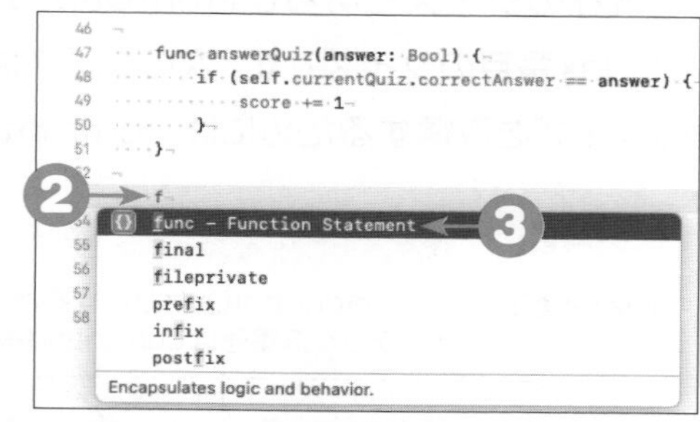

1 ナビゲーターエリアのプロジェクトナビゲーターで［QuizManager.swift］を選択する。

結果 エディタエリアにQuizManager.swiftの内容が表示される。

2 answerQuizメソッドの定義の後に、1行空けてfと入力する。

結果 「f」で始まる候補の一覧が表示される。

3 候補の一覧から［func - Function Statement］を選択する。

結果 メソッドのひな型が追加される。

```
    func answerQuiz(answer: Bool) {
        if (self.currentQuiz.correctAnswer == answer) {
            score += 1
        }
    }

    func name(parameters) -> return type {
        function body
    }
}
```

追加された

4 追加されたメソッドのひな型を次のように編集する（色文字部分）。

```
    func answerQuiz(answer: Bool) {
        if (self.currentQuiz.correctAnswer == answer) {
            score += 1
        }
    }

    func nextQuiz() {
        if currentIndex < quizzes.count - 1 {
            currentIndex += 1
        } else {
            status = .done
        }
    }
}
```

```
    func answerQuiz(answer: Bool) {
        if (self.currentQuiz.correctAnswer == answer) {
            score += 1
        }
    }

    func nextQuiz() {
        if currentIndex < quizzes.count - 1 {
            currentIndex += 1
        } else {
            status = .done
        }
    }
}
```

配列の次の値を取得するには

出題するクイズ5問は、quizzesプロパティで配列として管理されています。quizzes配列の中に、現在のクイズであるcurrentQuizも存在します。currentQuizは、quizzes配列のcurrentIndex番目のクイズです。次のクイズはquizzes配列のcurrentIndex番目のクイズです。次のクイズを取得するためには、currentIndexをカウントアップすればいいことになります。

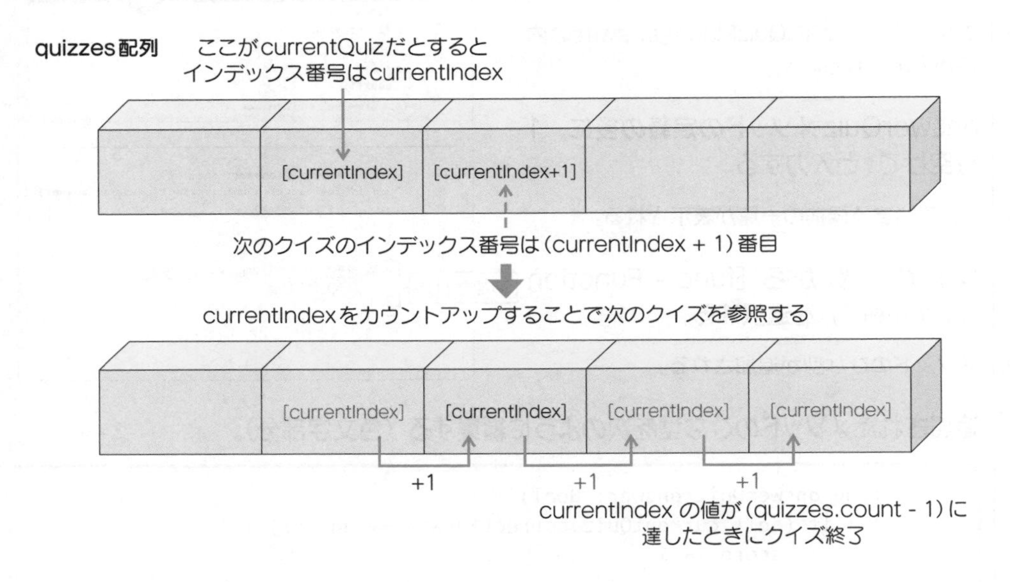

手順❹のコードでは、currentIndexをカウントアップすることで、currentQuizの値が次のクイズになるようにしました。currentIndexプロパティの上限は、quizzes配列の最後の要素のインデックス番号です。quizzes配列の最後の要素のインデックス番号は、quizzes.countプロパティより1少ない値です。currentIndexプロパティが上限に達したときは、statusプロパティの値を「.done」に設定してクイズの回答を終了します。

作成したクラスの機能を確認しよう

作成したQuizManagerクラスの機能を確認してみます。ViewControllerクラスにコードを記述し、クラスのメソッドを実行したりプロパティを参照したりして、期待どおりの処理を行うか確認しましょう。

1 ナビゲーターエリアのプロジェクトナビゲーターで［ViewController.swift］を選択する。

結果 エディタエリアにViewController.swiftの内容が表示される。

2 ViewController.swiftのコードを次のように編集する（取り消し線部分を削除し、色文字部分を追加）。

```
class ViewController: UIViewController {

    override func viewDidLoad() {
        super.viewDidLoad()
        // Do any additional setup after loading the view.

        let q = Quiz(text: "問題文", correctAnswer: true, imageName: "neko")
        print(q.text)
        print(q.correctAnswer)
        print(q.imageName)
        // インスタンス生成
        let quizManager = QuizManager()
        // 最初のクイズの問題文を確認
        print(quizManager.currentQuiz.text)
        // クイズに○回答する
        quizManager.answerQuiz(answer: true)
        // スコアを確認
        print(quizManager.score)
        // 次のクイズを取得
        quizManager.nextQuiz()
        // 次のクイズの問題文を確認
        print(quizManager.currentQuiz.text)
    }
    (中略)
}
```

3 ツールバーの［▶］［実行］ボタンをクリックする。

結果 iOSシミュレーターが起動し、アプリが実行される。

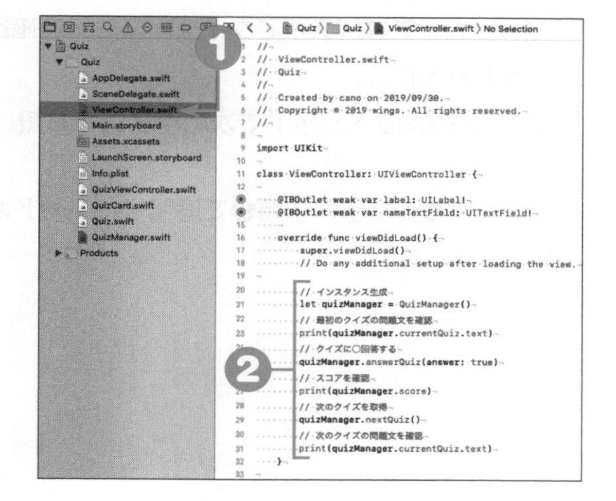

4 コンソールに次の結果が出力されていることを確認する。

```
人間を超でっかいネコだと思っている？
1
イヌは食べ物の美味しさを味よりも匂いで判断している？
```

5 ツールバーの ■ ［停止］ボタンをクリックする。

結果 アプリが終了する。

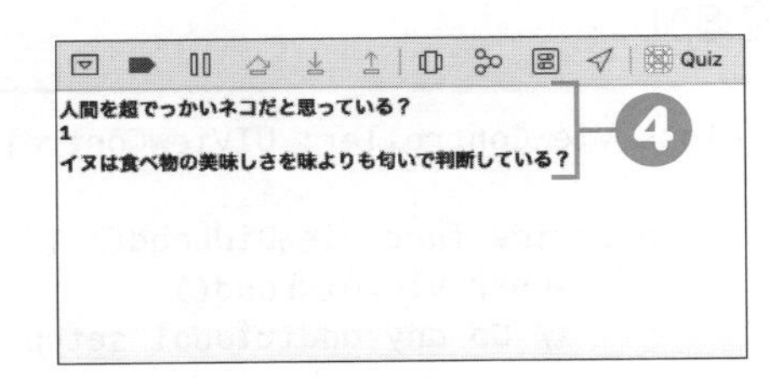

6 手順❹が正しく出力されたら、手順❷で追記したコードを削除する。

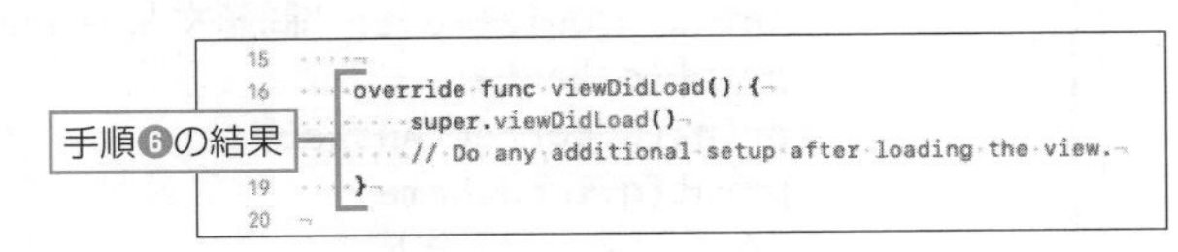

現在のクイズ、クイズへの回答、スコア、次のクイズの確認

作成したQuizManagerクラスの動作を確認するために、ViewControllerクラスのviewDidLoadメソッドの中でQuizManagerクラスを利用する処理を記述しています（手順❷）。クラスのインスタンスを作成後に、次の流れで作成した処理を確認しています。

(1) currentQuizプロパティで最初のクイズを取得し、textプロパティで問題文をコンソールに出力して確認。
(2) answerQuizメソッドを引数trueで実行して最初のクイズに回答。
(3) scoreプロパティでクイズのスコアを確認。(2) の回答が正解なのでコンソールに「1」と出力される。
(4) nextQuizメソッドで次のクイズを参照。(1) と同様にクイズの問題文を確認。

確認が終わったら、手順❷で追記したコードはこの後使わないので削除しておきます（手順❻）。

クイズを表示しよう

前の節で作成したQuizManagerクラスを利用して、クイズを画面に表示してみましょう。

現在のクイズを表示しよう

クイズを表示するときにも、コードでの処理が必要です。ビューコントローラ内に、QuizManagerクラスを利用して現在回答するクイズを表示する処理を追記しましょう。

1 ナビゲーターエリアのプロジェクトナビゲーターで［QuizViewController.swift］を選択する。

結果 エディタエリアにQuizViewController.swiftの内容が表示される。

2 QuizViewController.swiftのコードに次の内容を追記する（色文字部分）。

```
class QuizViewController: UIViewController {
    （中略）
    @IBOutlet weak var quizCard: QuizCard!
    let manager: QuizManager = QuizManager()

    override func viewDidLoad() {
        super.viewDidLoad()

        // Do any additional setup after loading the view.

        self.quizCard.style = .initial
        self.loadQuiz()
        let panGestureRecognizer = ➲
            UIPanGestureRecognizer(target: self, ➲
                                   action: #selector(dragQuizCard(_:)))
        self.quizCard.addGestureRecognizer(panGestureRecognizer)
    }

    func loadQuiz() {
        // クイズの問題文を表示
        self.quizCard.quizLabel.text = manager.currentQuiz.text
        // クイズの画像を表示
        self.quizCard.quizImageView.image = ➲
            UIImage(named: manager.currentQuiz.imageName)
    }
    （中略）
}
```

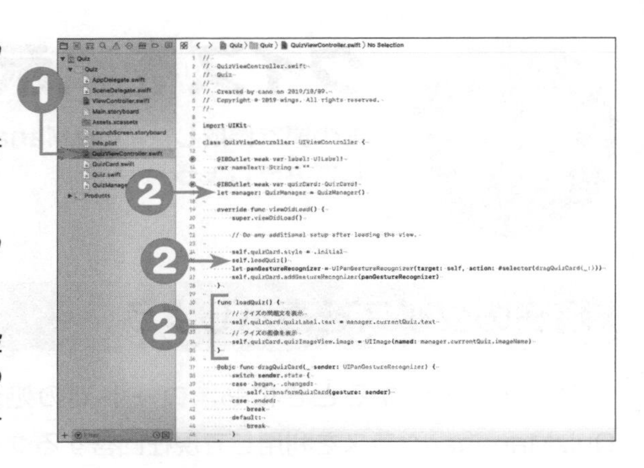

3 ツールバーの［▶］［実行］ボタンをクリックする。

結果▶ iOSシミュレーターが起動し、アプリが実行される。

4 最初の画面で名前を入力し、ボタンをクリックしてクイズ画面まで遷移する。

結果▶ QuizManagerクラスのinitメソッド内で設定した5問のクイズのうち、最初のクイズの問題文と画像がクイズのカードに表示される。

5 ツールバーの［■］［停止］ボタンをクリックする。

結果▶ アプリが終了する。

インスタンスを生成するには

クラスを利用するときには、インスタンスを生成します。ここでは、QuizManagerクラスの冒頭部分で「manager」の名前でQuizManagerクラスのインスタンスを生成しました。

```
let manager: QuizManager = QuizManager()
```

参照

インスタンス

→第4章の4.4

現在のクイズを参照するには

現在回答するクイズは、QuizManagerクラスのcurrentQuizプロパティでQuizオブジェクトとして取得できます。Quizオブジェクトの本文はtextプロパティ、画像の名前はimageNameで参照できます。

クイズのカードは、quizCardの変数で定義済みです。quizCardのLabelオブジェクトのtextプロパティに、Quizオブジェクトの本文を設定します。同様に、quizCardのimageViewオブジェクトのimageプロパティには、Quizオブジェクトの画像名をUIImageクラスの引数で指定して画像として表示できるようにして設定します。

この処理を「loadQuiz」の名前でメソッドとして宣言しています。作成したloadQuizメソッドを、viewDidLoadメソッドの中で実行することで、画面を表示するときに現在のクイズを表示します。

8.4 クイズに回答しよう

クイズに回答する処理を作成しましょう。第7章までで、クイズのカードをドラッグして○か×かでカードの色を変える処理は作成済みです。ここにコードを追記して、クイズに回答する処理を（1）クイズのカードをドラッグして○か×かで回答し、(2）クイズに回答した後にクイズのカードを画面に外に出す、という2段階に分けて作成しましょう。

クイズのカードをドラッグしてクイズに回答する処理を作成しよう

クイズに回答する処理をanswerの名前でメソッドとして定義します。answerメソッドの中で、まずクイズのカードをドラッグして○か×かで回答する処理を作成しましょう。

1 ナビゲーターエリアのプロジェクトナビゲーターで［QuizViewController.swift］を選択する。

結果 エディタエリアにQuizViewController.swiftの内容が表示される。

2 前の節で作成したloadQuizメソッドの定義の後に、1行空けて次の内容でanswerメソッドを追記する（色文字部分）。

```
class QuizViewController: UIViewController {
    （中略）
    func loadQuiz() {
        （中略）
    }

    func answer() {
        // 移動するCGAffineTransformオブジェクト（1）
        var translationTransform: CGAffineTransform
        // X軸方向の移動距離
        let screenWidth = UIScreen.main.bounds.width
        // Y軸方向の移動距離
        let y = UIScreen.main.bounds.height * 0.2

        // 回答によってtranslationTransformの内容を変える（2）
        if self.quizCard.style == .right {
            // ○回答のときは右へ移動
            translationTransform = ➡
                CGAffineTransform(translationX: screenWidth, y: y)
            self.manager.answerQuiz(answer: true)
        } else {
            // ×回答のときは左へ移動
            translationTransform = ➡
                CGAffineTransform(translationX: -screenWidth, y: y)
            self.manager.answerQuiz(answer: false)
```

```
        }
    }
    (後略)
```

```
30    func loadQuiz() {
31        // クイズの問題文を表示
32        self.quizCard.quizLabel.text = manager.currentQuiz.text
33        // クイズの画像を表示
34        self.quizCard.quizImageView.image = UIImage(named: manager.currentQuiz.imageName)
35    }
36
37    func answer() {
38        // 移動するCGAffineTransformオブジェクト (1)
39        var translationTransform: CGAffineTransform
40        // X軸方向の移動距離
41        let screenWidth = UIScreen.main.bounds.width
42        // Y軸方向の移動距離
43        let y = UIScreen.main.bounds.height * 0.2
44
45        // 回答によってtranslationTransformの内容を変える (2)
46        if self.quizCard.style == .right {
47            // ○回答のときは右へ移動
48            translationTransform = CGAffineTransform(translationX: screenWidth, y: y)
49            self.manager.answerQuiz(answer: true)
50        } else {
51            // ×回答のときは左へ移動
52            translationTransform = CGAffineTransform(translationX: -screenWidth, y: y)
53            self.manager.answerQuiz(answer: false)
54        }
55    }
56
```

クイズに回答してカードを移動するには

クイズに回答する際には、クイズのカードを○回答のときは画面の右方向へ、×回答のときは画面の左方向に出します。クイズのカードの位置を移動する処理に関しては、第7章の「7.2　UIを指で動かしてみよう」で説明したとおり、CGAffineTransformオブジェクトを利用します。

クイズのカードを画面の外に出すために、移動先の座標を画面の外に指定します。そのときに、カードのサイズも考慮して、カード全体が画面の外に出るように、X軸方向に画面の幅と同じ距離を移動させます。Y軸方向には、画面の高さの0.2倍移動させ、クイズのカード全体が少し斜め上に移動するようにします。

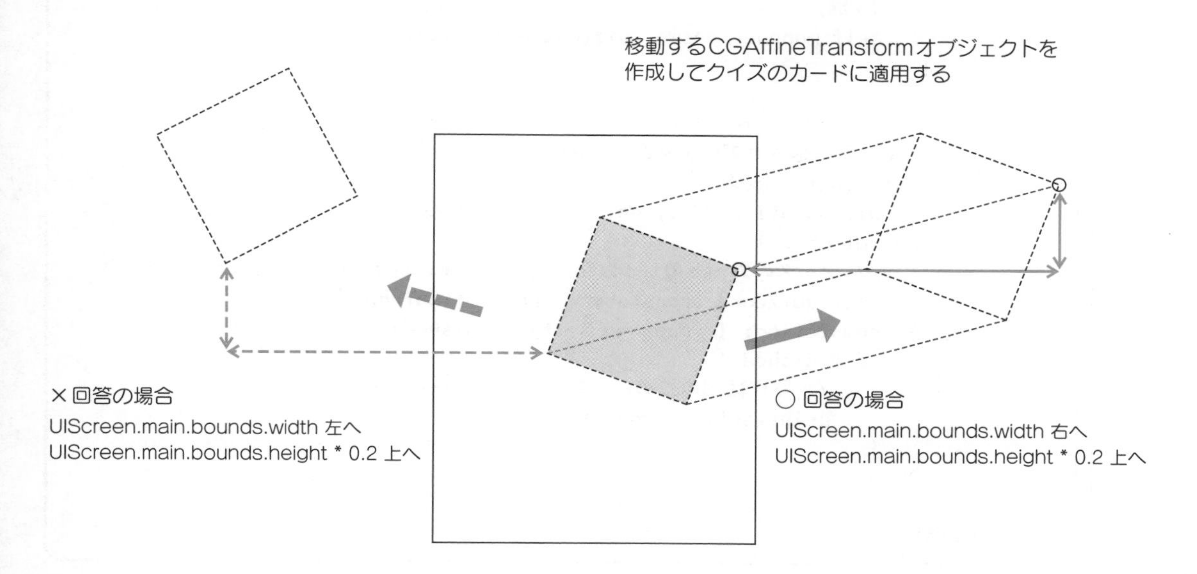

図のように○回答のときはX軸方向を右へ、×回答のときはX軸方向を左に移動させます。クイズに○回答しているか×回答しているかの区別は、quizCardのstyleプロパティで判定します（第7章の「7.2　UIを指で動かしてみよう」を参照）。ここで、CGAffineTransformオブジェクトの移動の方向を指定し、QuizManagerクラスのanswerQuizメソッドでクイズに回答します。

クイズに回答した後にクイズのカードを画面の外に出そう

クイズのカードをドラッグして、クイズに回答した後は、クイズのカードを画面の外に出します。○回答のときは右、×回答のときは左の方向へアニメーションさせながら、画面の外にクイズのカードを出す処理を作成しましょう。

1 ナビゲーターエリアのプロジェクトナビゲーターで［QuizViewController.swift］を選択する。

結果 エディタエリアにQuizViewController.swiftの内容が表示される。

2 先ほど定義したanswerメソッドのコードに次の内容を追記する（色文字部分）。

```
class QuizViewController: UIViewController {
    (中略)
    func answer() {
        (中略)
        // 回答によってtranslationTransformの内容を変える (2)
        if self.quizCard.style == .right {
            (中略)
            self.manager.answerQuiz(answer: false)
        }

        // クイズのカードをアニメーションさせて移動する (3)
        // 0.1秒遅延させて0.5秒でカードを移動する
        UIView.animate(➲
            withDuration: 0.5, delay: 0.1, options: [.curveLinear],
         animations: {
            // クイズのカードのtransformプロパティにtranslationTransformを設定
            self.quizCard.transform = translationTransform
         }, completion: { [unowned self] (finished) in
            if finished {
                // 動作確認のため、スコアをコンソールに表示
                print(self.manager.score)
            }
        })
    }
    (中略)
```

```
36
37     func answer() {
38         // 移動するCGAffineTransformオブジェクト (1)
39         var translationTransform: CGAffineTransform
40         // X軸方向の移動距離
41         let screenWidth = UIScreen.main.bounds.width
42         // Y軸方向の移動距離
43         let y = UIScreen.main.bounds.height * 0.2
44
45         // 回答によってtranslationTransformの内容を変える (2)
46         if self.quizCard.style == .right {
47             // ○回答のときは右へ移動
48             translationTransform = CGAffineTransform(translationX: screenWidth, y: y)
49             self.manager.answerQuiz(answer: true)
50         } else {
51             // ×回答のときは左へ移動
52             translationTransform = CGAffineTransform(translationX: -screenWidth, y: y)
53             self.manager.answerQuiz(answer: false)
54         }
55         // クイズのカードをアニメーションさせて移動する (3)
56         // 0.1秒遅延させて0.5秒でカードを移動する
57         UIView.animate(withDuration: 0.5, delay: 0.1, options: [.curveLinear],
58          animations: {
59             // クイズのカードtransformプロパティ に translationTransform を設定
60             self.quizCard.transform = translationTransform
61          }, completion: { [unowned self] (finished) in
62             if finished {
63                 // 動作確認のため、スコアをコンソールに表示
64                 print(self.manager.score)
65             }
66         })
67     }
68
```

2

クイズのカードの移動をアニメーションするには

クイズに回答した後に、クイズのカードを画面の外に出す処理を、iPhoneアプリらしくアニメーションさせて実行します。Swiftでは、UIViewクラスのアニメーションの構文に沿って処理を記述することで、容易にアニメーションを行うことができます。UIViewクラスでアニメーションを実行するanimateメソッドは、次のように宣言されています。

構文 アニメーションを実行するanimateメソッド

```
UIView.animate(withDuration: %duration%, delay: %delay%,
                             options: %options%,
                             animations: {
                                  // アニメーションさせる処理
                              },
                              completion: { (%finished%) in
                                  // 完了時の処理
                              })

%duration%    アニメーションの実行時間（秒）
%delay%       アニメーションを開始するまでの時間（秒）
%options%     オプション（UIViewAnimationOptionsオブジェクト）
%finished%    アニメーションが実際に終わったか（trueまたはfalse）
```

アニメーションの実行時間、開始するまでの時間やオプションを指定して、animationsブロック内でアニメーションさせる処理を記述します。アニメーションが終わった後の処理は、クロージャの形式でcompletionブロック内に記述します。クロージャについては、後ほど説明します。

オプションについては、**UIViewAnimationOptions**オブジェクトの配列で指定します。UIViewAnimationOptionsオブジェクトは列挙型のオブジェクトで、主な列挙子には次のものがあります。

名前	概要
UIViewAnimationOptions.curveLinear	一定速度で実行
UIViewAnimationOptions.curveEaseIn	徐々に加速しながら実行
UIViewAnimationOptions.curveEaseOut	徐々に減速しながら実行
UIViewAnimationOptions.curveEaseInOut	中盤まで加速、中盤以降は減速しながら実行

ここでは、アニメーションの実行時間に0.5秒、開始までの時間に0.1秒で、一定速度でアニメーションを実行させます。animateブロック内には、先ほど作成したCGAffineTransformオブジェクトをクイズのカードのtransformプロパティに設定する処理を記述しています。この結果、0.5秒かけてクイズのカードを画面の外に出す処理を実行できます。

completionブロックでは、アニメーションが正常に終わったときに、クイズのスコアをコンソールに出力する処理を指定しています。completionブロックの構文は、**クロージャ**という名前のないメソッドの構文です。クロージャの中では、外の変数を参照できません。したがって、completionブロック内でビューコントローラ自身を参照するselfを利用するときは、「[unowned self]」をクロージャの先頭につけます。このようにすることで、「self」でビューコントローラ自身を参照できます。

ここでは動作確認のため、completionブロックの中に、クイズのスコアをコンソールに表示する処理を入れています。

クイズに回答する処理の流れ

ここまで、クイズに回答する処理をanswerメソッドとして作成しました。最後に、作成したanswerメソッドの処理の流れを図にまとめて確認しておきましょう。

移動するCGAffineTransformオブジェクトを
変数名translationTransformで先に宣言しておく(1)

回答によって translationTransform の内容を変える(2)

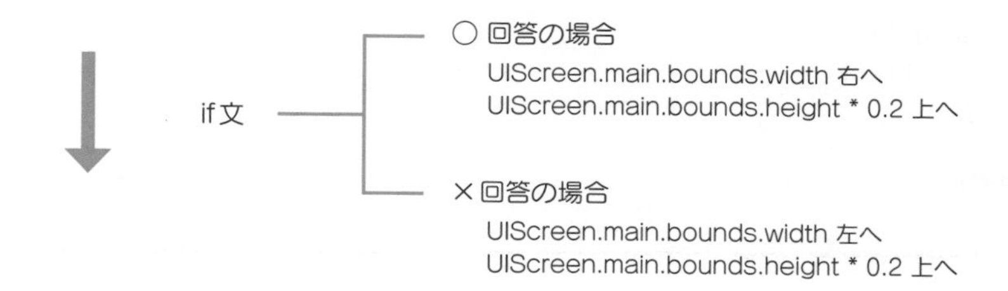

UIViewクラス の animate メソッドでクイズのカードをアニメーションさせて移動する(3)

- 実行時間 0.5 秒
- 実行までに 0.1 秒
- アニメーションさせる処理(クロージャ)
  クイズのカードの transformプロパティ に translationTransform を設定
- 完了時の処理(クロージャ)
  printメソッドでコンソールにスコアを表示

ドラッグの最後にクイズに回答しよう

前の項までで作成したクイズに回答する処理を、ドラッグの最後で実行するようにしましょう。ドラッグが終わったときに、answerメソッドを実行する処理を追記します。

1 **ナビゲーターエリアのプロジェクトナビゲーターで[QuizViewController.swift]を選択する。**

結果 エディタエリアにQuizViewController.swiftの内容が表示される。

```
58                 if finished {
59                     // 動作確認のため、スコアをコンソールに表示
60                     print(self.manager.score)
61                 }
62             })
63     }
64 
65     @objc func dragQuizCard(_ sender: UIPanGestureRecognizer) {
66         switch sender.state {
67         case .began, .changed:
68             self.transformQuizCard(gesture: sender)
69         case .ended:
70             self.answer()   ←❷
71         default:
72             break
73         }
74     }
75 
```

2 dragQuizCardメソッドのコードを次のように編集する（色文字部分を変更）。

```
class QuizViewController: UIViewController {
    (中略)

    @objc func dragQuizCard(_ sender: UIPanGestureRecognizer) {
        switch sender.state {
        case .began, .changed:
            self.transformQuizCard(gesture: sender)
        case .ended:
            self.answer()
        default:
            break
        }
    }
    (中略)
}
```

3 ツールバーの ▶ ［実行］ボタンをクリックする。

結果 iOSシミュレーターが起動し、アプリが実行される。

4 最初の画面で名前を入力し、ボタンをクリックしてクイズ画面まで遷移する。

結果 QuizManagerクラスのinitメソッド内で設定した5問のクイズのうち、最初のクイズの問題文と画像がクイズのカードに表示される。

5 クイズのカードを右方向にドラッグする。

結果 背景色が○回答を示す緑に変化する。

6 クイズのカードを左方向にドラッグする。

結果 背景色が×回答を示す赤に変化する。

7 クイズのカードから指を離す。

結果 クイズのカードが○回答のときは右方向、×回答のときは左方向へ、画面の外にアニメーションしながら移動する。○回答のときは1、×回答のときは0が、コンソールに表示される。

8 ツールバーの ■ [停止] ボタンをクリックする。

結果 アプリが終了する。

ドラッグが終わったときの処理

ドラッグするときの処理に関しては、第7章の「7.2　UIを指で動かしてみよう」で説明しました。ドラッグしたときに実行するdragQuizCardメソッドの中で、UIPanGestureRecognizerオブジェクトのstatusプロパティで、ドラッグ中の状態を参照できます。ドラッグを終えて指を離したときに、「.ended」の状態になります。

このときにanswerメソッドを実行することで、ドラッグを終えて指を離したときに、クイズに回答してクイズのカードを画面の外にアニメーションさせて移動させる動きを行うことができます。

次のクイズを表示しよう

5問のクイズに順番に回答する動きを実装します。現在のクイズに回答した後に、次のクイズを表示する処理を作成しましょう。

次のクイズのカードを表示しよう

クイズのカードにクイズを表示する処理を作成しましょう。クイズに回答した後に、クイズのカードを元の位置に戻して次のクイズを表示する処理を、「showNextQuiz」という名前のメソッドとして作成します。

1 ナビゲーターエリアのプロジェクトナビゲーターで[QuizViewController.swift] を選択する。

結果 エディタエリアにQuizViewController.swiftの内容が表示される。

2 QuizViewController.swiftのコードを次のように編集する（取り消し線部分を削除し、色文字部分を追加）。

```
class QuizViewController: UIViewController {
    (中略)

        // クイズのカードをアニメーションさせて移動する (3)
        // 0.1秒遅延させて0.5秒でカードを移動する
        UIView.animate(➲
            withDuration: 0.5, delay: 0.1, options: [.curveLinear],
         animations: {
            self.quizCard.transform = translationTransform
         }, completion: { [unowned self] (finished) in
            if finished {
                // 動作確認のため、スコアをコンソールに表示
                print(self.manager.score)
                self.showNextQuiz()
            }
        })
    }

    func showNextQuiz() {
        // 次のクイズを取得
        self.manager.nextQuiz()
        // transformプロパティに加えられた変更をリセットし、
        // クイズのカードを元の位置に
        self.quizCard.transform = CGAffineTransform.identity
        // カードの状態を初期状態に
```

```
            self.quizCard.style = .initial
            // クイズを表示
            self.loadQuiz()
        }

        （中略）
    }
```

3 ツールバーの ▶ ［実行］ボタンをクリックする。

結果 iOSシミュレーターが起動し、アプリが実行される。

4 最初の画面で名前を入力し、ボタンをクリックしてクイズ画面まで遷移し、左右いずれかの方向にドラッグしてクイズに回答する。

結果 クイズのカードが画面外に移動する。その後、クイズのカードが元の位置に表示され、次のクイズが表示される。

5 ツールバーの ■ ［停止］ボタンをクリックする。

結果 アプリが終了する。

```
36
37      func answer() {
38          // 移動するCGAffineTransformオブジェクト (1)
39          var translationTransform: CGAffineTransform
40          // X軸方向の移動距離
41          let screenWidth = UIScreen.main.bounds.width
42          // Y軸方向の移動距離
43          let y = UIScreen.main.bounds.height * 0.2
44
45          // 回答によってtranslationTransformの内容を変える (2)
46          if self.quizCard.style == .right {
47              // ○回答のときは右へ移動
48              translationTransform = CGAffineTransform(translationX: screenWidth, y: y)
49              self.manager.answerQuiz(answer: true)
50          } else {
51              // ×回答のときは左へ移動
52              translationTransform = CGAffineTransform(translationX: -screenWidth, y: y)
53              self.manager.answerQuiz(answer: false)
54          }
55          // クイズのカードをアニメーションさせて移動する (3)
56          // 0.1秒遅延させて0.5秒でカードを移動する
57          UIView.animate(withDuration: 0.5, delay: 0.1, options: [.curveLinear],
58           animations: {
59               // クイズのカードtransformプロパティ に translationTransform を設定
60              self.quizCard.transform = translationTransform
61           }, completion: { [unowned self] (finished) in
62              if finished {
63                  self.showNextQuiz()  ← ❷
64              }
65          })
66      }
67
68      func showNextQuiz() {
69          // 次のクイズを取得
70          self.manager.nextQuiz()
71          // transformプロパティに加えられた変更をリセットし、クイズのカードを元の位置に
72          self.quizCard.transform = CGAffineTransform.identity
73          // カードの状態を初期状態に
74          self.quizCard.style = .initial
75          // クイズを表示
76          self.loadQuiz()
77      }
78
```

クイズのカードを再表示するには

クイズに回答すると、クイズのカードは画面の外に移動します。次のクイズを表示するときには、クイズのカードを元の位置に戻す必要があります。

ここでは、CGAffineTransformオブジェクトでの変換をリセットする**CGAffineTransform.identity**オブジェクトを利用します。transformプロパティの値に、CGAffineTransform.identityを設定することで、クイズのカードに対して行った変換がすべてリセットされて元の位置に戻ります。そのときに、quizCardオブジェクトのstyleプロパティの値を.initialにして、クイズの回答前の状態にします。

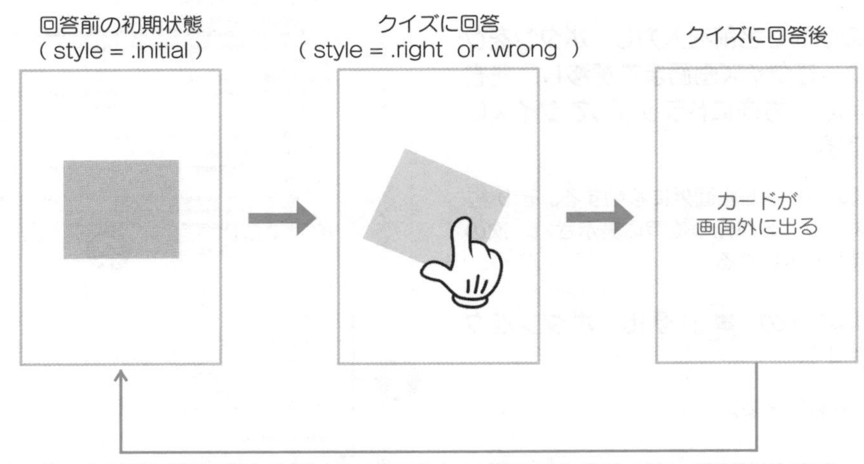

クイズのカードが元の位置に戻ったときに、QuizManagerクラスのnextQuizメソッドで次のクイズを現在のクイズとして取得します。さらにloadQuizメソッドで、現在のクイズをクイズのカードに表示します。この処理をまとめたものが、手順❷で定義したshowNextQuizメソッドです。

次のクイズを表示するには

クイズに回答する処理は、answerメソッドで作成済みです。answerメソッド内のアニメーションを実行した後に、次のクイズを表示する処理を追記します。先ほど作成したshowNextQuizメソッドで次のクイズを表示します。このようにすることで、クイズのカードをアニメーションして次のクイズを表示する処理を実装します。

ここで作成した次のクイズを作成する処理で、クイズに次々と回答していく処理が作成できました。作成したshowNextQuizメソッドと、クイズに回答する処理の流れを図にまとめると次のようになります。

```
func showNextQuiz() {
    // 次のクイズを取得 ——————— (1)
    self.manager.nextQuiz()
    // transformプロパティに加えられた変更をリセットし、
    // クイズのカードを元の位置に ——————— (2)
    self.quizCard.transform = CGAffineTransform.identity
    // カードの状態を初期状態に ——————— (3)
    self.quizCard.style = .initial
    // クイズを表示 ——————— (4)
    self.loadQuiz()
}
```

現在のクイズに回答

クイズのカードをドラッグ（第7章）
・ジェスチャからdragQuizCardメソッドを実行

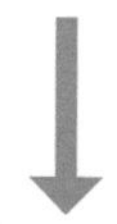

クイズに回答した後

ジェスチャの状態が .ended になるとき（第8章　8.1～8.3）
・answer メソッドを実行
　・アニメーションを実行
　　・クイズのカードを画面の外に出す
　　・終了時にshowNextQuizメソッドを実行

次のクイズを表示

showNextQuiz メソッドを実行（第8章　8.4）

(1) 次のクイズを取得
・QuizManagerクラスのnextQuizメソッドを実行

(2) クイズのカードを元の位置に
・transformプロパティの値を
CGAffineTransform.identityに設定

(3) クイズのカードを元の位置に表示
・quizのstyleプロパティの値を.initialに

(4) クイズを表示
・loadQuiz メソッドを実行

～もう一度確認しよう！～　チェック項目

- □ クラスを新規に作成する方法がわかりましたか？
- □ クラスの初期化処理を定義する方法がわかりましたか？
- □ 計算型プロパティについて理解しましたか？
- □ メソッドの定義と使い方について理解しましたか？
- □ UIを画面の外に出す方法がわかりましたか？
- □ アニメーションを行う構文がわかりましたか？

第 9 章

アプリを完成させよう

ここから先は、クイズの結果画面への遷移やクイズのスコアに応じたメッセージの表示など、アプリのすべての画面を作成します。また、アプリの外観の整備やスプラッシュ画面の作成など、アプリの完成に必要な作業を行います。

この章で学ぶこと

この章では、これまでに学んだ画面遷移や値の受け渡しを復習しつつ、スコアに応じたメッセージを表示する結果画面を作成します。加えて、画面のUIの装飾やスプラッシュ画面を作成します。

(1) 結果画面の作成とクイズ画面からの遷移
(2) スコアに応じたメッセージの表示
(3) ナビゲーションバーの非表示とUIの角丸表示
(4) スプラッシュ画面の作成

その過程を通じて、この章では次の内容を学習していきます。

- **ビューコントローラの作成と値の受け渡し**
- **値の範囲を指定した処理の分岐**
- **CALayerクラスを利用したUIの外見の変更**
- **スプラッシュ画面の作成と設定**

この章ではクイズを管理するクラスの作成から、画面上でのUIの動きとの連携までを学びます。

クイズ5問の回答が終わる

結果画面に遷移して
スコアに応じたメッセージを表示

結果画面を管理するクラスを作成しよう

第5章の「5.1　画面を作成しよう」で作成した管理画面を完成させます。ビューコントローラを作成し、画面遷移ができるようにします。すべてこれまでに説明した事柄なので、ここでは手順のみ記載します。

ビューコントローラのクラスを作成しよう

結果画面を管理するビューコントローラのクラスを作成します。新規にクラスを作成し、ストーリーボードで結果画面を管理するクラスとして設定します。

1 ［File］メニューから［New］－［File］を選択する。

結果▶ 新規ファイル作成画面が表示される。

2 ［Cocoa Touch Class］を選択し、［Next］ボタンをクリックする。

結果▶ 新規クラス作成画面に移動する。

3 ［Class］に**ResultViewController**と入力し、［Subclass of:］で［UIView Controller］を選択して［Next］ボタンをクリックする。

結果▶ 作成したファイルを保存する場所を指定する画面が表示される。

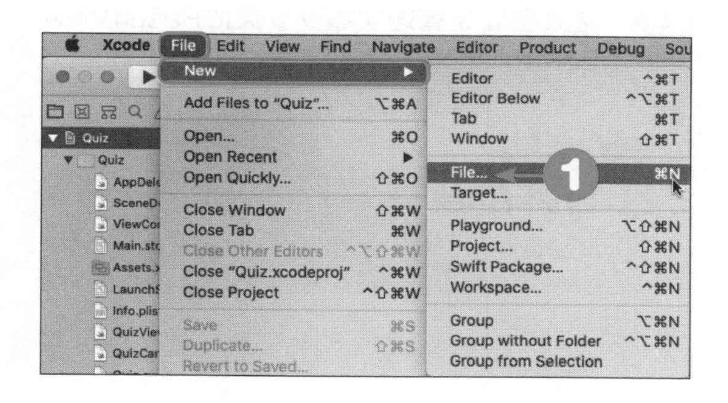

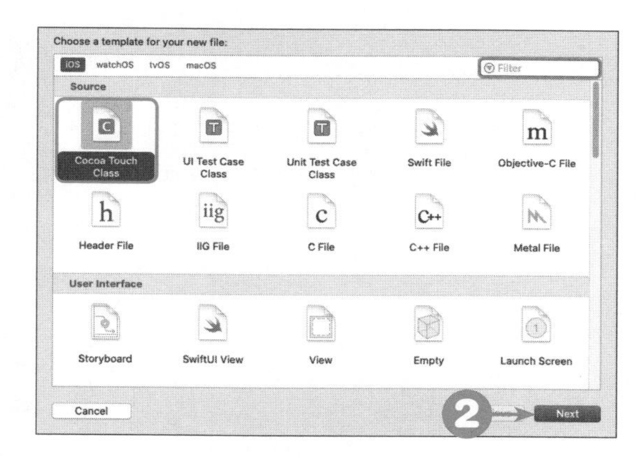

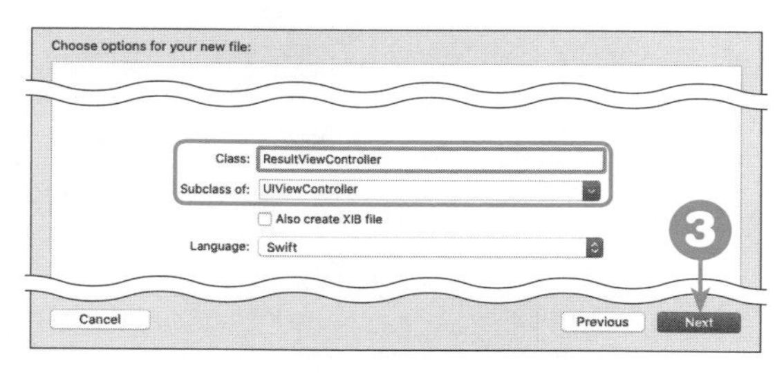

4 ファイルを保存する場所にプロジェクトフォルダの[Quiz]を選択し、[Create]ボタンをクリックする。

結果 [ResultViewController.swift] の名前でResultViewControllerクラスのソースファイルが生成される。

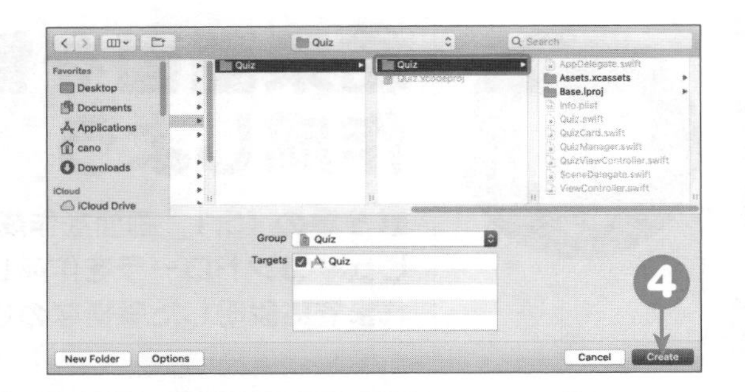

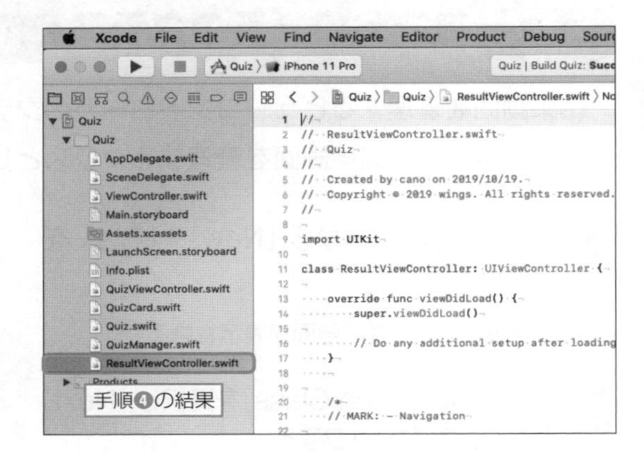

5 ナビゲーターエリアのプロジェクトナビゲーターで[Main.storyboard]を選択し、[結果画面 Scene]−[結果画面]のアイデンティティインスペクタ内の[Custom Class]−[Class]から[ResultViewController]を選択する。

結果 結果画面を管理するクラスにResultViewControllerクラスが設定される。

参照

ビューコントローラ

→第2章の2.3

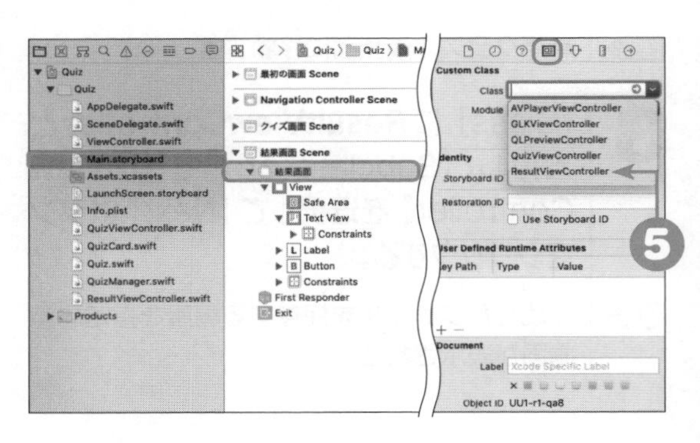

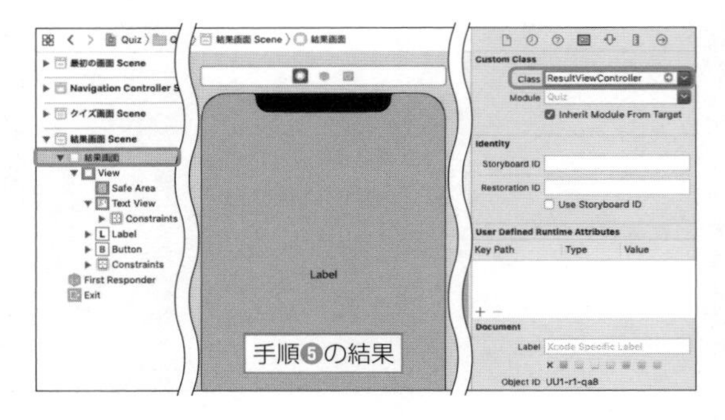

UIとコードを接続しよう

結果画面のUIと、前の項で作成したビューコントローラのコードを接続します。

1 ドキュメントアウトラインから［結果画面 Scene］の［結果画面］を選択し、プロジェクトナビゲーターで［ResultViewController.swift］を Option キーを押しながらクリックする。

結果▶ アシスタントエディタが起動し、ResultViewController.swiftのコードが表示される。

2 ドキュメントアウトラインから［結果画面 Scene］の［Label］を選択し、ストーリーボードでラベルから「class ResultViewController: ~」の行の下に Ctrl キーを押しながらドラッグ＆ドロップする。表示された接続ウィンドウの［Name］に **label** と入力し、［Connect］ボタンをクリックする。

結果▶ 結果画面のラベルと、ResultViewControllerクラスのコードが「label」の名前で接続される。

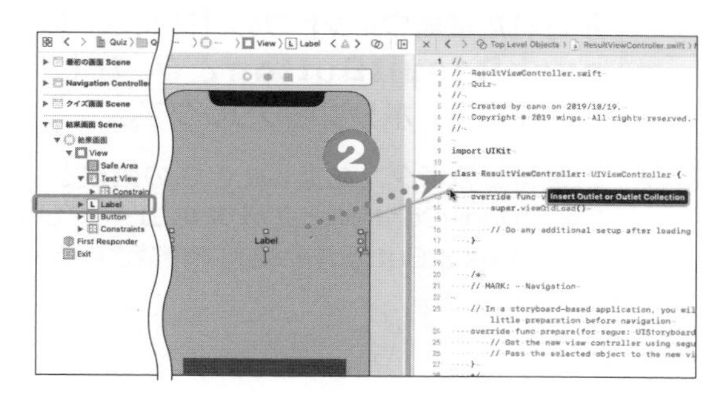

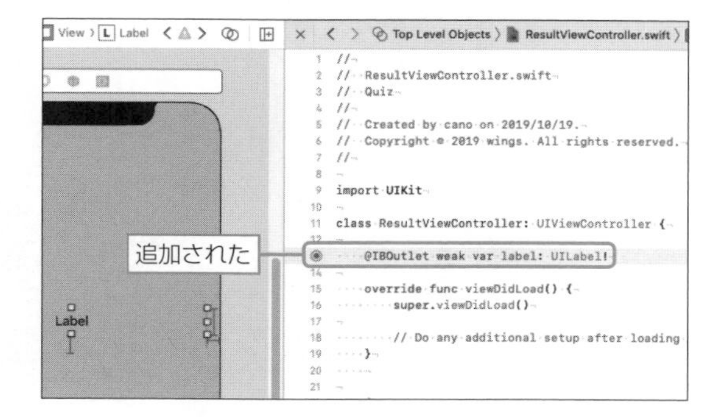

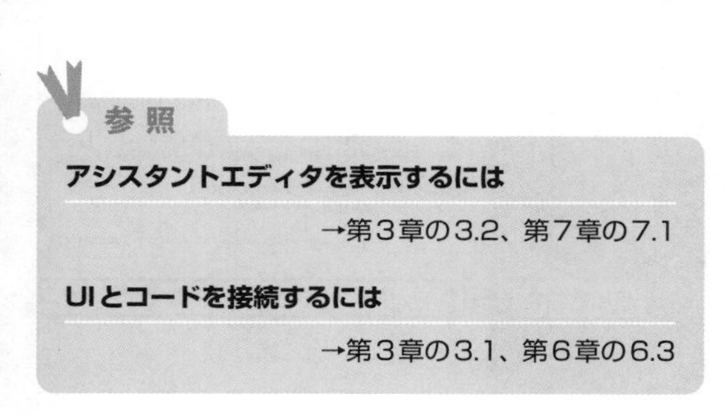
参照

アシスタントエディタを表示するには

→第3章の3.2、第7章の7.1

UIとコードを接続するには

→第3章の3.1、第6章の6.3

3 前の手順と同様に、[結果画面 Scene]の[Text View]をResultViewControllerクラスのコードと**textView**の名前で接続する。ドラッグ&ドロップする位置は、前の手順で追加された行の下にする。

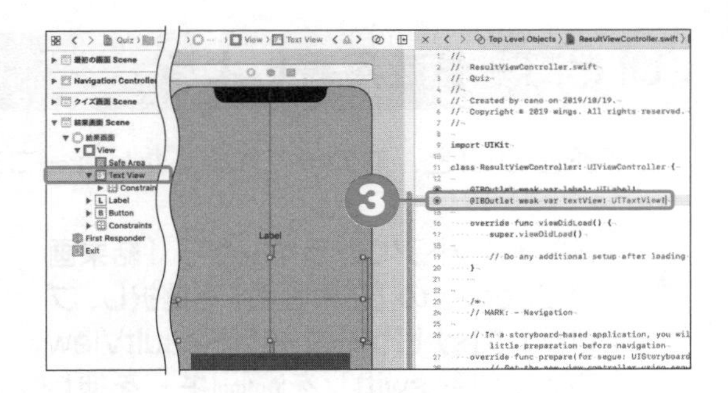

結果▶ 結果画面のテキストビューとコードが「textView」の名前で接続される。

4 ドキュメントアウトラインから[結果画面 Scene]の[Button]を選択し、ストーリーボードでボタンからviewDidLoadメソッドの最後の「}」の下にCtrlキーを押しながらドラッグ&ドロップする。表示された接続ウィンドウの[Name]に**pushResultButton**と入力し、[Connect]ボタンをクリックする。

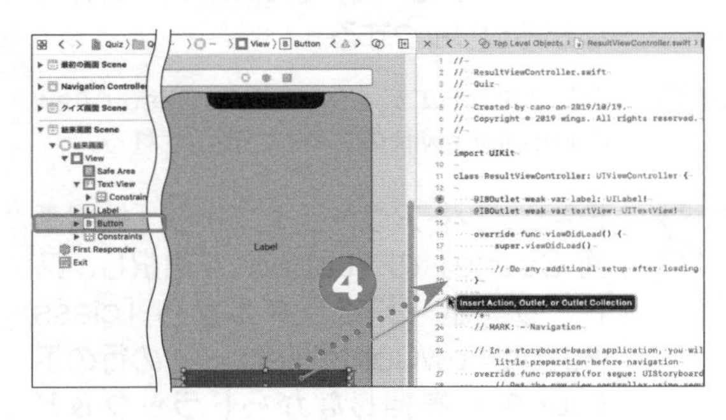

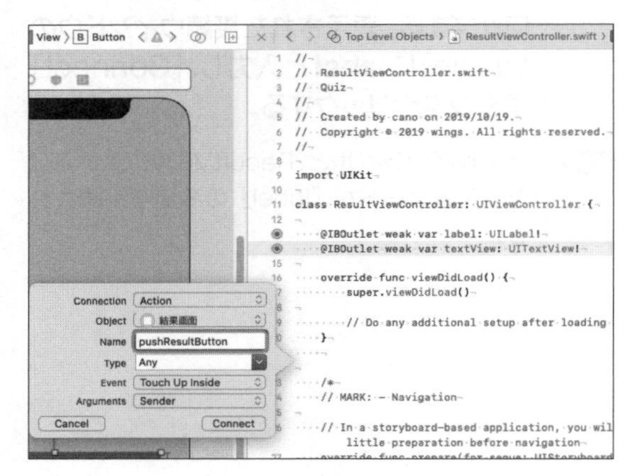

結果▶ 結果画面のボタンを押したときの処理と、ResultViewControllerクラスのコードが「pushResultButton」の名前で接続される。

セグエを定義しよう

クイズ画面から結果画面へ遷移するために、セグエを定義します。そのときに、最初の画面で入力した名前とクイズに回答したスコアを受け取れるように、ビューコントローラにプロパティを作成しておきます。

1 ドキュメントアウトラインから［クイズ画面 Scene］－［クイズ画面］を選択し、ストーリーボードでクイズ画面のビューコントローラのアイコンから結果画面へCtrlキーを押しながらドラッグする。

結果▶ メニューが表示される。

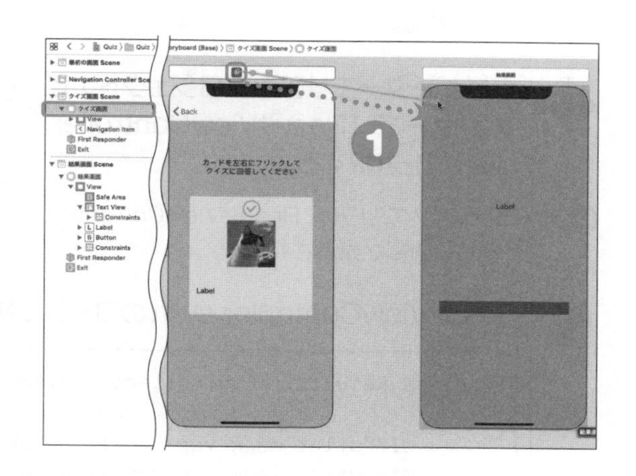

2 表示されたメニューから［Show］を選択する。

結果▶ ［クイズ画面Scene］から［結果画面Scene］へのセグエが表示される。

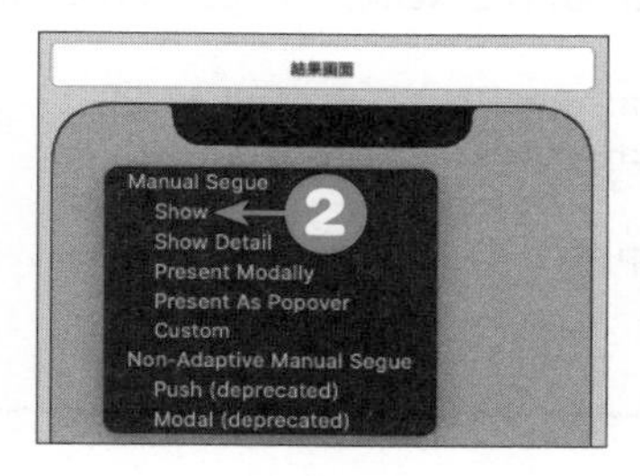

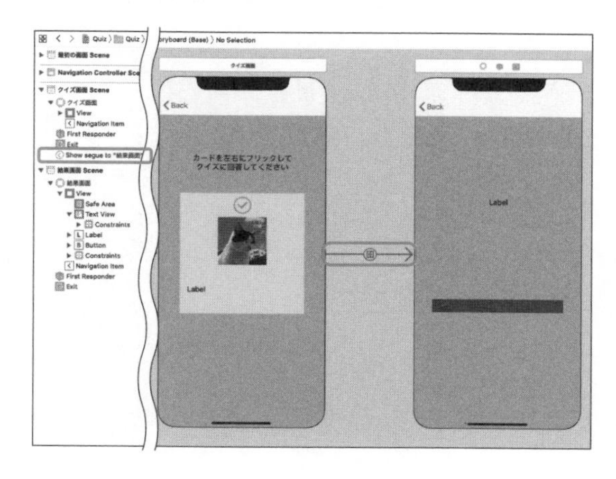

参照

セグエ

→第6章の6.1

3 ドキュメントアウトラインから［クイズ画面 Scene］の［Show segue to "結果画面"］を選択し、アトリビュートインスペクタで［Identifier］に**goToResult**と入力する。

結果 選択したセグエに「goToResult」と名前がつけられる。

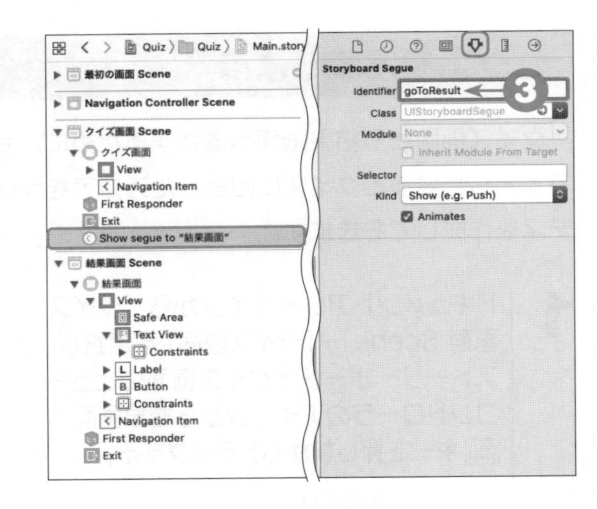

4 ナビゲーターエリアのプロジェクトナビゲーターで［ResultViewController.swift］を選択する。

結果 エディタエリアにResultViewController.swiftの内容が表示される。

5 ResultViewController.swiftのコードに次の内容を追記する（色文字部分）。

```
class ResultViewController: UIViewController {

    @IBOutlet weak var label: UILabel!
    @IBOutlet weak var textView: UITextView!

    var nameText: String = ""
    var score: Int = 0

    （中略）

}
```

```
Quiz 〉 Quiz 〉 ResultViewController.swift 〉 ResultViewC
1  //
2  //  ResultViewController.swift
3  //  Quiz
4  //
5  //  Created by cano on 2019/10/19.
6  //  Copyright © 2019 wings. All rights reserved.
7  //
8
9  import UIKit
10
11 class ResultViewController: UIViewController {
12
13     @IBOutlet weak var label: UILabel!
14     @IBOutlet weak var textView: UITextView!
15
16     var nameText: String = ""
17     var score: Int = 0
18
19     override func viewDidLoad() {
20         super.viewDidLoad()
21
22         // Do any additional setup after loading the view.
23     }
24
```
5

結果画面に遷移させよう

クイズ画面で5問のクイズへの回答が終わった後に、結果画面に遷移する処理を作成します。画面遷移を行うときに、最初の画面で入力した名前と、クイズ画面でクイズに正解したスコアを結果画面に渡します。

クイズに回答した後に結果画面に遷移させよう

第8章の「8.4　クイズに回答しよう」ですべてのクイズに回答した後に、結果画面に画面遷移する処理を作成します。5問目のクイズへの回答が終わった後で、画面遷移を行うように処理を作成します。

1 ナビゲーターエリアのプロジェクトナビゲーターで［QuizViewController.swift］を選択する。

結果　エディタエリアにQuizViewController.swiftの内容が表示される。

2 showNextQuizメソッドのコードに次の内容を追記する（色文字部分）。

```
class QuizViewController: UIViewController {

    (中略)

    func showNextQuiz() {
        // 次のクイズを取得
        self.manager.nextQuiz()
        // クイズに回答中か回答済みかで処理を分岐
        switch manager.status {
        case .inAnswer:
            // transformプロパティに加えられた変更をリセットし、
            // クイズのカードを元の位置に
            self.quizCard.transform = CGAffineTransform.identity
            // カードの状態を初期状態に
            self.quizCard.style = .initial
            // クイズを表示
            self.loadQuiz()
        case .done:
            // カードを非表示にして結果画面へ遷移
            self.quizCard.isHidden = true
            self.performSegue(withIdentifier: "goToResult",sender: nil)
        }
    }
}
```

既存のコードを4桁インデント

3 transformQuizCardメソッドのコードに次の内容を追記する（色文字部分）。

```
class QuizViewController: UIViewController {

    （中略）

    func transformQuizCard(gesture: UIPanGestureRecognizer) {
        （中略）
        if translation.x > 0 {
            self.quizCard.style = .right
        } else {
            self.quizCard.style = .wrong
        }
    }

    // 画面遷移時に呼ばれるメソッド
    override func prepare(for segue: UIStoryboardSegue, sender: Any?) {
        // セグエの遷移先が ResultViewController の場合
        if let resultViewController: ResultViewController = ➡
                segue.destination as? ResultViewController {
            // 名前
            resultViewController.nameText = self.nameText
            // クイズのスコア
            resultViewController.score    = self.manager.score
        }
    }
}
```

Quiz 〉 Quiz 〉 QuizViewController.swift 〉 No Selection

```
67
68      func showNextQuiz() {
69          // 次のクイズを取得
70          self.manager.nextQuiz()
71          // クイズに回答中か回答済みかで処理を分岐
72          switch self.manager.status {
73          case .inAnswer:
74              // transformプロパティに加えられた変更をリセットし、クイズのカードを元の位置に
75              self.quizCard.transform = CGAffineTransform.identity
76              // カードの状態を初期状態に
77              self.quizCard.style = .initial
78              // クイズを表示
79              self.loadQuiz()
80          case .done:
81              // カードを非表示にして結果画面へ遷移
82              self.quizCard.isHidden = true
83              self.performSegue(withIdentifier: "goToResult",sender: nil)
84          }
85      }
86
```

2

ヒント

複数の行をまとめてインデントするには

手順❷ではインデントしたい行を選択し、Xcodeの[Editor]メニューから［Structure］－[Shift Right］を選択する（または⌘＋]キーを押す）と、インデントを1つ分（初期設定では4桁）深くできます。インデントを1つ分浅くするには、[Editor］メニューから［Structure］－[Shift Left］を選択するか、または⌘＋[キーを押します。

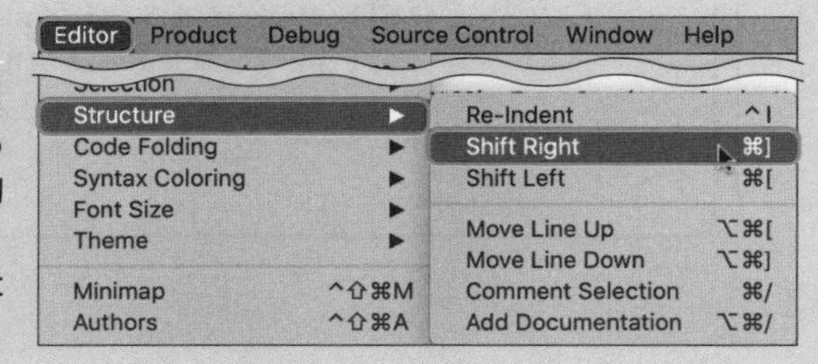

クイズの回答中と回答済みで処理を分岐するには

手順❷は、クイズ画面で次のクイズを表示するshowNextQuizメソッドの変更です。QuizManagerクラスでは、クイズの回答状態をstatusプロパティで、回答中（.inAnswer）か回答済み（.done）かを参照できます。showNextQuizメソッド中で、QuizManagerクラスのstatusプロパティを参照して回答中と回答済みのときで処理を分岐します。

```
func showNextQuiz () {

    // 次のクイズを取得
    self.manager.nextQuiz()

    // クイズに回答中か回答済みかで処理を分岐
    switch self.manager.status {
        // 回答中の場合
        case.inAnswer:
            次のクイズを表示する処理（作成済み）

        // 回答が終わった場合
        case.done:
            結果画面へ遷移する処理（今回作成）
    }

}
```

5問のクイズの回答中であれば、これまでのとおり次のクイズを表示します。5問のクイズに回答済みのときは、セグエを実行して結果画面へ遷移します。

セグエを実行するときに、遷移先のResultViewControllerに名前とスコアを渡します（手順❸）。第6章の「6.3　画面遷移で値を受け渡そう」で行ったように、遷移先のビューコントローラのプロパティにそれぞれの値を設定します。

結果画面に名前とスコアを渡そう

5問のクイズに回答した後に、結果画面に遷移して名前と値の受け渡しができていることを確認しましょう。この手順も第6章の「6.3　画面遷移で値を受け渡そう」で説明済みなので、ここでは復習のつもりでもう一度行います。

1 ナビゲーターエリアのプロジェクトナビゲーターで［ResultViewController.swift］を選択する。

結果 エディタエリアにResultViewController.swiftの内容が表示される。

2 viewDidLoadメソッドのコードに次の内容を追記する（色文字部分）。

```
class ResultController: UIViewController {

    （中略）

    override func viewDidLoad() {
        super.viewDidLoad()

        // Do any additional setup after loading the view.

        print(self.nameText)
        print(self.score)
    }

    （後略）
```

```
 8
 9 import UIKit
10
11 class ResultViewController: UIViewController {
12
   ○    @IBOutlet weak var label: UILabel!
   ○    @IBOutlet weak var textView: UITextView!
15
16     var nameText: String = ""
17     var score: Int = 0
18
19     override func viewDidLoad() {
20         super.viewDidLoad()
21
22         // Do any additional setup after loading the view.
23
24         print(self.nameText)
25         print(self.score)
26     }
27
```

❷

3 ツールバーの ▶［実行］ボタンをクリックする。

結果 iOSシミュレーターが起動し、アプリが実行される。

4 最初の画面で名前を入力し、ボタンをクリックしてクイズ画面まで遷移し、5問のクイズすべてに回答する。

結果 最後のクイズに回答した後に結果画面に遷移し、名前とスコアがコンソールに出力される。

5 ツールバーの ■［停止］ボタンをクリックする。

結果 アプリが終了する。

Quiz

挑戦者
2

手順❹の結果

スコアに応じてメッセージを表示しよう

結果画面では、クイズのスコアに応じてメッセージを表示します。スコアに応じて表示するメッセージを変える処理を作成しましょう。

1 ナビゲーターエリアのプロジェクトナビゲーターで［ResultViewController.swift］を選択する。

結果▶ エディタエリアにResultViewController.swiftの内容が表示される。

2 viewDidLoadメソッドのコードを次のように編集する（取り消し線部分を削除し、色文字部分を追加）。バックスラッシュ（\）はOptionキーを押しながら¥キーを押して入力する。

```
class ResultViewController: UIViewController {
    （中略）
    override func viewDidLoad() {
        super.viewDidLoad()

        // Do any additional setup after loading the view.

        print(self.nameText)
        print(self.score)
        self.label.text = ➡
            "\(self.nameText)さん　あなたのスコアは\(self.score)です。"
                                    全角スペースを１つ入力する
        var text = ""
        switch self.score {
        case 0...2:
            text = "動物に関してあまり興味はないでしょうか？\n\nもっと頑張りま
しょう！"
        case 3,4:
            text = "動物にはかなり詳しい方ですね！\n\nもう少しです！"
        case 5:
            text = "全問正解です！\n\nおめでとうございます！"
        default:
            break
        }
        self.textView.text = text
    }
    （中略）
}
```

3 ツールバーの［▶］［実行］ボタンをクリックする。

結果▶ iOSシミュレーターが起動し、アプリが実行される。

4 最初の画面で名前を入力し、ボタンをクリックしてクイズ画面まで遷移し、5問のクイズ5問すべてに回答する。

結果 最後のクイズに回答した後に結果画面に遷移し、名前とスコアに応じたメッセージが画面に表示される。

5 ツールバーの［■］［停止］ボタンをクリックする。

結果 アプリが終了する。

スコアに応じて処理を分岐するには

手順❷では、switch文を利用してスコアの値に応じて処理を分岐しました。このときに処理を分岐させる条件を、右の図のように3つのパターンで指定しました。

```
// スコアの値で処理を分岐
switch self.score {
    // 0から2までの場合
    case 0...2:          ← 範囲演算子で値の範囲を指定
    // 3または4の場合
    case 3, 4:           ← カンマで区切って複数の値を指定
    // 5の場合
    case 5:              ← 1つの値を指定
}
```

スコアの値が0から2のときは、範囲演算子でスコアの範囲を指定します。スコアの値が3または4のときは、値の範囲が2つなのでカンマで区切って指定します。スコアの値が5のときは、これまでとおり値を1つだけ記述しています。switch文では、このようにcase以下の条件式を別々に指定することもできます。

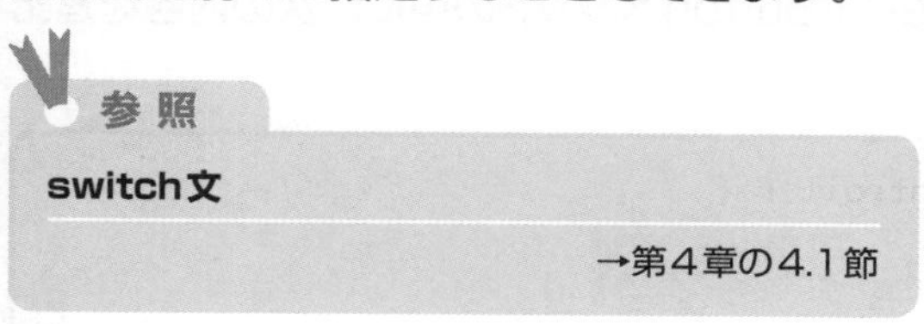

文字列に変数を埋め込む

手順❷では、クイズ画面から受け取った名前とスコアを、次のようにしてラベルに表示しました。

```
        self.label.text = "\(self.nameText)さん  あなたのスコアは\(self.score)です。"
```

文字列の中で「\(」と「)」で変数を囲むと、変数の値を文字列に表示することができます。ここでは、ラベルのtextプロパティに名前とスコアの変数を埋め込んでいます。

文字列に変数を埋め込む構文は次のとおりです。

構文 文字列への変数の埋め込み

```
\(変数)
```

変数をそのまま文字列に埋め込めるため、文字列の結合などの処理を行わなくて済みます。

結果画面から最初の画面に戻れるようにしよう

結果画面のボタンをクリックすると最初の画面に遷移する処理を作成します。

1 ナビゲーターエリアのプロジェクトナビゲーターで［ResultViewController.swift］を選択する。

結果▶ エディタエリアにResultViewController.swiftの内容が表示される。

2 ResultViewControllerクラス内のpushResultButtonメソッドの中に、次の内容を追記する（色文字部分）。

```
class ResultViewController: UIViewController {

    （中略）

    @IBAction func pushResultButton(_ sender: Any) {
        self.navigationController?.popToRootViewController(animated: true)
    }
    （後略）
}
```

3 ツールバーの［▶］［実行］ボタンをクリックする。

結果▶ iOSシミュレーターが起動し、アプリが実行される。

4 5問のクイズすべてに回答し、結果画面でボタンをクリックする。

結果▶ 最初の画面に戻る。

```
Quiz 〉 Quiz 〉 ResultViewController.swift 〉 No Selection
22         // Do any additional setup after loading the view.
23
24         self.label.text = "\(self.nameText)さん　あなたのスコアは\(self.score)です。"
25
26         var text = ""
27         switch self.score {
28         case 0...2:
29             text = "動物に関してあまり興味はないでしょうか？\n\nもっと頑張りましょう！"
30         case 3,4:
31             text = "動物にはかなり詳しい方ですね！\n\nもう少しです！"
32         case 5:
33             text = "全問正解です！\n\nおめでとうございます！"
34         default:
35             break
36         }
37         self.textView.text = text
38     }
39
       @IBAction func pushResultButton(_ sender: Any) {
 ❷→        self.navigationController?.popToRootViewController(animated: true)
       }
43
44     /*
45     // MARK: - Navigation
```

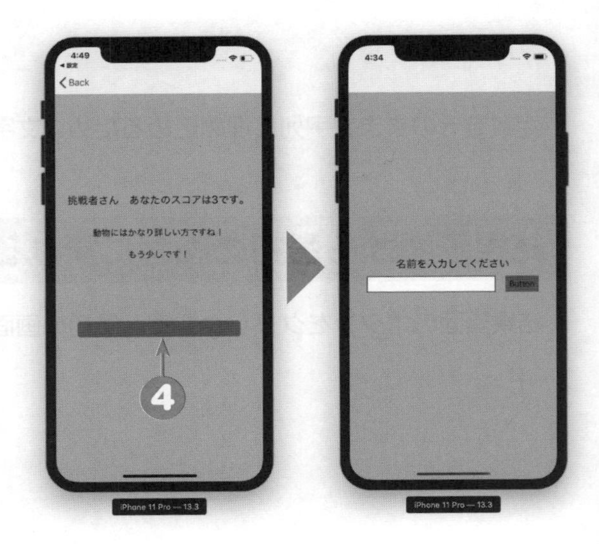

結果画面からの画面遷移

UINavigationControllerクラスのpopToRootViewControllerメソッドは、画面遷移の中で階層のいちばん上のビューコントローラ、つまり、最初の画面に戻ることができます。

UINavigationControllerクラスのpopToRootViewControllerメソッドは、次のように宣言されています。

構文 UINavigationControllerクラスのpopToRootViewControllerメソッド

```
popToRootViewController(animated: %animated%)

%animated%   アニメーションエフェクトを利用する／しない (true ／ false)
```

popToRootViewControllerメソッドの引数は、アニメーションエフェクトを利用するかをtrueまたはfalseで指定します。アニメーションエフェクトを利用しないときは、一瞬で最初の画面に戻ります。

画面を階層的に遷移するUINavigationControllerオブジェクトには、ビューコントローラからは「self.navigationController」でアクセスできます。ただし、UINavigationControllerオブジェクトの管理下にないビューコントローラもあるので、UINavigationControllerオブジェクトが存在するとは限りません。このようなときは、第6章の「6.3　画面遷移で値を受け渡そう」のときと同様に、存在するかわからないオブジェクトの後ろに「?」をつけて利用します。

pushResultButtonメソッドが呼ばれたときにpopToRootViewControllerメソッドを実行することで、ボタンを押したときに最初の画面に戻る処理を実装しました（手順❷）。

アプリの外観を整えよう

各画面ができたところで、外観をもう少しiPhoneアプリらしくします。Interface Builderを使ってナビゲーションバー、テキストフィールド、ボタンの外観を変更してみましょう。

ナビゲーションバーを非表示にしよう

UINavigationControllerクラスで表示されるナビゲーションバーは、本書のサンプルのような一方通行で画面遷移を行うアプリでは不要です。ナビゲーションバーを最初の画面から非表示にしておきましょう。

1 ナビゲーターエリアのプロジェクトナビゲーターで［Main.storyboard］を選択し、ドキュメントアウトラインから［Navigation Controller Scene］を選択する。

結果 ストーリーボードで［Navigation Controller Scene］が選択された状態となる。

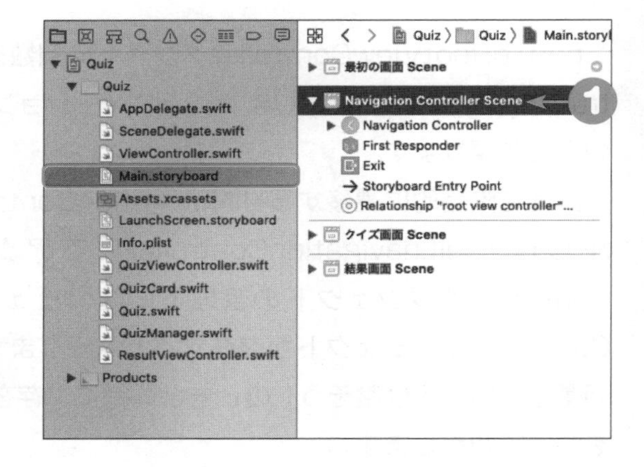

2 アトリビュートインスペクタを表示し、［Navigation Controller］－［Bar Visibility］－［Shows Navigation Bar］のチェックを外す。

結果 Main.storyboardのすべての画面でナビゲーションバーが非表示となる。

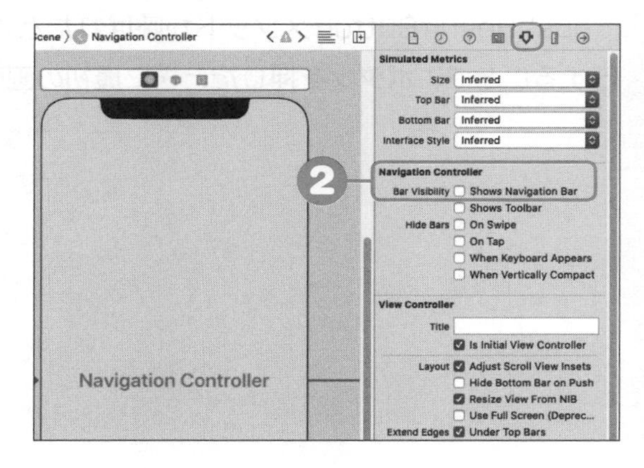

3 ツールバーの ▶ ［実行］ボタンをクリックする。

結果 iOSシミュレーターが起動し、アプリが実行される。

4 最初の画面でナビゲーションバーが表示されていないことを確認する。

5 ツールバーの[■][停止]ボタンをクリックする。

結果 アプリが終了する。

テキストフィールドを角丸で表示しよう

テキストフィールドのように入力を行うUIでは、角を丸くして柔らかい感じで表示することもできます。テキストフィールドの形状は、あらかじめいくつか用意されており、次のようにInterface Builderで設定できます。

1 ナビゲーターエリアのプロジェクトナビゲーターで［Main.storyboard］を選択し、ドキュメントアウトラインから［最初の画面 Scene］の［Name Text Field］を選択する。

結果 ストーリーボードで最初の画面のテキストフィールドが選択状態になる。

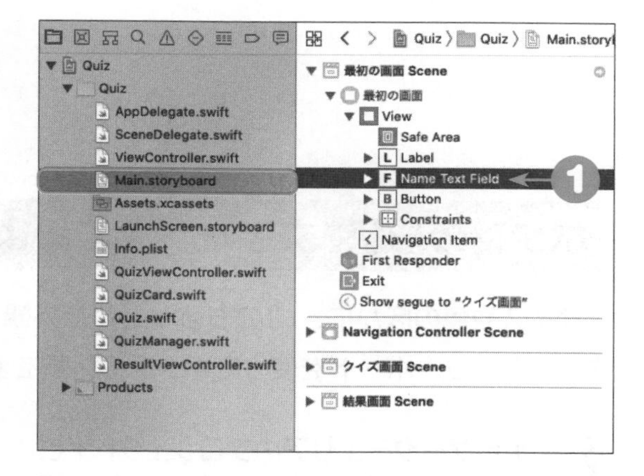

2 アトリビュートインスペクタで［Text Field］－［Border Style］のいちばん右にあるボタンをクリックする。

結果 テキストフィールドの外観が角丸に変更される。

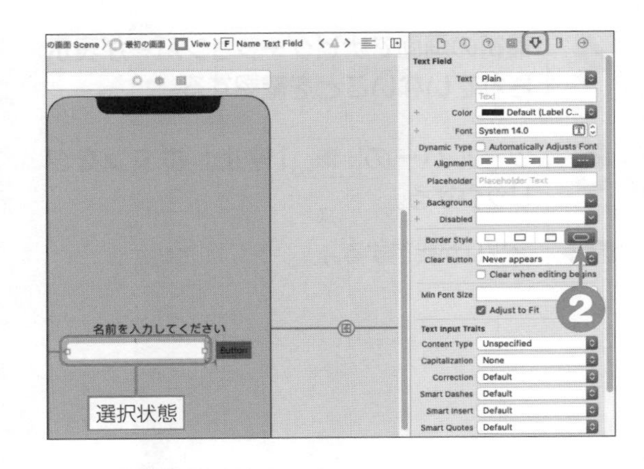

3 ツールバーの［▶］［実行］ボタンをクリックする。

結果 iOSシミュレーターが起動し、アプリが実行される。

4 最初の画面のテキストフィールドが角丸で表示されていることを確認する。

5 ツールバーの［■］［停止］ボタンをクリックする。

結果 アプリが終了する。

ボタンの形状、文字を変えてみよう

サイズや色のほかに、UIのちょっとした外観もInterface Builderで変更することができます。ストーリーボードを使ってボタンの外観を変えてみましょう。

1 ナビゲーターエリアのプロジェクトナビゲーターで［Main.storyboard］を選択し、ドキュメントアウトラインから［最初の画面 Scene］の［Button］を選択する。

結果 ストーリーボードで最初の画面のボタンが選択状態になる。

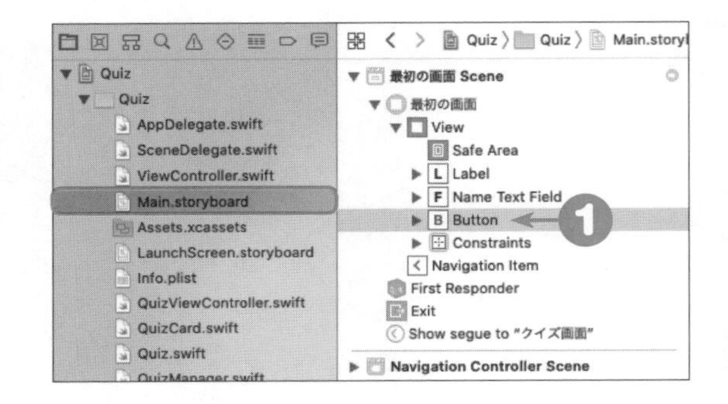

2 アトリビュートインスペクタで[Button]－[Title] の下の入力欄に**次へ**と入力し、[Font] の [Style] を [Bold]、[Size] を [15] に設定し、[Text Color] で [White Color] を選択する。

結果 ボタンのテキストが「次へ」、フォントが [System Bold 15.0]、文字色が白に変更される。

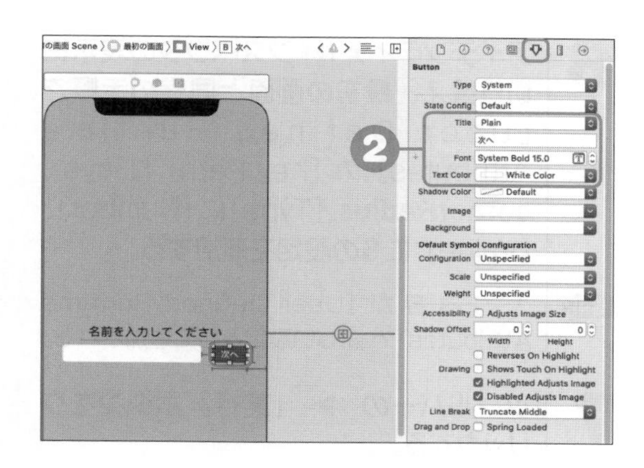

3 アイデンティティインスペクタの表示に切り替え、[User Defined Runtime Attributes] の左下にある [+] ボタンをクリックする。

結果 [User Defined Runtime Attributes] へ新しい設定を追加する行が追加され、編集可能な状態となる。

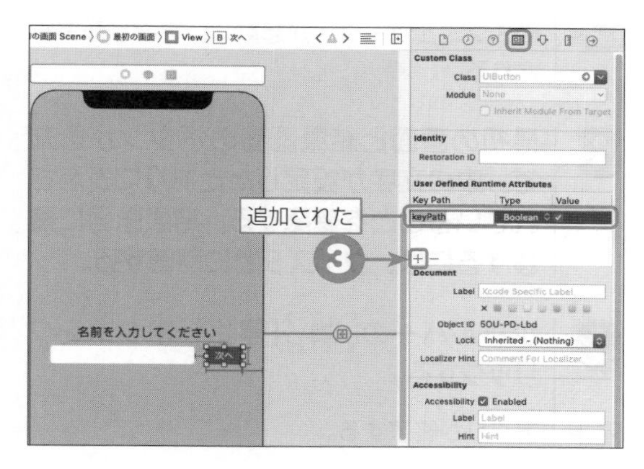

4 追加された行の [Key Path] に**layer.cornerRadius**と入力し、[Type] から [Number] を選択し、[Value] に**6**と入力して Return キーを押す。

結果 入力内容が [User Defined Runtime Attributes] へ新しい設定として追加される。

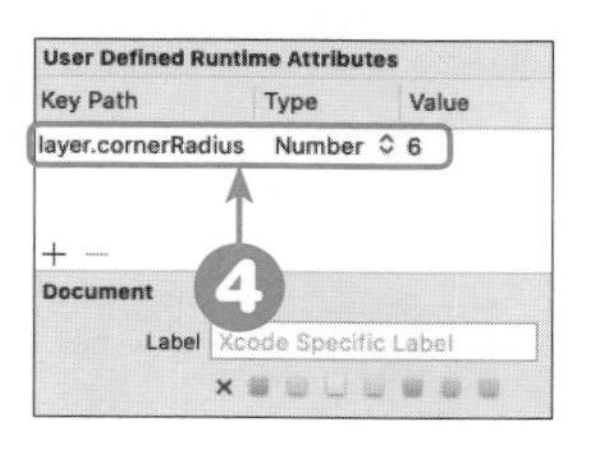

5 最初の画面と同様の手順で、[結果画面 Scene] の [Button] のアトリビュートインスペクタで [Button]－[Title] の下の入力欄に**もう一度チャレンジする**と入力し、[Font] の [Style] を [Bold]、[Size]を[17]に設定し、[Text Color] で [White Color] を選択する。

結果 結果画面のボタンのテキストが「もう一度チャレンジする」、フォントが[System Bold 17.0]、文字色が白に変更される。

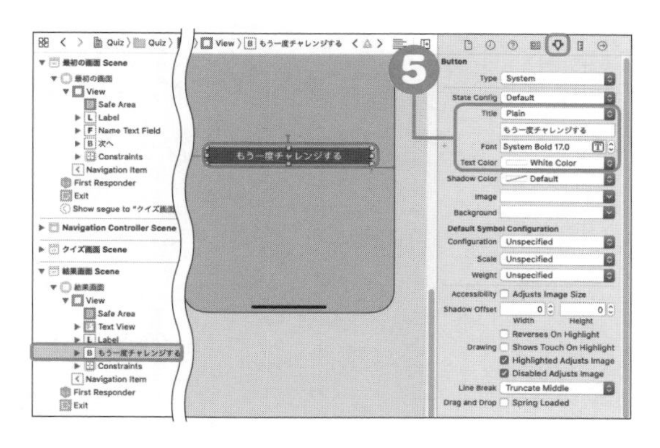

→第3章の3.1

6 アイデンティティインスペクタの表示に切り替え、最初の画面と同様の手順で[User Defined Runtime Attributes]の[Key Path]に**layer.cornerRadius**、[Type]に[Number]、[Value]に**6**の設定を追加する。

結果 入力内容が[User Defined Runtime Attributes]へ新しい設定として追加される。

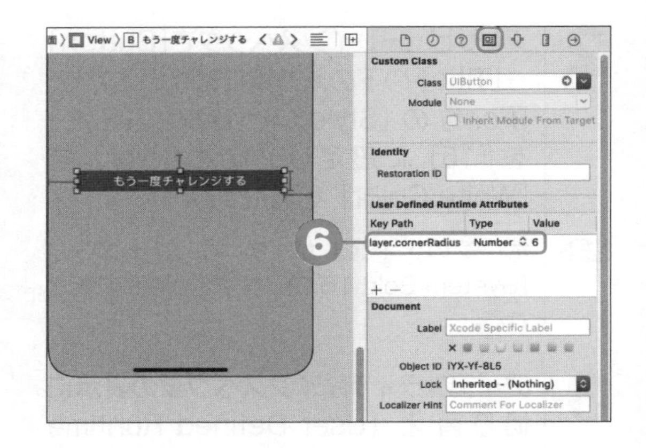

7 ツールバーの ▶ [実行]ボタンをクリックする。

結果 iOSシミュレーターが起動し、アプリが実行される。

8 最初の画面と結果画面のボタンが角丸で、中の文字が設定したとおりに表示されていることを確認する。結果画面に遷移するには、クイズ5問に回答する。

9 ツールバーの ■ [停止]ボタンをクリックする。

結果 アプリが終了する。

外観を管理するCALayerオブジェクト

UIViewオブジェクトは、角丸、枠線、影などの外観を管理する**CALayerオブジェクト**を備えています。CALayerオブジェクトには、UIViewオブジェクトの**layerプロパティ**でアクセスできます。手順❹は、Buttonオブジェクトが持つCALayerオブジェクトに対する設定です。CALayerオブジェクトの角丸を管理するcornerRadiusプロパティに丸くする度合いを設定して、角丸の表示設定を行っています。

CALayerオブジェクトの主なプロパティには次のものがあります。

プロパティ	概要
cornerRadius	角丸の度合い
borderColor	境界線の色
borderWidth	境界線の幅
opacity	不透明度
shadowColor	影の色
shadowOpacity	影の大きさ
shadowOffset	影のズレ
shadowRadius	影のぼかし

これらのプロパティも、手順❹、手順❻のとおりアイデンティティインスペクタの［User Defined Runtime Attributes］で設定できます。ただし、ここで設定した値は、UIのサイズや色の指定と違って、Interface Builderには反映されません。設定した内容の確認は、手順❼のとおりシミュレーターを起動して確認します。

ヒント

cornerRadiusプロパティ

cornerRadiusプロパティの設定値と角丸の度合いについては、Appleの開発者向けドキュメントで確認できます。本書で設定した値「6」は、右の図でradiusの部分です。

※出典：「Setting Up Layer Objects」の「Layers Support a Corner Radius」
https://developer.apple.com/library/archive/documentation/Cocoa/Conceptual/CoreAnimation_guide/SettingUpLayerObjects/SettingUpLayerObjects.html#//apple_ref/doc/uid/TP40004514-CH13-SW18

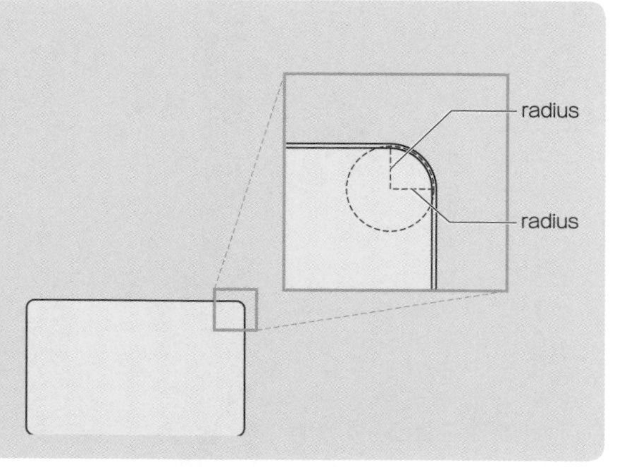

スプラッシュ画面を表示しよう

iPhoneアプリでは、アプリを起動した直後に一瞬だけロゴマークなどの画面が表示されます。この一瞬だけ表示される画面のことをスプラッシュ画面といいます。このスプラッシュ画面を設定してみましょう。

スプラッシュ画面を設定しよう

スプラッシュ画面の設定はストーリーボードから行います。

1 ナビゲーターエリアのプロジェクトナビゲーターで最上位にある［Quiz］を選択し、ドキュメントアウトラインから［TARGETS］－［Quiz］を選択する。［General］タブの［App Icons and Launch Images］－［Launch Screen File］で［LaunchScreen］が選択されていることを確認する。

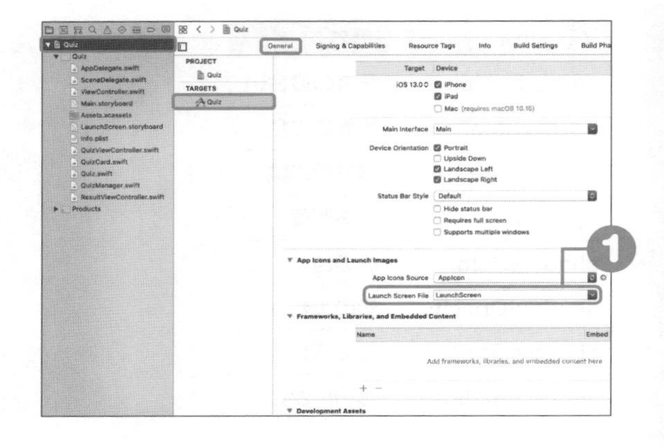

2 ナビゲーターエリアのプロジェクトナビゲーターで［LaunchScreen.storyboard］を選択し、ドキュメントアウトラインから［View Controller Scene］－［View Controller］を選択する。

結果 スプラッシュ画面の［View Controller］の内容がInterface Builderに表示される。

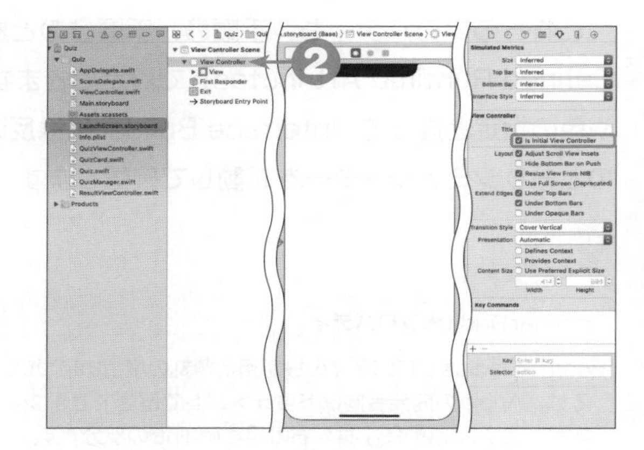

3 ドキュメントアウトラインから［View Controller Scene］－［View Controller］－［View］を選択し、アトリビュートインスペクタの［View］－［Background］から第5章の5.3節で登録した［Base］を選択する。

結果 ［View Controller］の背景色が選択した色に変更される。

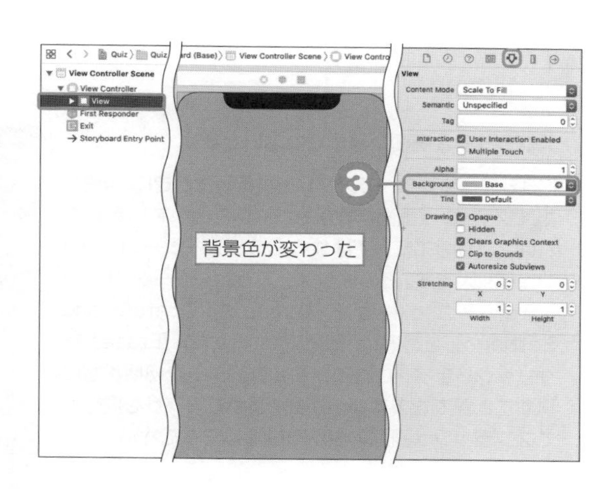

4 ［＋］ライブラリボタンから［Image View］をスプラッシュ画面に追加し、サイズインスペクタでサイズを幅300×高さ167に設定して、画面の中央に配置する。アトリビュートインスペクタに切り替え、［Image View］－［Image］に［top］を選択する。

結果 画面中央に画像topが幅300×高さ167のサイズで配置される。

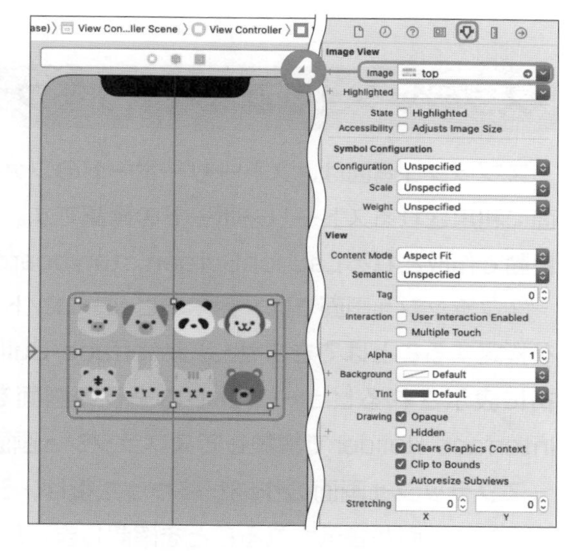

5 ツールバーの［▶］［実行］ボタンをクリックする。

結果 iOSシミュレーターが起動し、アプリが実行される。

6 最初の画面が表示される前にスプラッシュ画面が一瞬表示されたことを確認する。

7 ツールバーの［■］［停止］ボタンをクリックする。

結果 アプリが終了する。

ヒント

スプラッシュ画面が表示されないときは

iOSシミュレーターでアプリを実行したときに、作成したスプラッシュ画面が表示されないことがあります。これはアプリのエラーではなく、シミュレーターのキャッシュが原因です。この場合はシミュレーターの［Hardware］メニューから［Erase All Content and Settings］を選択し、確認ウィンドウで［Erase］をクリックします。これでシミュレーターを初期状態に戻すことができます。その後に改めてアプリを実行してスプラッシュ画面の表示を確認してください。

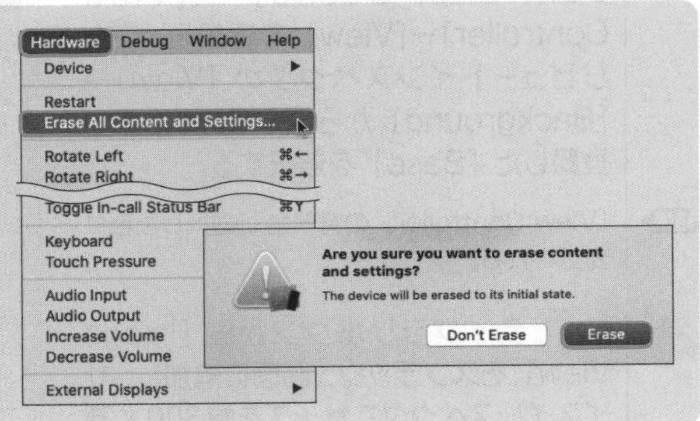

スプラッシュ画面を構成するファイル

スプラシュ画面は、ストーリーボードのファイルで指定します。手順❶は、スプラッシュ画面に利用されるストーリーボードの確認です。初期設定では、プロジェクトを生成したときに自動で作成されるLaunchScreen.storyboardが選択されています。

スプラッシュ画面では、通常のビューコントローラと違って、ビューコントローラのクラスを指定することはできません。Interface Builderのみでスプラッシュ画面を作成します。最初に表示されるビューコントローラの画面を、通常のビューコントローラと同じようにInterface Builderで編集してスプラッシュ画面を作成しました（手順❸〜❹）。

スプラッシュ画面の作成が終わった後は、シミュレーターを起動して実際に作成したスプラッシュ画面が表示されることを確認しました（手順❺）。

〜もう一度確認しよう！〜　チェック項目

- □ ビューコントローラの作成から画面遷移、値の受け渡しまでの一連の手順を理解できましたか？
- □ switch文による処理の分岐がわかりましたか？
- □ ナビゲーションバーを非表示にする設定がわかりましたか？
- □ ボタンを角丸にする方法がわかりましたか？
- □ スプラッシュ画面の作成について理解しましたか？

第10章

アプリをiPhoneで動かしてみよう

この章では、作成したアプリをmac端末からiPhone実機にインストールして動作確認を行うまでの一連の手順と、インストールするために必要な事柄について学びます。

この章で学ぶこと

この章では、作成したクイズアプリをiPhone実機で動作確認することと、その手順について学びます。

- **Apple Developer Programへの登録**
- **Xcodeでのアプリの転送設定に関する手順**
- **クイズアプリのiPhone実機への転送**
- **iPhone実機でのクイズアプリの動作確認**

10.1 実機での動作確認を行う前に

ここから先は、作成したクイズアプリをiPhoneの実機にインストールして動作確認を行う手順について説明します。はじめに、実機での動作確認に必要な事柄を整理しておきましょう。

実機での動作確認に必要なもの

作成したiPhoneアプリをiPhoneの実機にインストールすることを「実機に**転送**する」といいます。実機への転送は、Xcodeからライトニングケーブルでmac端末にiPhone実機を接続して行います。iPhone実機での動作確認に必要なものは次の表のとおりです。

項目	概要	必須
mac	Xcodeをインストールしたmac端末	○
iPhone	iOS 8以上のiOSをインストールしたiPhoneの実機	○
ライトニングケーブル	iPhoneとmacを接続するケーブル（iPhoneの付属品）	○
Apple Developer Programへの登録	Appleへの開発者登録	—

当然ですが、Xcodeをインストールしたmac端末、iPhone実機、mac端末とiPhone実機をつなぐライトニングケーブルは必須です。mac端末に関しては、第1章の1.2節の「iPhoneアプリの作成に必要なもの」で説明したとおりです。iPhone実機に関しては、本書ではiOS 13.0以上がインストールされている端末を利用してください。iPhone実機にインストールされているiOSのバージョンは、［設定］アプリの［一般］－［情報］で表示される一覧の［システムバージョン］の部分で確認できます。

Apple Developer Programに関しては、少し長くなるので次の節で改めて説明します。

16:41
＜一般　情報
名前　iPhone 11 Pro ＞
システムバージョン　13.3
機種名　iPhone 11 Pro
モデル番号　MWCC2J/A
シリアル番号
限定保証　有効期限: 2020/09/26 ＞
曲　142
ビデオ　248
写真　1,795
App　174
容量　256 GB
使用可能　199.53 GB
Wi-Fiアドレス

アプリを実機に転送する手順を見ておこう

この章で説明するアプリをiPhone実機に転送する手順の流れは次のとおりです。

（1）Apple Developer Programへの登録
（2）iPhoneの名前を設定する方法
（3）XcodeでApple IDやアプリのアイコンを設定する手順
（4）XcodeでアプリをiPhone実機へ転送する手順

なお、Apple Developer Programに登録する前には、Apple IDでの認証を二重化する**2ファクタ認証**を有効にしておく必要があります。

2ファクタ認証とは、Apple IDを使った認証の際に、すでに利用しているiPhone実機やmac端末にAppleから確認コードが送信され、その確認コードでもう一度認証を行うというセキュリティの高い認証方式です。

この章では、Apple Developer Programへ登録する前に、iPhone実機を使って2ファクタ認証を有効にする手順も説明します。

アプリをiPhone実機へ転送する前には、iPhoneとXcodeでも若干の設定を行う必要があります。これらについては順を追って説明します。

iPhoneの呼び方

アプリ開発においてiPhone自体を指す場合は、「iPhone実機」や「iPhone端末」という呼び方をします。単に「iPhone」というと、iPhoneの機種や実機など意味が広くなるので、このような呼び方で区別します。

Apple Developer Program に登録しよう

Apple Developer Program へ個人の開発者として登録する手順を説明します。

Apple Developer Programとは

Apple Developer Programとは、第1章でも軽く触れたとおり、作成したiOSアプリやmacOSアプリをApp Storeで公開するために必要なライセンスです。もともとは、iOSアプリとmacOSアプリで別々にDeveloper Programが存在していましたが、Apple Developer Programとして統合されました。Apple Developer Programでは、App Storeでのアプリ公開だけでなく、Appleが開発者向けに公開しているドキュメントを参照できたり、ベータ版として公開されたmacOSやiOS、Xcodeを利用できるといった特典もあります。

iOS 9以前では、iPhone実機へのアプリの転送にもApple Developer Programが必要でした。現在は、この制限はなくなり、Apple IDだけでアプリの転送ができます。ただし、iOS 9以前も実機への転送条件が何度か変更されているため、今後再びApple Developer Programが必要になるとも限りません。また本書では、作成したアプリのApp Storeでの公開までを扱うので、ここでApple Developer Programへ登録する方法も説明します。

Apple Developer Programに登録するには

Apple Developer Programに登録するには、個人または組織向けの有償のプログラムを購入する必要があります。プログラムの有効期間は1年で、年単位で課金されます。2019年10月現在の価格は、1年あたり11,800円です。

Apple Developer Programに登録した後は、作成したiPhoneアプリをApp Storeで公開することができます。Apple Developer Programに登録するため必要なものは、料金の決済を行うためのApple IDのみです。登録の流れは次のとおりです。

（1）Apple Developer Programの利用規約への同意
（2）開発者の連絡先情報の登録
（3）料金の決済

（1）と（2）は、Apple Developer Programのページで行います。（3）はApp Storeで行います。ここでは、（1）と（2）の手順について説明します。

Apple Developer Programで使われている用語

Apple Developer Programは、以前はiOSアプリとmacOSアプリで別々にDeveloper Programが存在していたり、公式ページ上でも「登録」や「参加」と言葉が分かれていたりしました。そのため、現在でもApple Developer Programのことを「iOSアプリ開発ライセンス」などと呼ぶこともあります。

Apple Developer Programの種類

Apple Developer Programは、開発者に応じて次の種類に分かれています。

名前	概要
Individual / Sale Proprietor / Single Person Business	個人の開発者
Nonprofit Organization	NPO
Accredited Educational Institution	学校法人や教育関係
Company / Organization	企業、法人、任意団体
Government Organization	行政関係

本書では、個人の開発者としてプログラムに参加するため、以降で説明する登録手順では［Individual / Sole Proprietor / Single Person Business］を選択します。

2ファクタ認証を設定しよう

Apple Developer Programへ登録する前に、Apple IDの2ファクタ認証を有効にしておく必要があります。ここでは、iPhone実機を利用して2ファクタ認証を有効にする方法を説明します。

1 Apple Developer Programへ登録するApple IDでiPhone実機にサインインする。

2 iPhoneの［設定］アプリを起動し、Apple IDのユーザ名が表示されている部分をタップして［パスワードとセキュリティ］をタップする。

結果 現在の2ファクタ認証の設定が表示される。［2ファクタ認証］の欄に［オン］と表示されているときは、2ファクタ認証がすでに有効になっているので以降の手順は必要ない。［オフ］の場合のみ、次の手順に進む。

3 ［2ファクタ認証を有効にする］をタップする。

結果 2ファクタ認証の設定を行う旨の確認画面が表示される。

4 ［続ける］をタップする。本人確認が必要であるという内容の画面が表示されたときは［続ける］をタップする。

結果 Apple IDを登録したときのセキュリティ質問に回答する画面が表示される。

5 セキュリティ質問が全部で2問表示されるので、2問とも回答する。

結果 2ファクタ認証で利用する電話番号の確認画面が表示される。

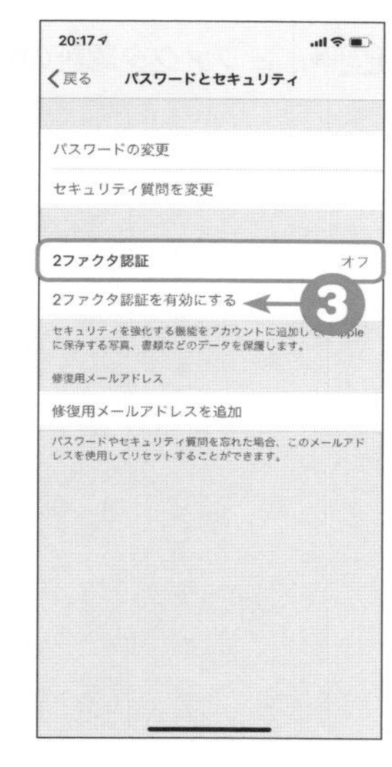

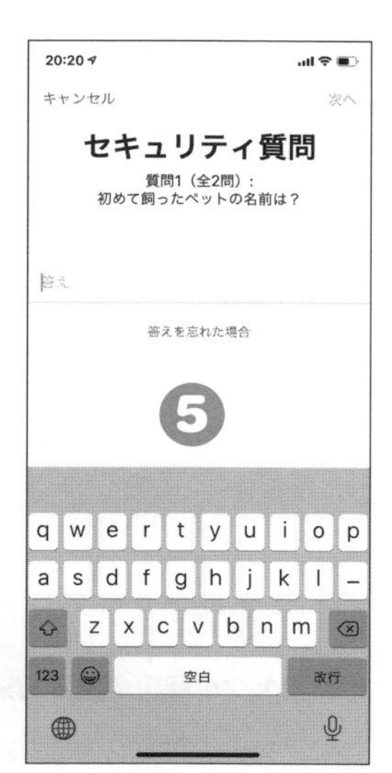

6 ［続ける］をタップする。

結果 ［設定］アプリに戻り、2ファクタ認証が有効になるまで「検証中」と表示される。

7 「検証中」の表示が消えると、［2ファクタ認証］の［オン］の表示が確定する。

結果 2ファクタ認証の設定が完了する。

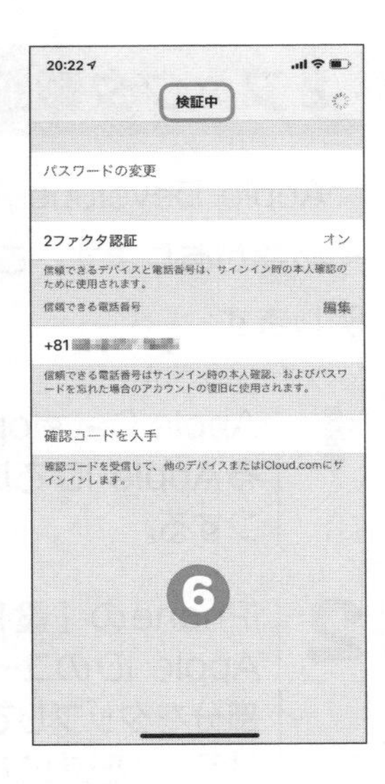

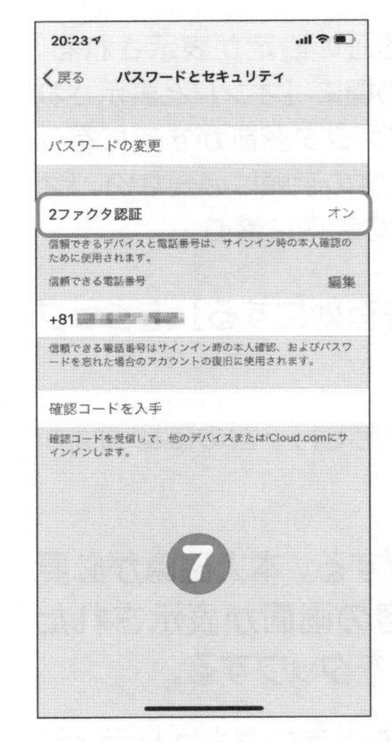

ヒント

2ファクタ認証の設定方法

2ファクタ認証の設定はiPhoneだけでなく、macやiPadなどの端末でも行うことができます。詳しくは、Appleのサポートページで確認できます。

「Apple IDの2ファクタ認証」
https://support.apple.com/ja-jp/HT204915

注意

2ファクタ認証の設定手順

本書ではiOS 13.3のiPhone実機で2ファクタ認証を行いました。iOSのバージョンが13.3以外の場合は、2ファクタ認証の画面が本書と異なることがあります。その場合は実際に表示される画面に従って2ファクタ認証を設定してください。

Apple Developer Programに連絡先情報を登録しよう

Apple Developer Programへの登録に必要な手順は次の4つです。

- ・Apple Developer Programの種類の選択
- ・開発者の連絡先の登録
- ・利用規約への同意
- ・App Storeでの利用料金の決済

Apple Developer Programへの登録は、登録画面に表示される指示に従って進めます。本書の発行後に、画面の内容や表示される順番が変わることがあります。そのときは画面の説明をよく読んで、ここで説明する手順を読み替えてください。

1 mac端末のSafariでApple Developer Programのサイト(https://developer.apple.com/jp/programs/）を開く。

結果 Apple Developer Programのトップページが表示される。

2 画面右上の［登録］ボタンをクリックする。

結果 Apple Developer Programへの登録に必要な情報を確認する画面に移動する。

3 ページの下までスクロールし、［登録を開始する（英語)］ボタンをクリックする。

結果 Apple Developerへサインインする画面に移動する。

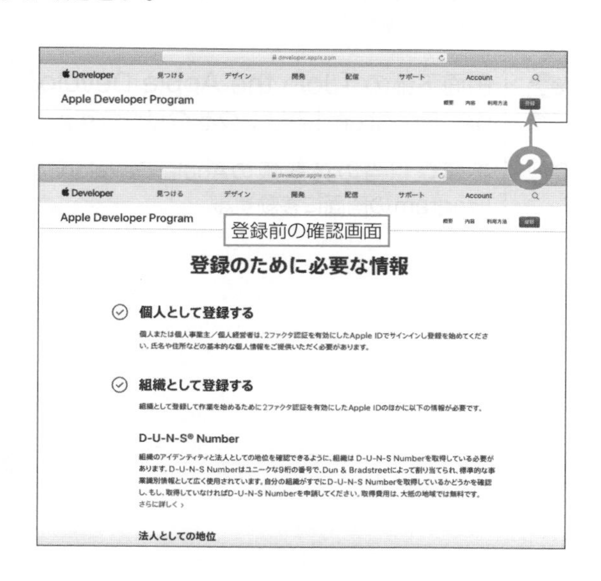

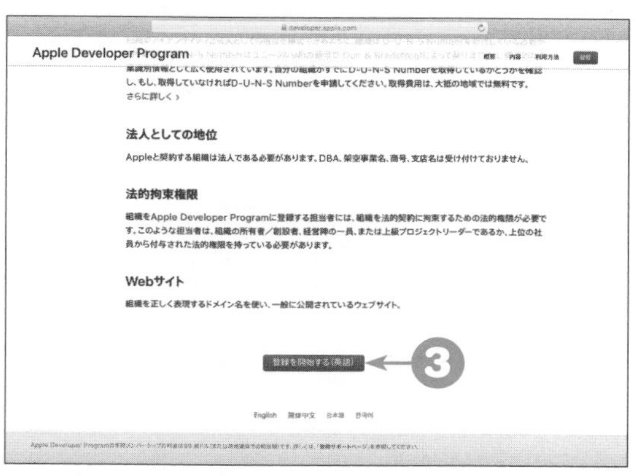

注意

2ファクタ認証を求められたときは

以降の操作では、登録やサインインのときに2ファクタ認証による認証を求められることがあります。その場合は画面に表示された指示に従って、確認コードによる認証を行ってください。

4 Apple IDとパスワードを入力し、➔右矢印ボタンをクリックする。

結果 Apple Developerへサインインし、利用規約を確認する画面に移動する。

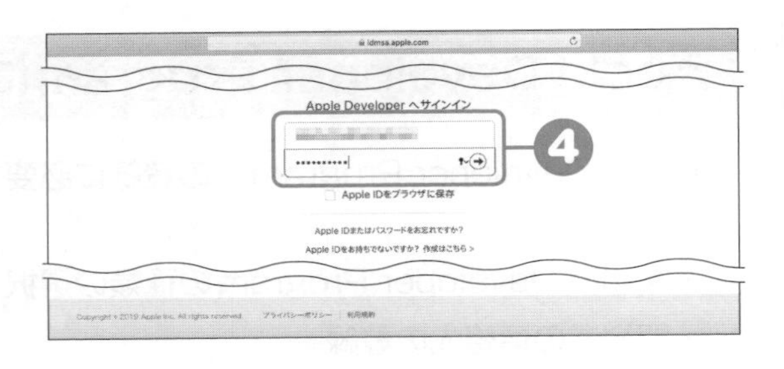

5 ページの下までスクロールし、画面下部に2つあるチェックボックスのうち上にある［By checking this box ～］にチェックを入れて［Submit］ボタンをクリックする。もう1つのチェックボックスはAppleから開発者向け情報を受け取りたいときにチェックを入れればよい(初期状態ではチェックが入っている)。

結果 Apple Developer Programへの登録案内の画面に移動する。

6 画面下部の［Join the Apple Developer Program］のリンクをクリックする。

結果 手順❶相当の英語版のApple Developer Programの画面に移動する。

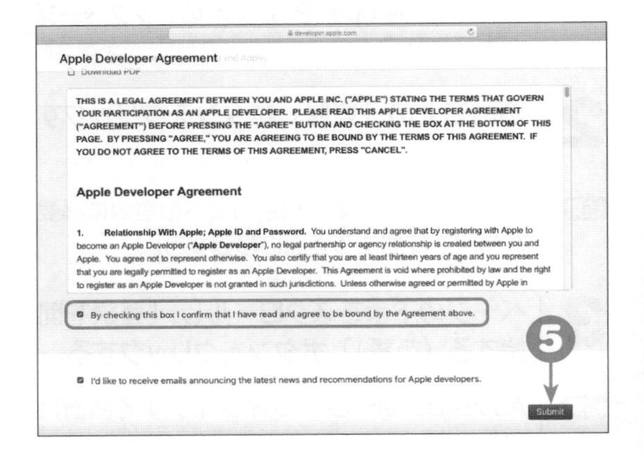

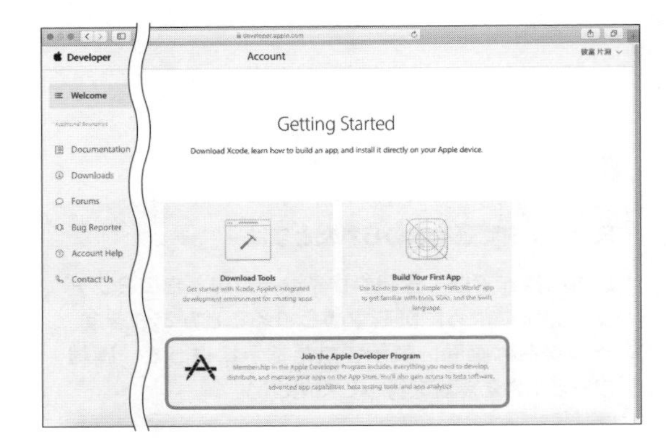

7 画面右上の［Enroll］ボタンをクリックする。

結果 手順❷相当の英語版のApple Developer Programの画面に移動する。

8 ページの下までスクロールし、［Start Your Enrollment］ボタンをクリックする。

結果 開発者の種類を選択する画面に移動する。

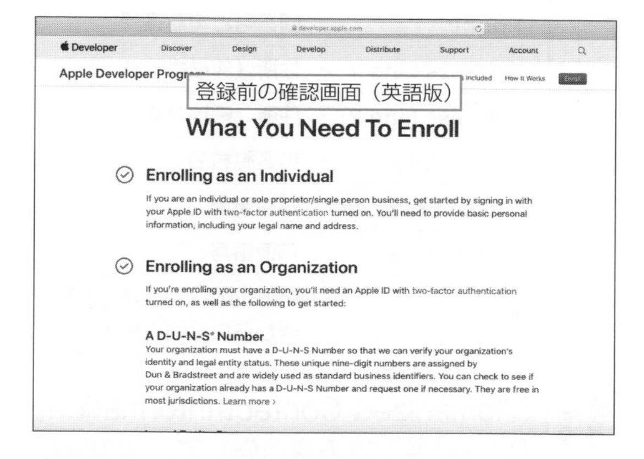

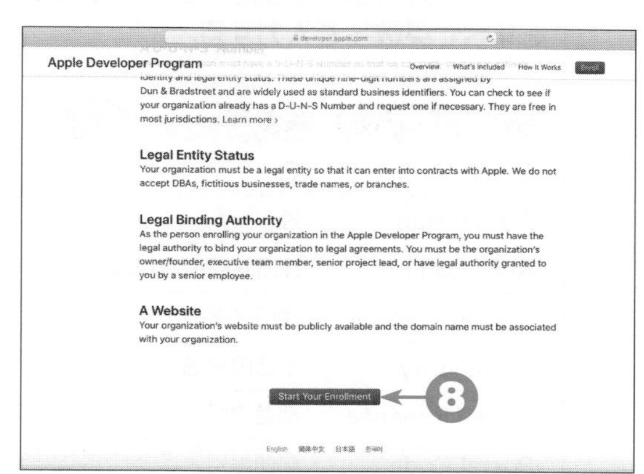

9 ［Entity Type］で［Individual / Sole Proprietor / Single Person Business］を選択し、［Continue］ボタンをクリックする。

結果 連絡先情報を入力する画面に移動する。

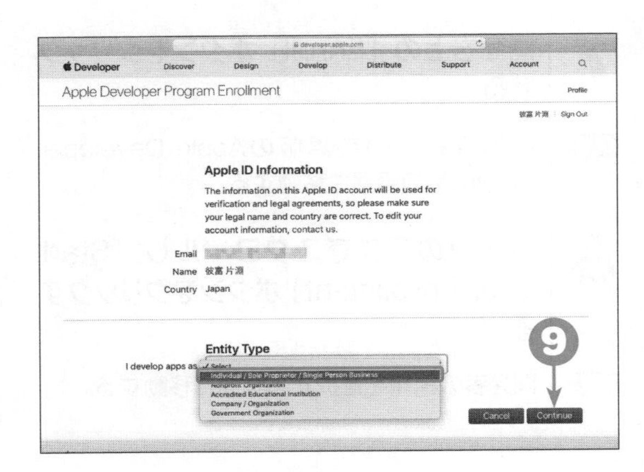

10 ［Contact Information］（連絡先）で、次の項目をすべて入力する。

名前	概要
Legal Name	氏名
Phone	国番号と電話番号
Address Line 1	住所（部屋番号など）
Address Line 2	住所（番地まで）
Town / City	市区町村名
State / Province	都道府県
Postal Code	郵便番号
Country	Phoneに入力した国番号から自動的に表示

11 ［Romanized Contact Information］（ローマ字入力の連絡先）で、次の項目をすべて英数字で入力する。

名前	概要
Given Name	名
Family Name	姓
Address Line 1	住所（部屋番号など）
Address Line 2	住所（番地まで）
Town / City	市区町村名
State / Province	都道府県
Postal Code	郵便番号

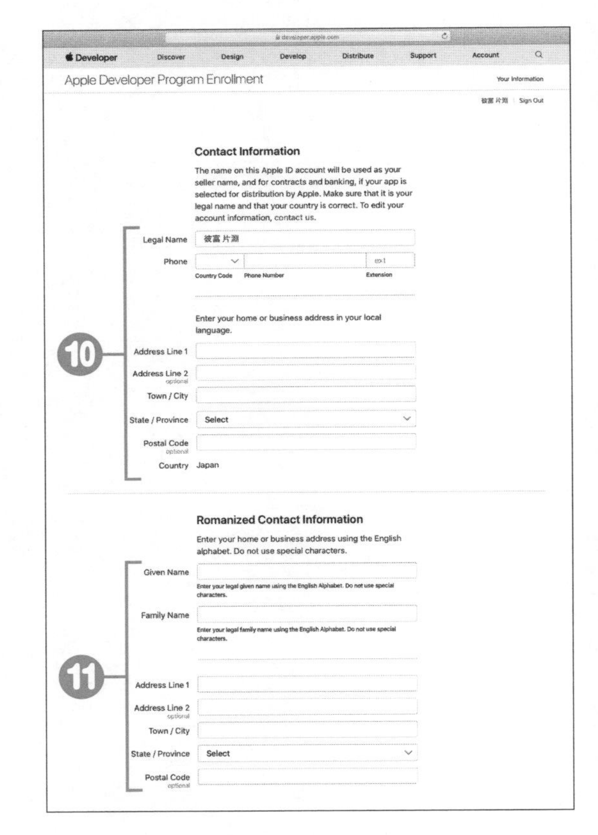

12 項目にすべて入力した後、ページの下までスクロールし、利用規約の下にある［By checking this box ～］というチェックボックスにチェックを入れて［Continue］ボタンをクリックする。

結果▶ 入力した個人情報の確認画面に移動する。

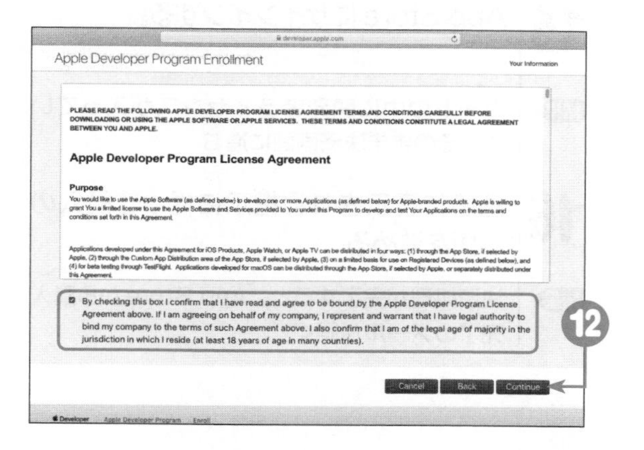

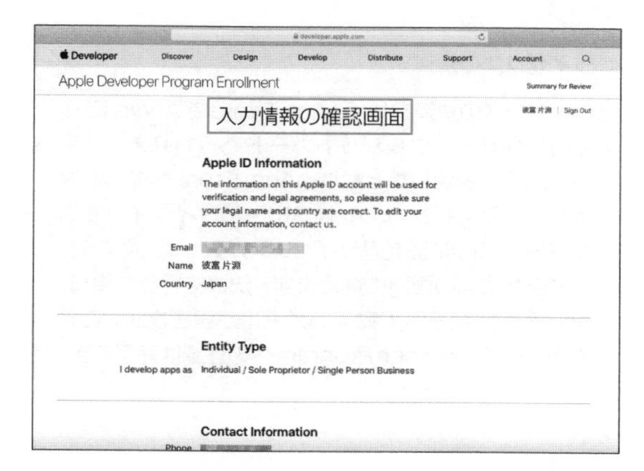

13 入力した内容を確認し、問題なければページの下部までスクロールして［Continue］ボタンをクリックする。

結果▶ Apple Developer Programの価格を確認する画面に移動する。

14 ［Purchase］ボタンをクリックする。

結果▶ Apple Developer Programの購入手続きを行うため、App Storeに移動する。

15 App Storeにサインインする。

結果▶ カートの中に開発者ライセンスが入っていて、そのまま決済画面に進む。

16 画面に表示される指示に従って購入の手順を進める。

結果▶ 決済処理が完了すると、App Storeから購入完了のメールが届く。

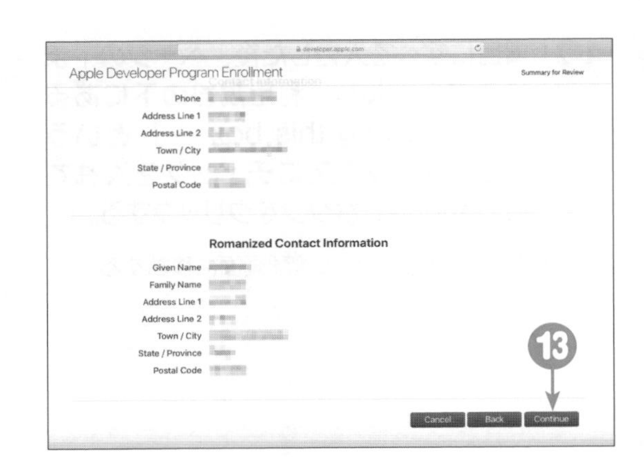

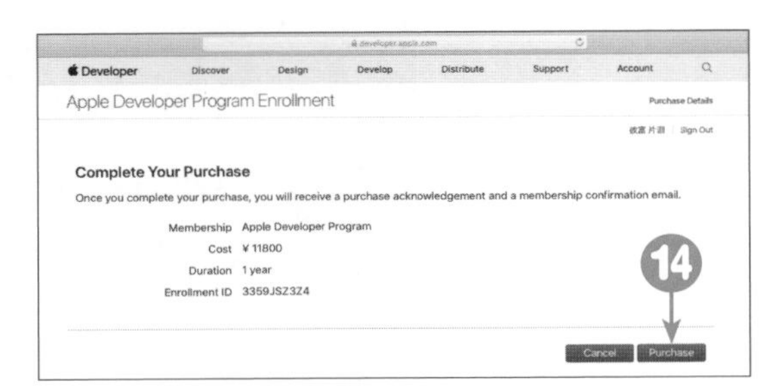

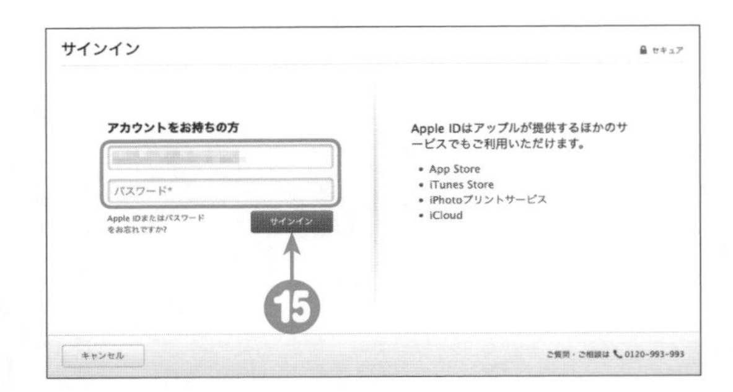

注意

ライセンスの決済

ライセンスの決済自体は、App StoreでApple ID作成時に登録したクレジットカードで行われます。手順14以降で説明したとおり、App Storeへ進んで決済を行ってください。App Storeにサインインすると、カートの中に開発者ライセンスが入っているので、そのまま決済の画面に進めます。決済を行った後に、App Storeから購入完了のメールが届きます。これでApple Developer Programへの登録は完了です。

ヒント

Apple Developer Programの更新

Apple Developer Programの有効期間は1年間です。有効期間の終了が近づくと、Appleからその旨を通知するメールが届きます。Apple Developer Programを継続して利用する場合は、メール内のリンクをクリックして更新の手続きを行います。

ヒント

手続きには時間がかかることがある

購入および登録の手続きはAppleのサイトで行われ、状況によっては、購入完了のメールが届くまで時間がかかることがあります（本書の制作時点で数十分ほど）。また、購入完了のメールが届いた後、Apple Developer Programへの登録が完了するまで時間がかかることがあります（本書の制作時点で1～2日）。登録が完了すると「Welcome to ○○」のような件名のメールが届くので、それまで待ちましょう。

アプリをiPhoneに転送してみよう

作成したクイズアプリをiPhone実機に転送する手順を説明します。

iPhoneの名前を設定してみよう

mac端末からiPhone実機を認識するときには、iPhoneの名前が必要です。アプリを転送する前に、iPhoneの名前を確認、設定しておきましょう。

1 アプリの転送先となるiPhone実機にApple IDでサインインする。

2 mac端末でFinderを起動する。

3 ライトニングケーブルでmac端末とiPhone実機を接続する。

結果 Finderの左側のメニュー部分の［場所］に、接続したiPhone実機のアイコンが表示される。

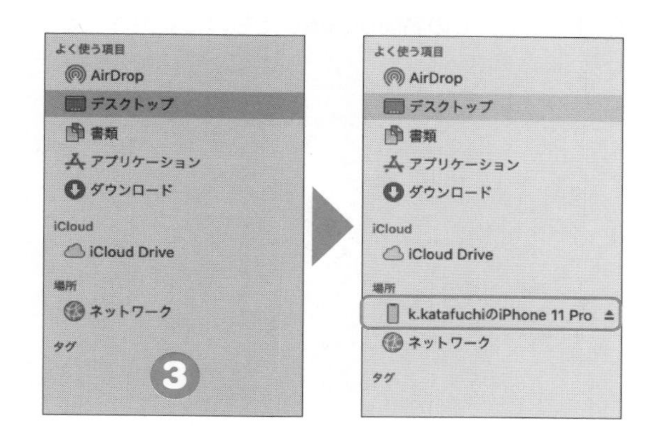

4 前の手順で表示されたiPhone実機のアイコンをクリックする。

結果 ウィンドウのヘッダ部分に、接続したiPhone実機に関する情報が表示される。

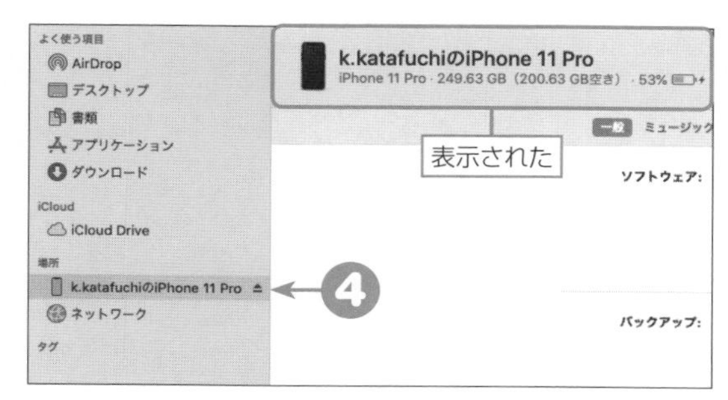

注意

iPhone実機をはじめてmac端末に接続するときは

iPhone実機をはじめてmac端末に接続するとき、手順❹で次のような画面が表示された場合は［はじめよう］をクリックして続けてください。

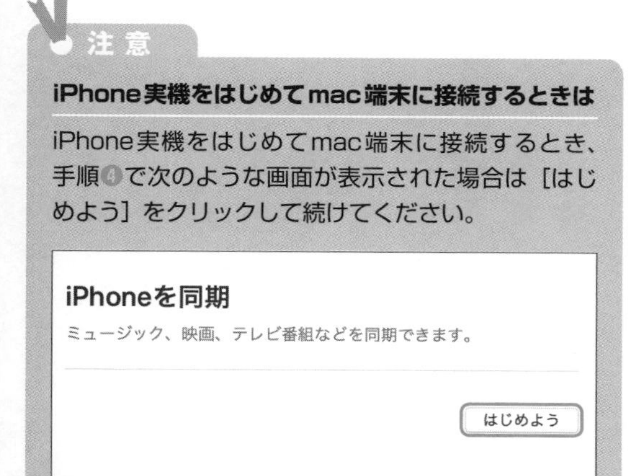

ヒント

Finderの起動

［書類］フォルダなど何かフォルダを開くことでFinderを起動することもできます。

5 前の手順で表示されたiPhone実機の情報の、アイコンの右側に表示されているiPhoneの名前［○○のiPhone XX］の部分をクリックする。

結果 iPhoneの名前が編集可能となる。

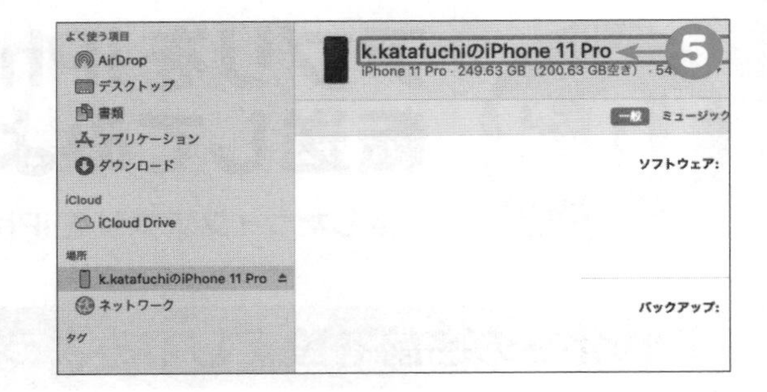

6 iPhoneの名前を**iPhone 11 Pro**に変更する。

7 Returnキーを押して編集を終了する。

結果 iPhoneの名前が編集したものに変更される。

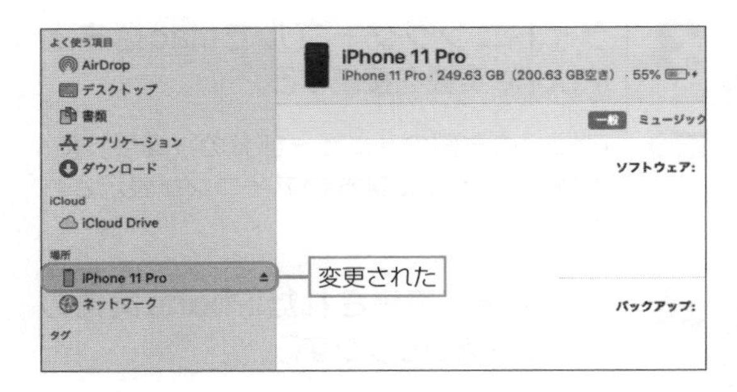

iPhoneの名前

iPhoneの名前は、デフォルトでは「(macのユーザ名) の (iPhoneの機種名)」という形式になっています。Finderで、任意の名前に変更できます。本書ではわかりやすく「iPhone 11 Pro」と機種名のみに変更しています。
なお、Finderで変更した名前は、iPhone実機にも反映されます。

XcodeにApple IDを設定しよう

iPhoneの名前を設定した後は、XcodeからiPhoneに転送する準備をしましょう。利用するApple IDをXcodeに設定します。

1 Xcodeを起動し、[Xcode] メニューから [Preferences] を選択する。

結果 Xcodeの設定ウィンドウが表示される。

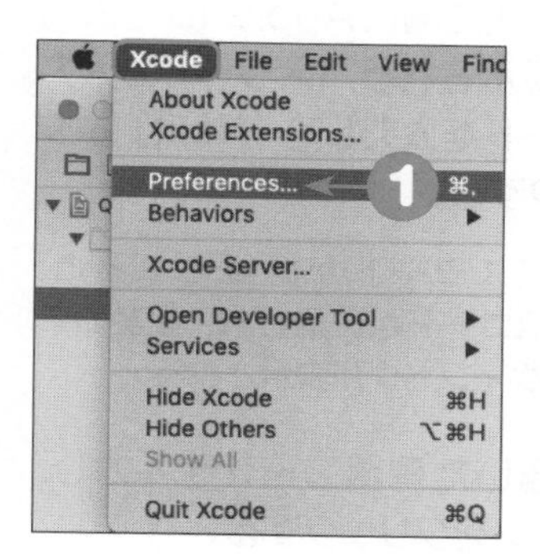

2 設定ウィンドウの [Accounts] タブをクリックする。

結果 設定ウィンドウの内容がアカウントの設定画面に切り替わる。

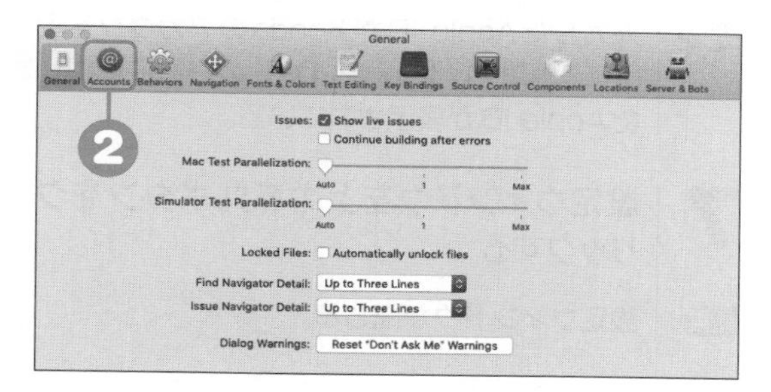

3 画面右下の [+] ボタンをクリックする。

結果 アカウントの種類を選択するウィンドウが表示される。

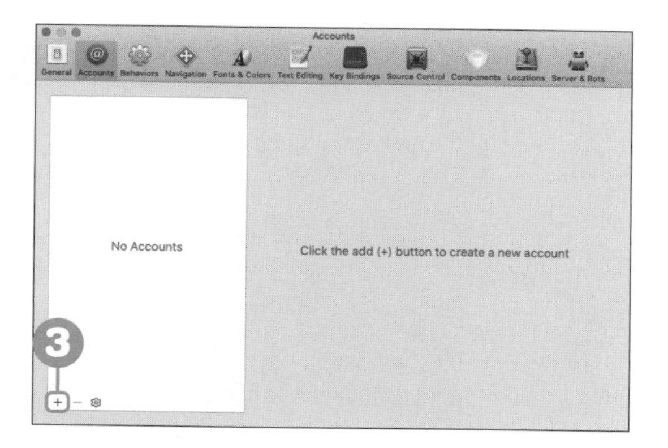

4 ［Apple ID］を選択して［Continue］ボタンをクリックする。

結果 Apple IDを入力するウィンドウが表示される。

5 Apple IDの入力欄にApple IDを入力し、続いて表示されるパスワードの入力欄にパスワードを入力して［Next］ボタンをクリックする。

結果 Apple IDとパスワードが認証されると、iPhoneへ確認コードが送信され、確認コードを入力するウィンドウが表示される。

6 iPhoneに届いた確認コードを入力し、［確認］ボタンをクリックする。

結果 入力したApple IDがXcodeのアカウント設定に追加され、［Apple IDs］の一覧に追加したApple IDが表示されている。

7 設定ウィンドウ左上の赤丸ボタンをクリックする。

結果 設定ウィンドウが閉じる。

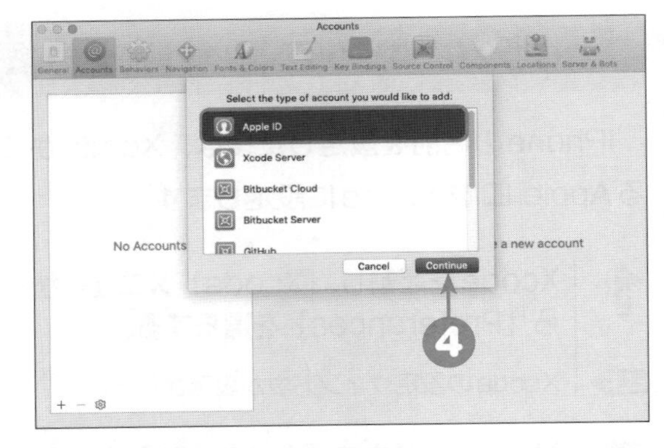

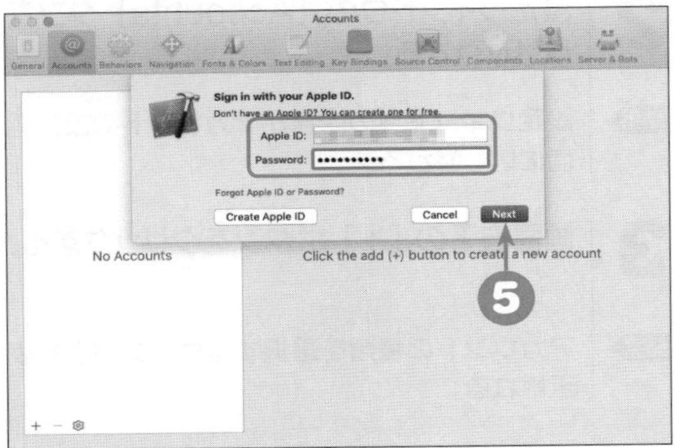

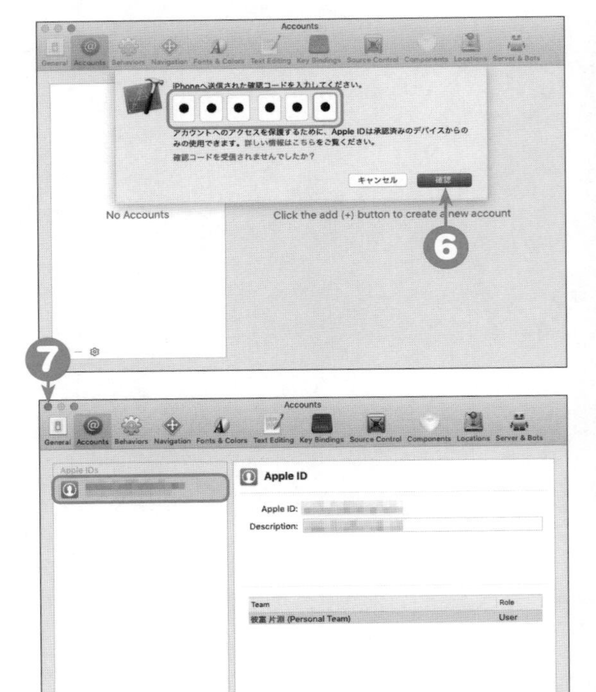

Teamを設定しよう

XcodeにApple IDを設定した後に、プロジェクトに対してもApple IDの設定が必要です。プロジェクトの中では、Apple IDは**Team**という名前で扱います。この手順を見てみましょう。

1 Xcodeでクイズアプリのプロジェクトを開き、プロジェクトナビゲーターで最上位にある[Quiz]を選択し、[TARGETS]−[Quiz]を選択して[Signing & Capabilities]タブをクリックする。

結果 [Signing] の部分で [Team] に [None] が選択されており、[Status] に「Sighing for "Quiz" requires a development team.」というメッセージが表示されている。

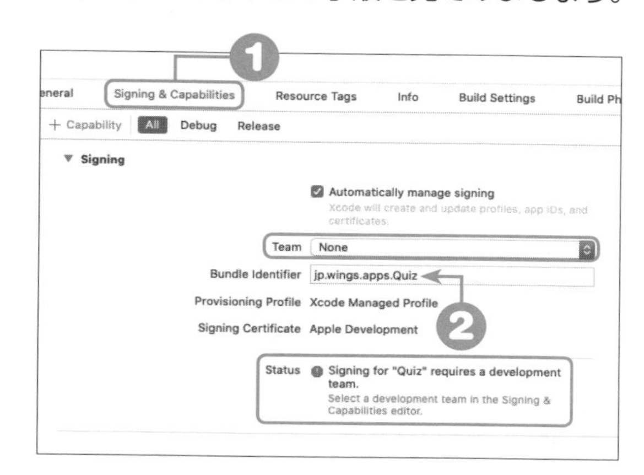

2 [Bundle Identifier]の入力内容を「jp.wings.apps.Quiz」以外のものに変更する。

3 [Team] をクリックして表示された一覧から、前の節で追加したApple IDを選択する。

結果 [Status] に表示されていたエラーメッセージがなくなり、「Creating certificate...」というメッセージが表示されて証明書の作成が行われる。

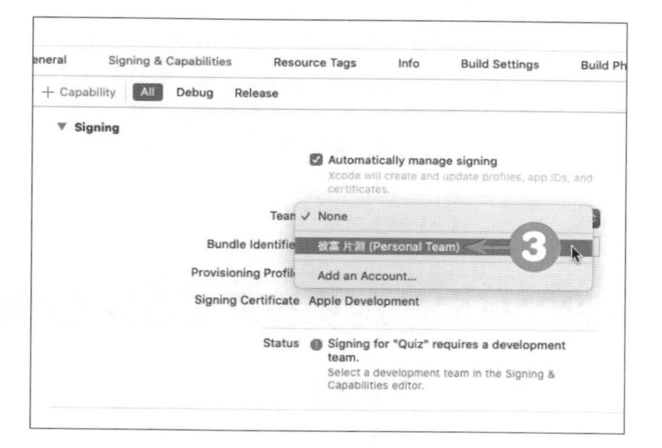

注意

Bundle Identifierの設定

Bundle Identifierは、1つのアプリに対して1つ設定し、App Store全体で唯一のものでなければなりません。本書ではクイズアプリのプロジェクトを作成したときの「jp.wings.apps.Quiz」のBundle Identifierでアプリの公開まで行うので、読者の皆さんが実行するときは手順❷に従って別のBundle Identifierに変更してください。「wings」の部分を別の任意の文字列に変えると簡単でしょう。Bundle Identifierに関しては、第11章で改めて詳しく説明します。
なお、本文の画面では、Bundle Identifierの入力内容を「jp.wings.apps.Quiz」のままで進めています。読者の皆さんは、手順❷で変更したBundle Identifierに読み替えてください。

ヒント

Teamの設定がうまくいかないときは

お使いのmac端末やXcodeの状態によっては、手順❸で「Failed to create provisioning profile.」というエラーになることがあります。この場合は、iPhone実機をmac端末にライトニングケーブルで接続し、Xcodeのツールバーのシミュレーターを選択する項目で、接続したiPhone実機（画面の例では[iPhone 11 Pro]）を選択してください。

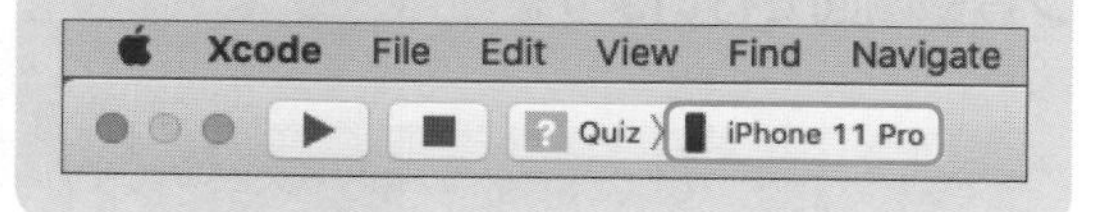

4 処理中であることを示す表示が消えたら、[Signing] の部分を確認する。

結果 [Provisioning Profile] と [Signing Certificate] の項目が設定されている。

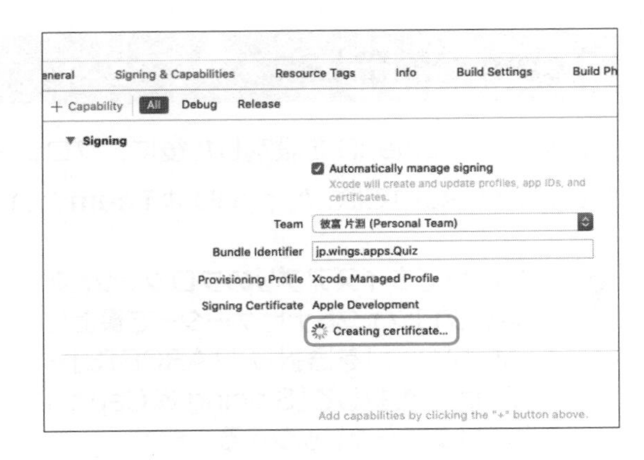

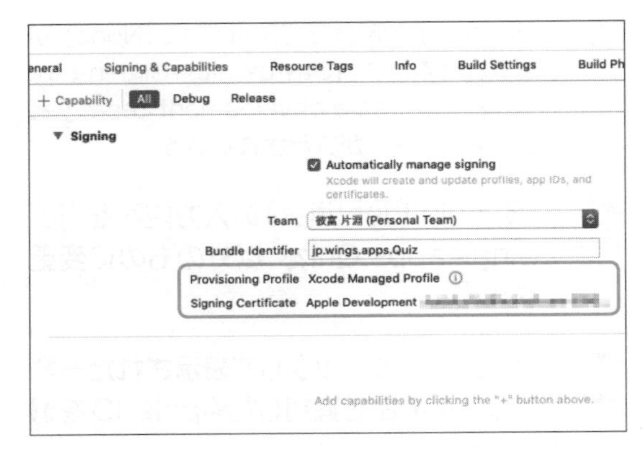

証明書の作成

[Signing] の部分に表示されている [Provisioning Profile] と [Signing Certificate] は、それぞれアプリ開発のための証明書に相当する項目です。これらの証明書については、第11章で詳しく説明します。

アプリに設定するアイコンを準備するには

アプリをiPhone実機に転送する前に、アイコンを設定しておきましょう。アイコンを設定することで、アプリをインストールしたときのアイコンの表示も確認することができます。アイコンの設定は、Xcodeのアイコン登録画面で行います。

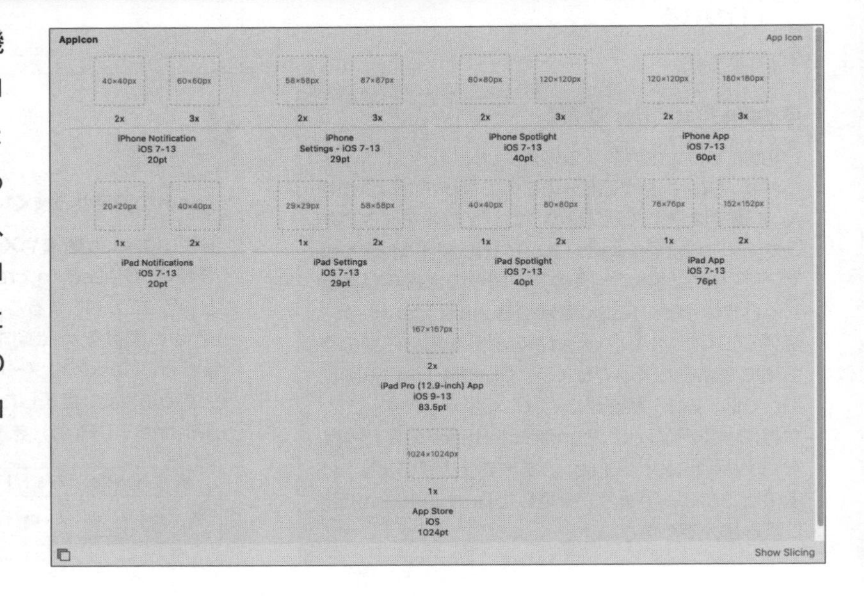

本書では、次の項目のアイコンを設定します。iPhoneアプリなので、名前が「iPhone～」で始まる項目と［App Store iOS 1024pt］の項目にアイコンの画像を設定します。

項目名	概要	サイズ
iPhone Notification iOS 7-13 20pt	通知ウィンドウに表示されるアイコン	40pt、60pt
iPhone Settings iOS 7-13 29pt	設定アプリ内に表示されるアイコン	58pt、87pt
iPhone Spotlight iOS 7-13 40pt	検索結果などで表示されるアイコン	80pt、120pt
iPhone App iOS 7-13 60pt	iPhoneの画面上に表示されるアイコン	120pt、180pt
App Store iOS 1024pt	App Storeに表示されるアイコン	1024pt

アイコンの画像は、1辺が指定されたサイズの正方形にします。各項目で設定するアイコンのサイズが異なるので気をつけてください。各項目で設定するアイコンのサイズは右の図のように考えてください。

「2x」「3x」というのは、それぞれ2倍、3倍の解像度のことです。アイコンの画像を登録するときは、サイズを2倍、3倍に読み替えてください。

各サイズのアイコンの画像は、画像ソフトなどで作成します。本書では、サンプルファイルに含まれている画像を利用しますので、読者の皆さんがアイコンの画像を作成する必要はありません。

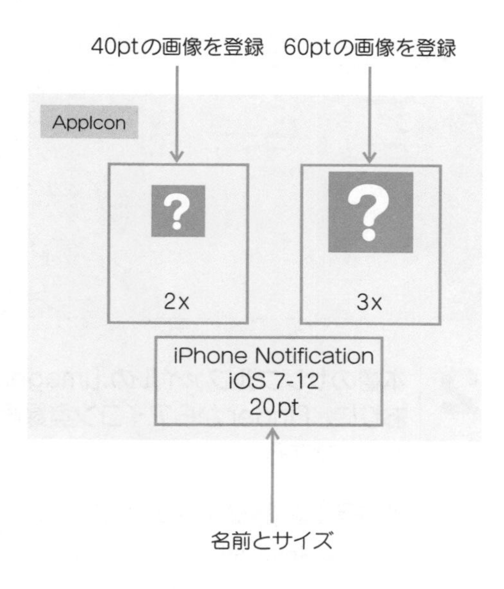

アイコン作成ツール

アイコンをゼロから作成するのは、初学者にとって大変な作業です。ここでは、簡単にアイコンを作成できるツールを2つ紹介します。無料でアイコンを作成できるサービスはほかにもあるので、アイコンの作成で困ったときは探してみてください。

・Iconion
http://iconion.com/ja/
アイコンの形状やシンボルを選択することで、手軽にアイコン画像が作成できるmacアプリです。フリープランと有料プランがあり、フリープランでは選択できるアイコンの形状に制限があります。

・MarkMaker
https://emblemmatic.org/markmaker/
ロゴの画像を作成できるサイトです。作成できるロゴは主に企業向けですが、うまく利用することでアプリのアイコンのような画像も作成できます。

アプリのアイコンを登録しよう

準備したアイコン画像をアプリに設定しましょう。

1 Xcodeのナビゲーターエリアのプロジェクトナビゲーターで［Assets.xcassets］を選択し、［AppIcon］を選択する。

結果 エディタエリアにアイコン登録画面が表示される。

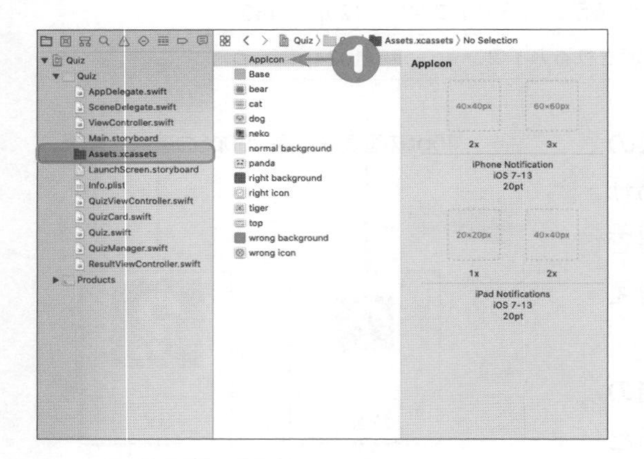

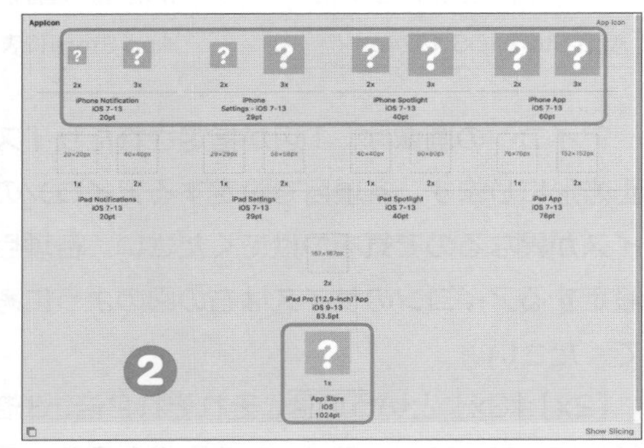

2 本書のサンプルファイルの［images］－［AppIcon］フォルダをFinderで開く。次の表のとおりに、Finderからアイコン登録画面のそれぞれの設定項目にアイコンの画像をドラッグ&ドロップする。

項目名	画像サイズ（pt）	ファイル名
iPhone Notification iOS 7-13 20pt 2x	40×40	Icon-Small-40.png
iPhone Notification iOS 7-13 20pt 3x	60×60	Icon-60.png
iPhone Settings iOS 7-13 29pt 2x	58×58	Icon-Small@2x.png
iPhone Settings iOS 7-13 29pt 3x	87×87	Icon-Small-40@3x.png
iPhone Spotlight iOS 7-13 40pt 2x	80×80	Icon-Small-40@2x.png
iPhone Spotlight iOS 7-13 40pt 3x	120×120	Icon-60@2x.png
iPhone App iOS 7-13 60pt 2x	120×120	Icon-60@2x.png
iPhone App iOS 7-13 60pt 3x	180×180	Icon-60@3x.png
App Store iOS 1024pt 1x	1024×1024	icon_1024.png

結果 アイコンの画像が登録される。

アプリの表示名を設定しよう

アプリをiPhone実機に転送した後にアプリのアイコンの下に表示される、アプリの表示名を設定しておきましょう。アプリの表示名は、Xcodeで設定できます。

1 Xcodeのナビゲーターエリアで最上位にある[Quiz]をクリックし、[TARGETS]－[Quiz] を選択する。

結果 エディタエリアにクイズアプリの設定画面が表示される。

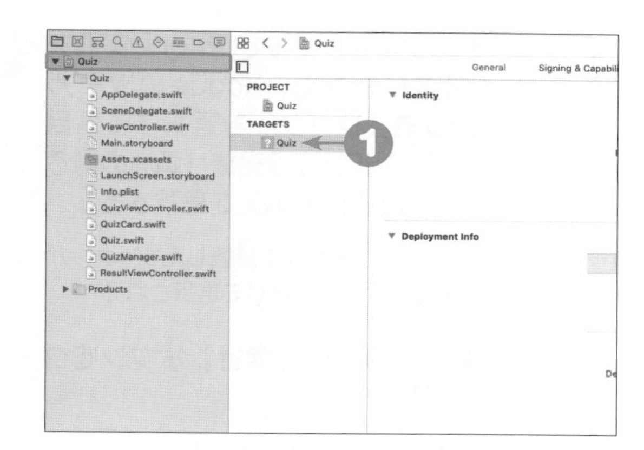

2 [General]タブの[Identity]－[Display Name] に**動物Quiz**と入力する。

結果 アプリの表示名が「動物Quiz」に設定される。

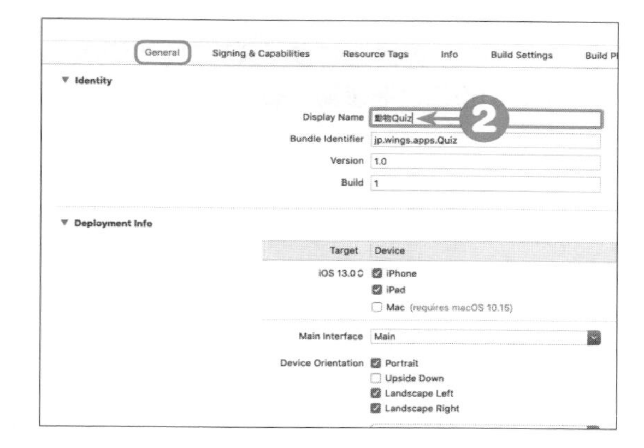

アプリの表示名

アプリの表示名は、デフォルトではプロジェクトを作成したときのプロジェクトの名前が設定されています。プロジェクトの名前以外をアプリの表示名にしたいときは、Xcodeで［Display Name］を変更します。アプリの表示名は、自由につけることができます。ただし、長い名前はすべて表示されずに「...」と表示されますので、シミュレーターで確認するなどして調整してください。

アプリをiPhoneで実行しよう

ここまでの手順で、アプリをiPhone実機に転送する準備ができました。それではXcodeからiPhone実機にアプリを転送して実行してみましょう。

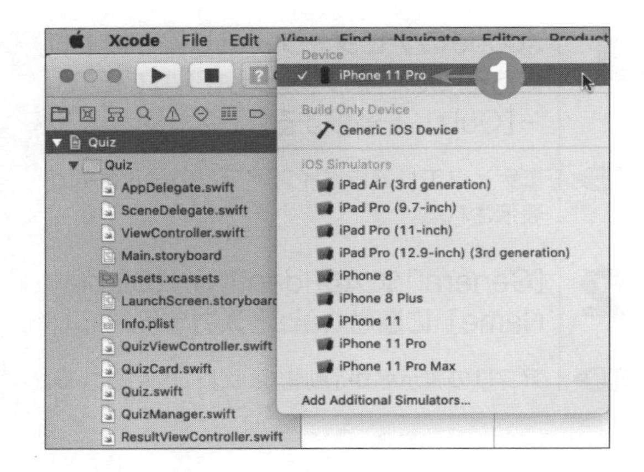

1 ライトニングケーブルでiPhone実機をmac端末に接続し、Xcodeのツールバーのシミュレーターを選択する項目で、接続したiPhone実機（画面の例では［iPhone 11 Pro］）を選択する。

結果 ライトニングケーブルで接続したiPhoneがアプリを実行する実機として選択される。

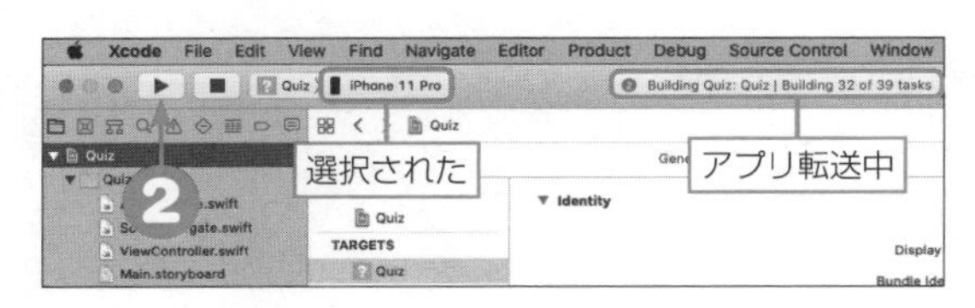

2 ツールバーの［▶］［実行］ボタンをクリックする。

結果 iPhone実機へアプリが転送される。

3 iPhone実機上でクイズアプリが起動していることを確認する。

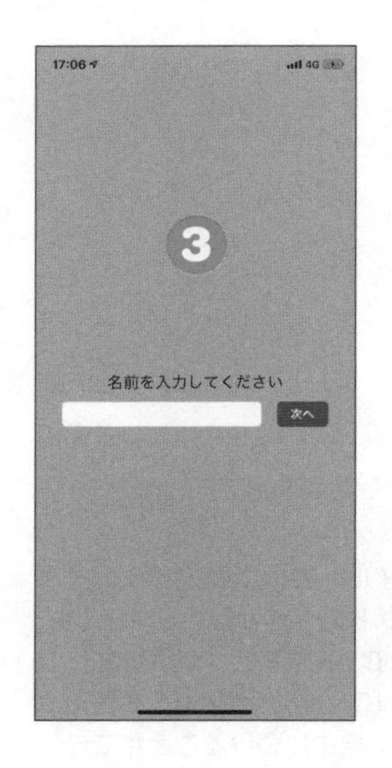

4 ツールバーの［■］［停止］ボタンをクリックする。

結果 アプリが終了し、転送したアプリのアイコンがiPhone実機の画面に配置されている。

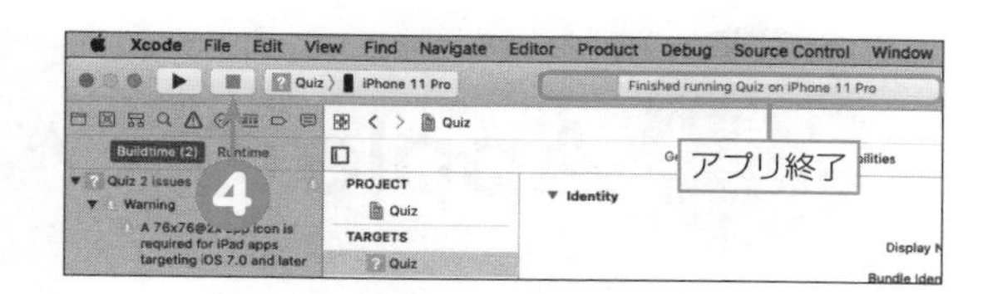

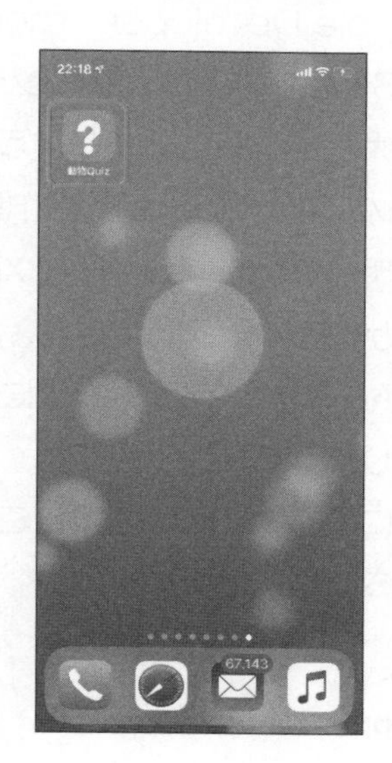

ヒント

iPhone実機への転送過程で警告が出る場合

iPhone実機でアプリを実行するときに、転送が中断されて次のような警告が出ることがあります。

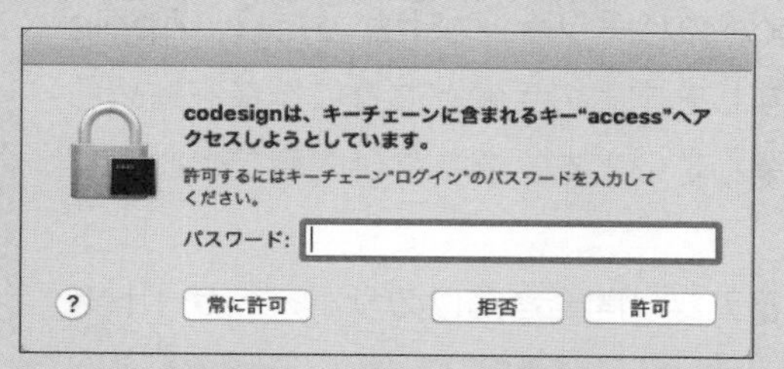

この警告自体はmacの内部処理に関するもので転送のエラーではありません。macにログインしているユーザのパスワードを入力し、[常に許可］ボタンをクリックしてください。アプリの転送が再開されます。

～もう一度確認しよう！～　チェック項目

- □ iPhone実機へアプリをインストールするときに必要なものがわかりましたか？
- □ Apple Developer Programへ登録する手順がわかりましたか？
- □ iPhoneの名前を確認、変更する手順がわかりましたか？
- □ XcodeにApple IDを設定する方法がわかりましたか？
- □ XcodeからiPhoneにアプリを転送する手順がわかりましたか？

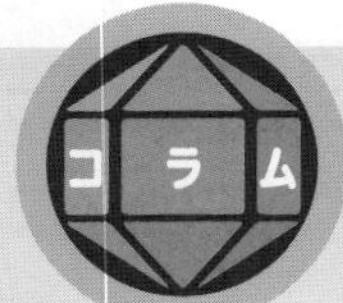

Appleのデベロッパサポート

第10章では、Apple Developer Programへの登録とクイズアプリの実機への転送を行いました。Swiftでのプログラミング以外にもさまざまな作業が必要で、はじめて行う読者には大変だったことでしょう。第11章においても同様に、Appleの開発者向けサイトでの作業やXcodeでの作業を行います。本書では、手順をひとつひとつ追いながら説明していますが、今後Xcodeのバージョンが上がったり、Appleのサービスの仕様が変わったりした場合、必ずしも本書の手順どおりに作業を進められるとは限りません。また、手順どおりに作業していても、慣れない内容だとつまずくこともあるかもしれません。

このような場合には、Appleが公開しているアプリ開発者向けのサポートサイトを利用してみてください。

デベロッパサポート
https://developer.apple.com/jp/support/

デベロッパサポートでは、Xcodeの使い方からアプリ申請に関することまで、幅広くサポートを受け付けています。サポートを受ける場合は、日本語でやり取りできます。画面右上の［お問い合わせ］ボタンをクリックし、Apple Developer Programの登録に使用したApple IDでログインすると、サポート内容を選択する画面が表示されます。ここからサポートを受けたい内容に従って、Appleに問い合わせることができます。

iPhoneアプリの開発では、Swiftのプログラム仕様とともに、XcodeとAppleのサービスの仕様もよく変更されます。わからないときに、インターネットで検索しても解決できないことも多々あります。そのようなときは、デベロッパサポートを利用してみてください。

第 11 章

アプリをApp Storeで公開しよう

この章では作成したアプリをApp Storeに申請します。App Storeでアプリを公開するまでの一連の手順について、申請に必要な手続きや手順を学びます。

この章では、作成したクイズアプリをApp Storeに登録し、審査を経て公開するための一連の手順について学びます。

- **App ID、開発証明書、プロビジョニングファイルの生成**
- **App Storeへのアプリの登録**
- **Xcodeでのバイナリファイルのアップロード**
- **アプリの審査への提出と公開**

11.1 アプリを公開する手順を確認しよう

ここから先は、作成したクイズアプリをApp Storeで公開する手順について説明します。まず最初に、App Storeでアプリを公開する手順を整理しておきましょう。

App Storeでアプリを公開するまでの流れ

作成したiPhoneアプリは、Appleが定めた手続きを経てApp Storeで公開することが可能です。App Storeでアプリを公開する流れは次のとおりです。

(1) App IDの作成

App IDとは、アプリを識別するためのIDです。公開するアプリのApp IDを作成します。

(2) 開発証明書とプロビジョニングファイルの作成

開発証明書とは、アプリをApp Storeで公開するためにAppleが発行する証明書です。**プロビジョニングファイル**とは、App IDと開発証明書を紐づけるファイルです。この2つのファイルを作成します。

(3) アプリの登録

新規のアプリとして、App Storeに掲載するアプリの名前や概要、開発者の情報、バージョン情報などを登録します。

(4) バイナリファイルのアップロード

作成したiPhoneアプリをXcodeから実行可能なファイルとして出力します。この出力したファイルを**バイナリファイル**といいます。iPhoneアプリを審査に提出するときには、バイナリファイルもApp Storeへアップロードします。

(5) 審査に提出

アプリのバイナリファイルをアップロード後、App Storeでアプリを公開するための審査に提出します。提出後にAppleで審査が行われ、審査に通過した後にApp Storeでアプリが公開されます。もし、審査に通過しなかった場合は、上記(3)からもう一度やりなおします。

(6) 公開

前ページ（5）の審査に通過した後、App Storeでアプリが公開されます。

Appleが定めている手順はこのとおりです。前ページ（5）のApp Storeによるアプリの審査では、次の内容を含む場合は審査に通過しないことがあります。

・アルコールの摂取や暴力的な表現を伴うゲームなど
・出会いを目的としたSNSなど年齢制限が必要なもの
・他者の知的財産を侵害するものや公共良俗に反するもの

詳しくは、Appleが公開している審査のガイドラインで確認できます。本書で作成するアプリでは、この審査基準には触れないため、特別に気にする必要はありません。

「App Store Reviewガイドライン」
https://developer.apple.com/jp/app-store/review/guidelines/

アプリを公開するために利用するサービス

前の項の（1）～（5）の手続きを行うためには、次の2つのサービスを利用します。

・アプリの開発情報を管理する**Apple Developer**(https://developer.apple.com/jp/)
・アプリ自体を管理する**App Store Connect**(https://appstoreconnect.apple.com/)

前の項の各手続きで利用するサービスは次のとおりです。

手続き	サービス
(1) App IDの登録	Apple Developer
(2) 開発証明書、プロビジョニングファイルの作成	Apple Developer
(3) アプリの登録	App Store Connect
(4) バイナリファイルのアップロード	App Store Connect
(5) App Storeに申請	App Store Connect

手続きによって利用するサービスが異なります。また、Apple Developerはアプリを公開するまでの利用ですが、App Store Connectはアプリを公開した後もダウンロード数の確認やアプリの更新などで引き続き利用します。

11.2 アプリを申請する準備をしよう

作成したアプリを審査に出すときには、App IDと開発証明書とプロビジョニングファイルの3つが必要です。これらはApple Developerで作成します。それぞれの手順について学びましょう。

App IDを作成しよう

App Storeでアプリを公開するときには、1つのアプリに対して1つのApp IDが必要です。Apple Developerから新規にApp IDを作成してみましょう。

1 macのSafariでApple Developer(https://developer.apple.com/jp/)を開き、画面右上の［Account］をクリックする。

結果 Apple Developerへのサインイン画面が開く。

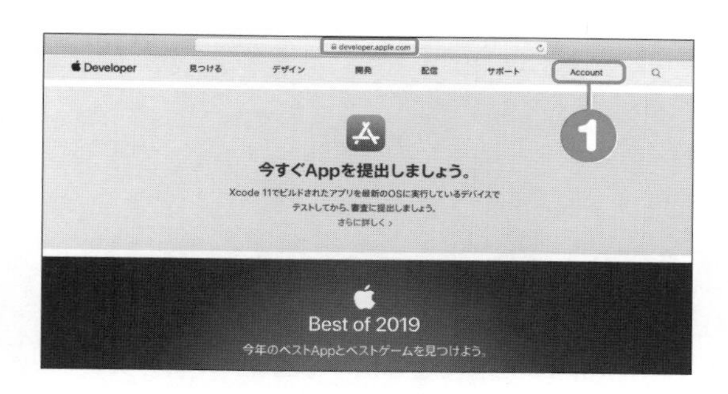

2 Apple Developer Programに登録したApple IDとパスワードでサインインする。

結果 Apple Developerのメニュー画面に移動する。

3 画面左側の［Certificates, IDs & Profiles］のリンクをクリックする。

結果 ［Certificates, Identifiers & Profiles］のメニュー画面に移動する。

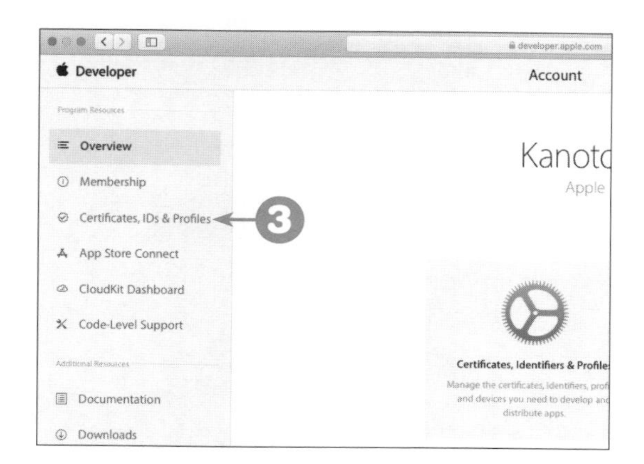

4 画面左側の［Identifiers］リンクをクリックし、表示された画面で「Identifiers」という見出しの右にある［+］ボタンをクリックする。

結果 各種申請に必要なIDの種類を選択する画面に移動する。

5 ［App IDs］を選択し、画面右上の［Continue］ボタンをクリックする。

結果 App IDの新規作成画面に移動する。

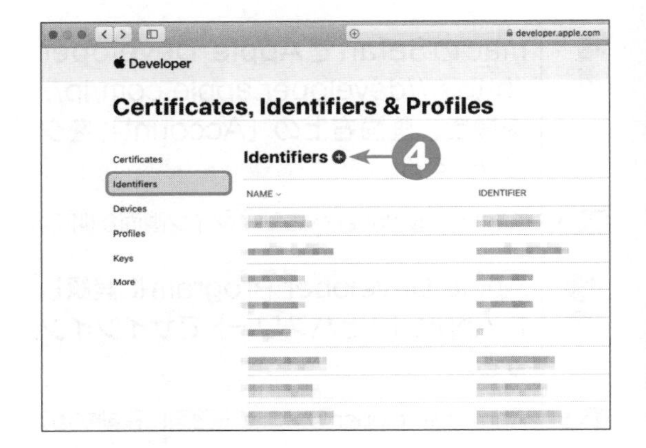

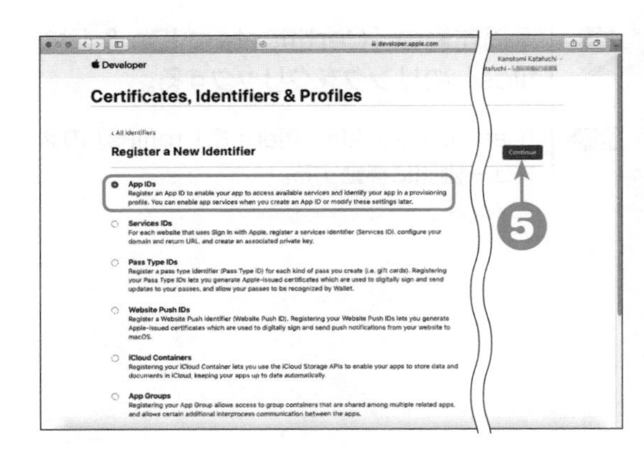

6 各項目を次のように設定し、[Continue] ボタンをクリックする。

項目	概要	設定内容
[Platform]	アプリの種類	[iOS, tvOS, watchOS] を選択
[Description]	App IDの名前や概要など	**Quiz**と入力
[App ID Prefix]	Teamの選択	第10章の10.3節の「Teamを設定しよう」で設定したTeamが自動で選択される
[Bundle ID]	アプリを区別するID (Bundle Identifier)	[Explicit] を選択し、第10章の10.3節の「Teamを設定しよう」で設定したBundle Identifierを入力

結果 設定した内容の確認画面に移動する。

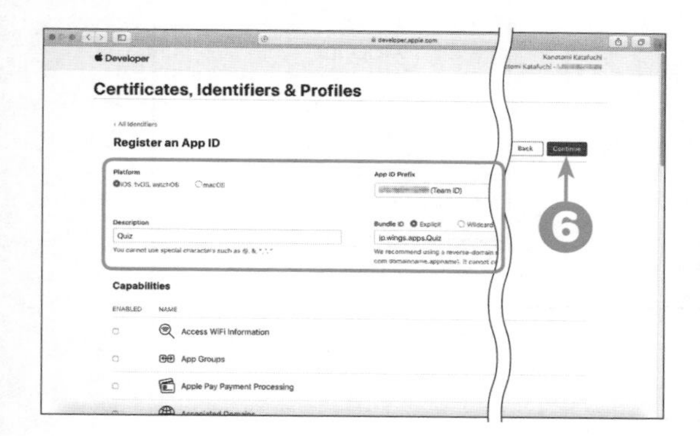

注意

Bundle IDについて

App IDを作成するときに指定するBundle IDは、第10章で説明したようにApp Store内で唯一のものでなければなりません。Bundle IDは、第10章の10.3節の「Teamを設定しよう」で設定したXcodeのBundle Identifierと同じものを入力します。本書の手順では、例として「jp.wings.apps.Quiz」として進めています。読者の皆さんは第10章の10.3節の「Teamを設定しよう」で設定したBundle Identifierが選択されているものとして読み進めてください。

7 入力した内容に間違いがないことを確認し、[Register] ボタンをクリックする。

結果 App IDの一覧画面に戻り、作成されたApp IDが一覧に表示されている。

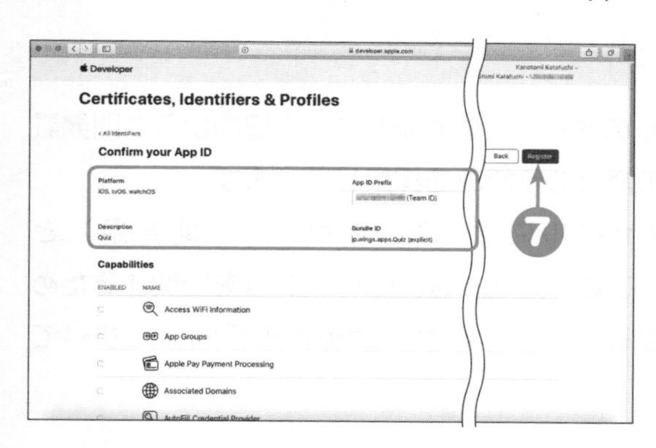

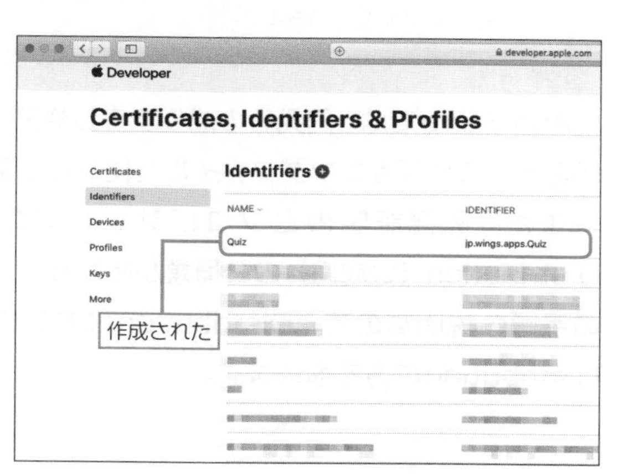

開発証明書とプロビジョニングファイルの役割

開発証明書とは、公開するアプリがどのApple IDでどのmac端末で作成されたものかを証明するファイルです。**プロビジョニングファイル**とは、App IDと開発証明書を紐づけてアプリ単位で発行するファイルです。アプリのバイナリファイルを生成する際に、プロビジョニングファイルと一緒にビルドします。App ID、開発証明書、プロビジョニングの関係を図にまとめると次のようになります。

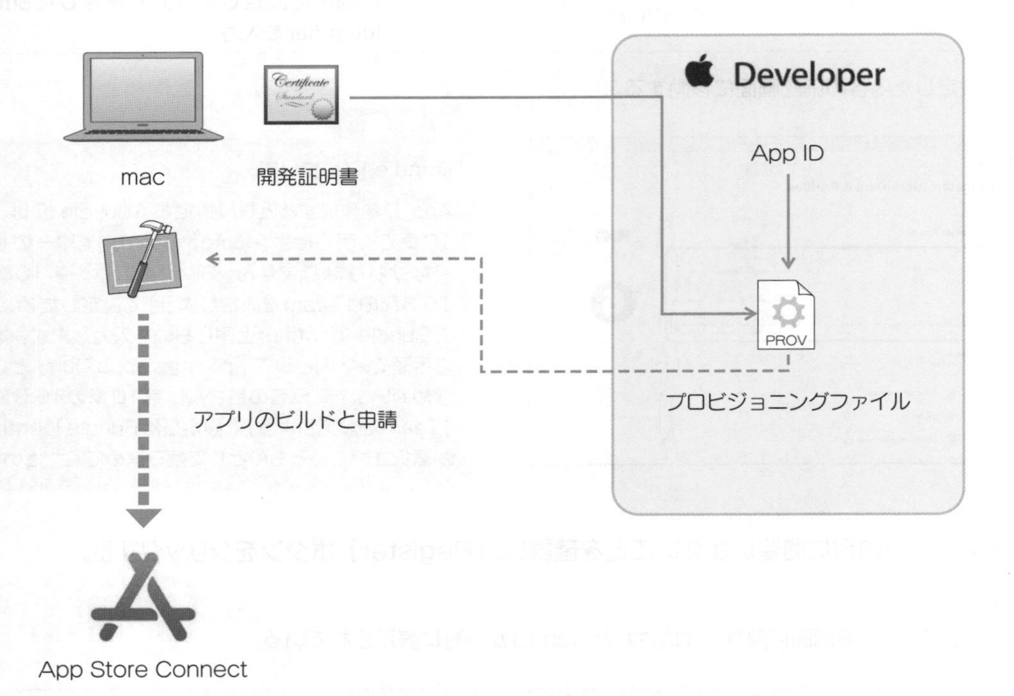

App Storeでは、開発者の成りすましやアプリの改ざんを防ぐために、上記のような開発証明書とプロビジョニングファイルを使った二重の認証の仕組みを採用しています。

また、開発証明書とプロビジョニングファイルには、Development（開発用）とDistribution（公開用）の2種類があります。ここでは、App Storeにアプリを公開するための手順の説明なので、Distributionの方を作成します。これから説明する手順は、すべてDistributionの方で進めます。

開発証明書を作成しよう

開発証明書は、mac端末ごとに作成します。Apple Developerとキーチェーンアクセスを利用して作成してみましょう。

1 ［Launchpad］を起動し、［その他］をクリックして［キーチェーンアクセス］のアイコンをクリックする。

結果▶ キーチェーンアクセスが起動する。

2 ［キーチェーンアクセス］メニューから［証明書アシスタント］－［認証局に証明書を要求］を選択する。

結果▶ 証明書アシスタントが起動し、CSRファイル（証明書要求ファイル、詳しくは次の項で説明）を作成するウィンドウが表示される。

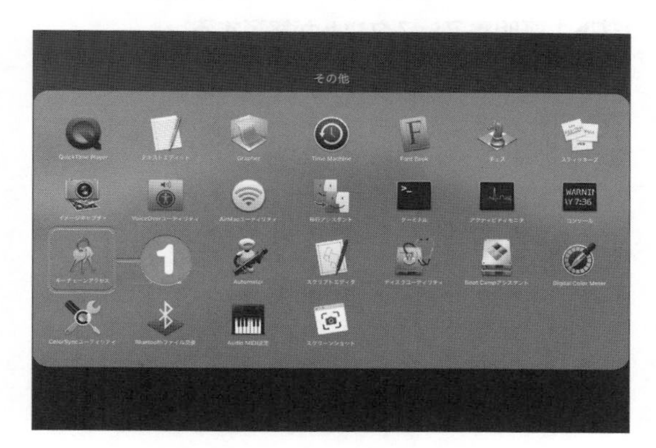

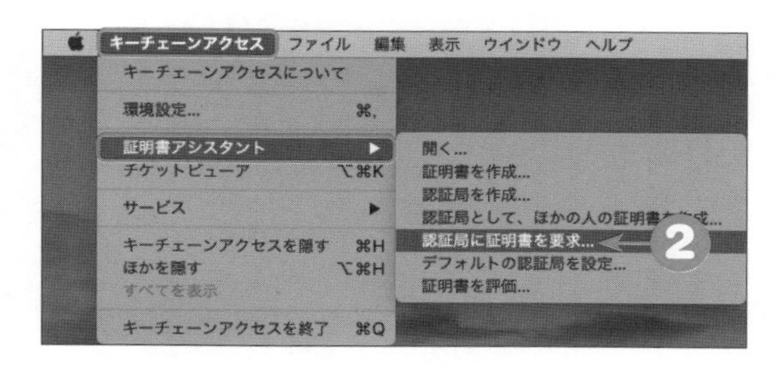

3 ［ユーザのメールアドレス］にApp IDを作成したときのメールアドレスを入力し、［通称］に**quiz app**と入力する。［要求の処理］に［ディスクに保存］を選択し、［続ける］ボタンをクリックする。

結果 CSRファイルを保存するウィンドウが表示される。

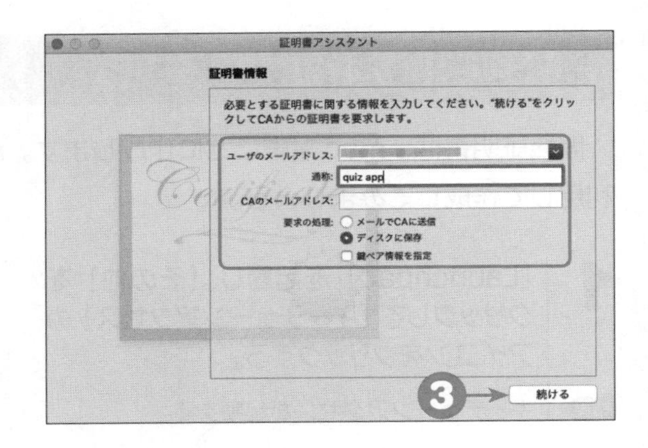

4 保存するときのファイル名は既定の名前のままで、［場所］に［デスクトップ］を選択し、［保存］ボタンをクリックする。

結果 CSRファイルがデスクトップに保存され、証明書アシスタントに結果が表示される。

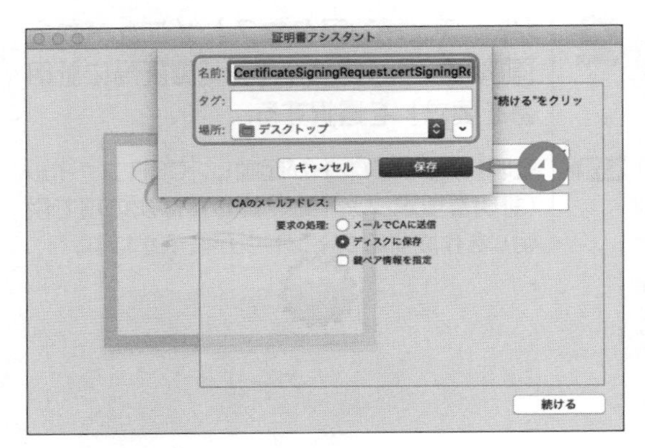

5 ［完了］をクリックする。

結果 証明書アシスタントが終了する。

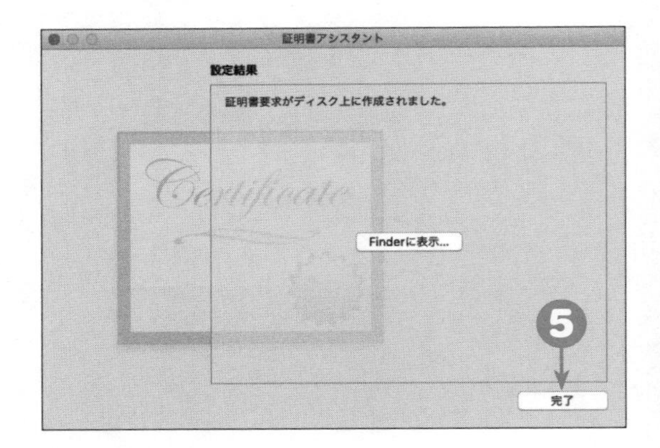

6 Apple Developerにサインインして[Certificates, Identifiers & Profiles]画面を表示する。画面左側の［Certificates］リンクをクリックし、表示された画面で「Certificates」という見出しの右にある［+］ボタンをクリックする。

結果 開発証明書の新規作成画面に移動する。

7 ［iOS Distribution (App Store and Ad Hoc)］を選択し、［Continue］ボタンをクリックする。

結果 CSRファイルをアップロードする画面に移動する。

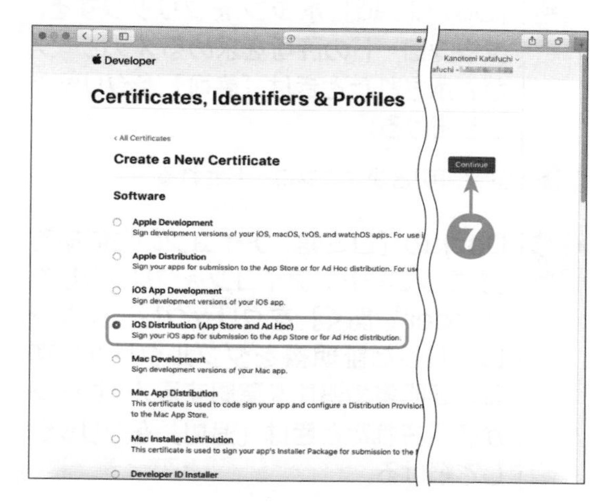

8 ［Choose File］リンクをクリックする。

結果 CSRファイルを選択するウィンドウが表示される。

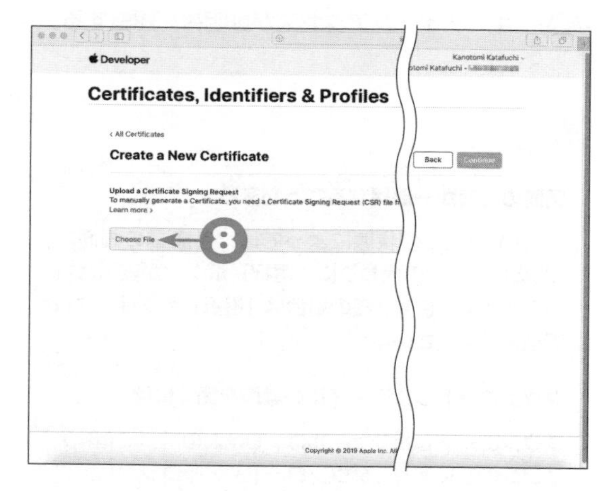

9 手順❹でデスクトップに保存したCSRファイルを選択して［開く］ボタンをクリックする。

結果 開発証明書の新規作成画面に戻り、選択したCSRファイルが表示されている。

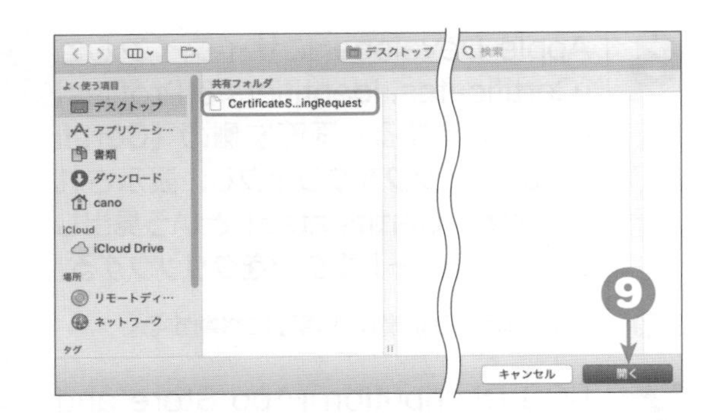

10 ［Continue］ボタンをクリックする。

結果 開発証明書をダウンロードする画面に移動する。

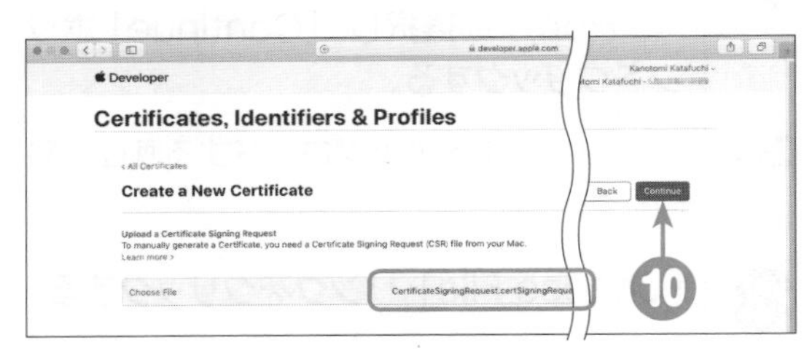

11 ［Download］ボタンをクリックする。ダウンロードの許可を求めるメッセージが表示されたときは［許可］をクリックして続ける。

結果 開発証明書がダウンロードされる。

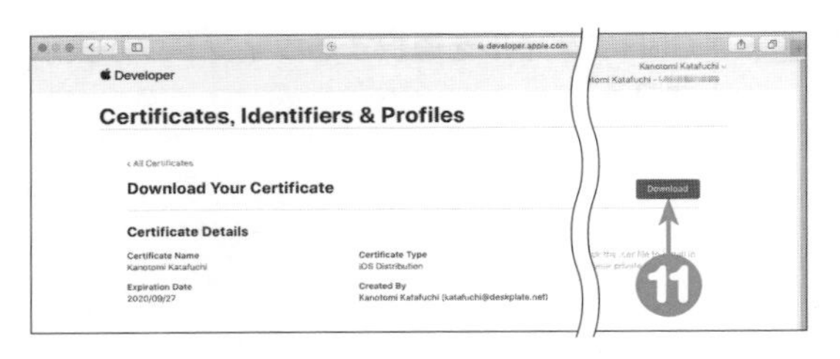

12 Dockの［ゴミ箱］アイコンの左にある［ダウンロード］アイコンをクリックして［Finderで開く］をクリックし、ダウンロードした証明書をダブルクリックする。証明書の追加を確認するメッセージが表示されたときは［追加］をクリックして続ける。

結果 キーチェーンアクセスが証明書を認識する。

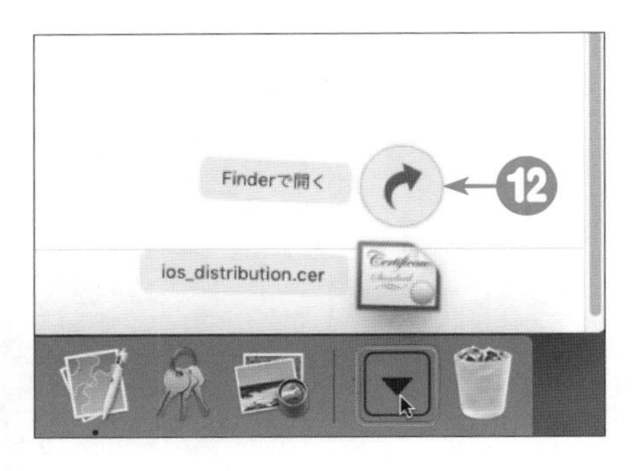

ヒント

画面の内容が一部異なることがある

お使いのmacの状態によっては、手順❾の画面で［開く］ボタンの代わりに［選択］ボタンが表示されることがあります。この場合は［選択］をクリックして進めてください。

ダウンロードしたファイルの場所を開くには

ダウンロードしたファイルは、Dockの［ゴミ箱］アイコンの左にある［ダウンロード］アイコンからアクセスできます。手順⓬のように、このアイコンをクリックすると、ダウンロードしたファイルの一覧がポップアップで表示されるので、［Finderで開く］をクリックします。

13 開発証明書をダウンロードした画面で、[All Certificates] リンクをクリックする。

結果 開発証明書の一覧画面に戻る。

開発証明書を作成する流れ

開発証明書は、アプリを開発するmac端末単位で作成します。開発証明書発行の手順をまとめると次のようになります。

(1) mac端末でAppleから証明書を発行してもらうための証明書要求ファイル（**CSR (Certificate Signing Request) ファイル**）を作成する（手順❶〜❹）
(2) 作成したCSRファイルをアップロードして開発証明書を発行する（手順❻〜❿）
(3) 発行された開発証明書をダウンロードしてmac端末で認識する（手順⓫〜⓬）

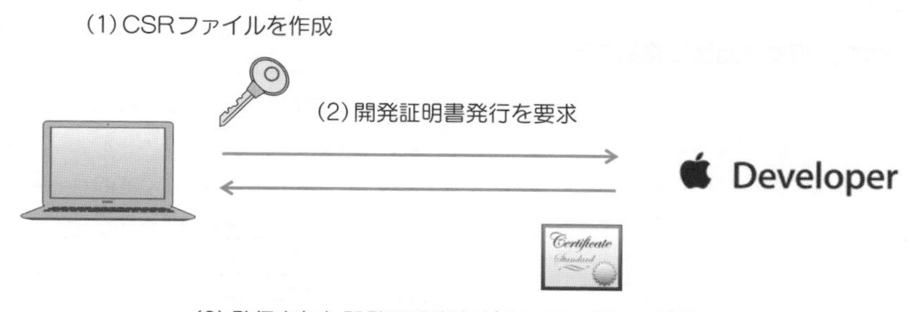

キーチェーンアクセスとは、認証関係のファイルやパスワードなどを管理するmacOSに含まれるアプリです。このキーチェーンアクセスで、CSRファイルを作成します。mac端末からCSRファイルをアップロードすることで、Apple Developerはそのmac端末を、開発者が利用している正当なものであると認識します。CSRファイルに問題がなければ、開発証明書が発行されます。発行された開発証明書をダウンロードして、mac端末で認識されることをキーチェーンアクセスで確認します。

プロビジョニングファイルを作成しよう

プロビジョニングファイルを作成し、この章の11.2節の「App IDを作成しよう」で作成したApp IDと、先ほどの「開発証明書を作成しよう」で作成した開発証明書を紐づけます。開発証明書を作成したときと同様に、Apple Developerで作業を進めます。

1 Apple Developerの［Certificates, Identifiers & Profiles］画面で、左側の［Profiles］リンクをクリックし、表示された画面で「Profiles」という見出しの右にある［+］ボタンをクリックする。

結果 プロビジョニングファイルの新規作成画面に移動する。

2 ［Distribution］-［App Store］を選択し、［Continue］ボタンをクリックする。

結果 プロビジョニングファイルを作成する画面へ移動する。

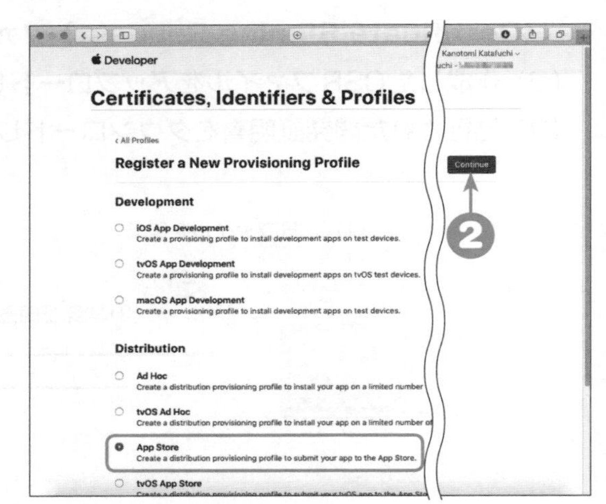

3 ［App ID］の一覧からクイズアプリ用に作成したApp ID（「Quiz～」で始まる項目）を選択し、［Continue］ボタンをクリックする。

結果 開発証明書を選択する画面に移動する。

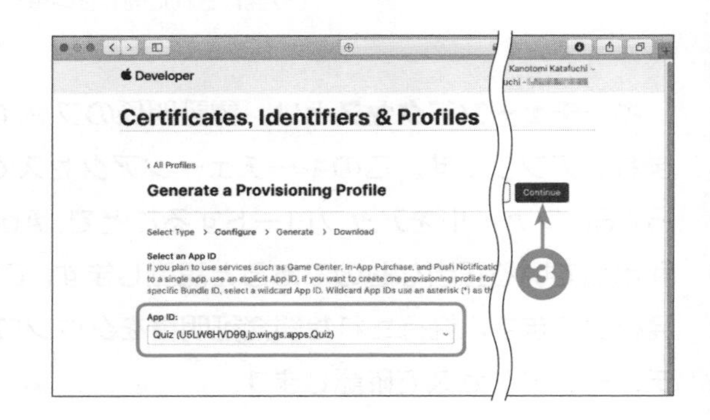

4 作成済みの開発証明書を選択し、[Continue] ボタンをクリックする。

結果 プロビジョニングファイルの名前を入力する画面に移動する。

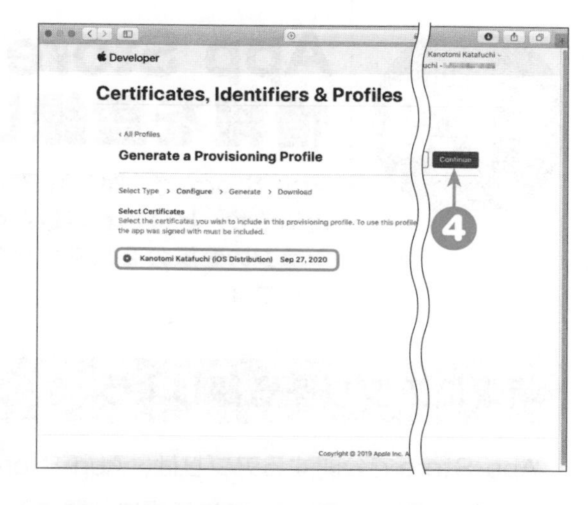

5 [Provisioning Profile Name] に**Quiz-provisioning-profile**と入力して [Generate] ボタンをクリックする。

結果 完了画面に移動する。

6 作成したプロビジョニングファイルの内容を確認し、[Download] ボタンをクリックする。

結果 プロビジョニングファイルがダウンロードされる。

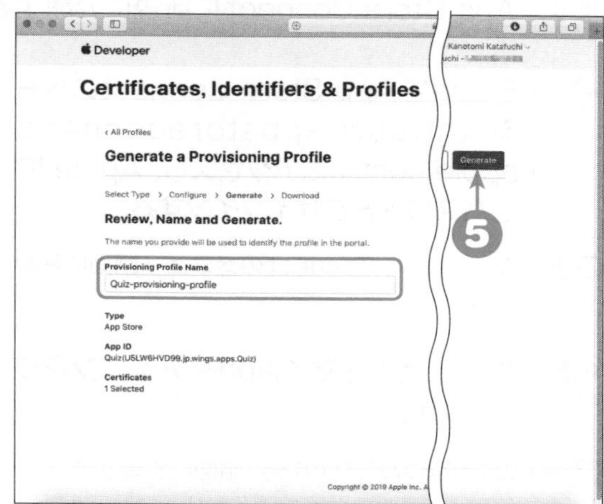

7 開発証明書のときと同様に、ダウンロードしたプロビジョニングファイルをダブルクリックする。

結果 プロビジョニングファイルがXcodeに認識される。

8 プロビジョニングファイルをダウンロードした画面で、[All Profiles] リンクをクリックする。

結果 開発証明書の一覧画面に戻る。

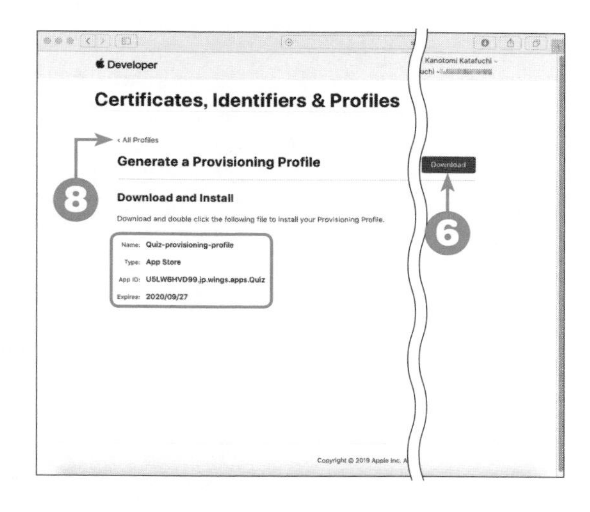

プロビジョニングファイルの認識

手順❼では、開発証明書のときと違って、Xcodeがプロビジョニングファイルを認識したか確認するウィンドウなどは表示されません。プロビジョニングファイルをダブルクリック後、次の手順に進んでください。

App Storeで公開するアプリの情報を登録しよう

App Store で公開するアプリの情報に関しては、App Store Connect というサービスで登録します。アプリの登録は、アプリ自体の登録とバージョンの登録の2段階に分かれています。それぞれについて順を追って説明します。

新規にアプリを登録しよう

App Storeで公開するアプリは、App Store Connectにアプリや開発者の情報を登録します。App Store Connectに新規に公開するアプリを登録してみましょう。

1 SafariでApp Store Connectのページ（https://appstoreconnect.apple.com/）にアクセスし、Apple IDとパスワードでサインインする。

結果 App Store Connectのメニュー画面に移動する

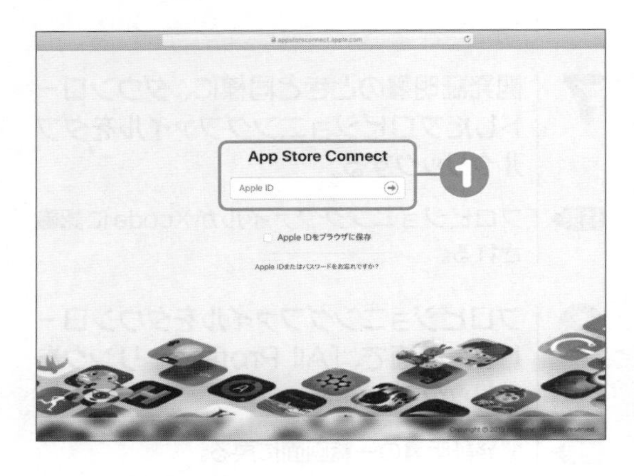

2 画面左上の［マイApp］アイコンをクリックする。

結果 公開済みのアプリの一覧画面に移動する。

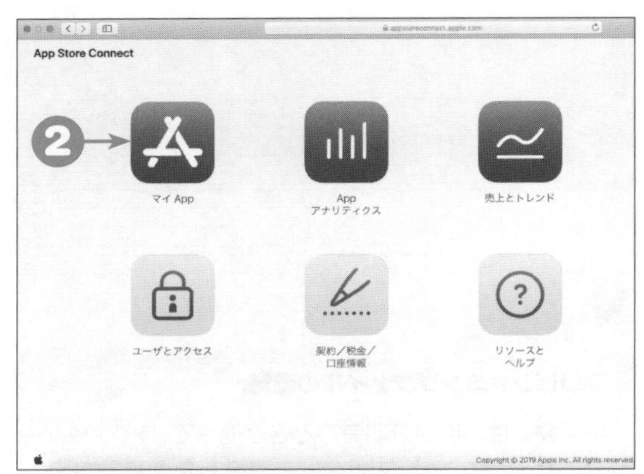

3 左上の［+］ボタンをクリックし、表示されたメニューから［新規App］を選択する。

結果 新規にアプリを登録するウィンドウが表示される。

4 各項目を次のように設定し、［作成］ボタンをクリックする。

項目	概要	設定内容
プラットフォーム	アプリが対応するプラットフォーム	［iOS］を選択
名前	アプリの名前	（このページ左下の「注意」に従って入力）
プライマリ言語	アプリが対応する主言語	［日本語］を選択
バンドルID	App IDを作成したときのBundle ID	（このページ左下の「注意」に従って選択）
SKU	アプリを区別するための内部コード	**app001**と入力
ユーザアクセス	アプリへのユーザアクセス制限の設定	［アクセス制限なし］を選択

結果 アプリのApp情報を入力する画面に移動する。

注意

登録するアプリについて

アプリを登録するときのバンドルIDは、この章の「11.2 アプリを申請する準備をしよう」でApp IDを作成したときと同様に、読者自身が入力したものを選択してください。本書の手順では、例として「Quiz - jp.wings.apps.Quiz」を選択しています。
また本書のサンプルをそのままApp Storeで公開しないでください。アプリの名前、アプリのアイコンなどもサンプルのものは流用せず、読者自身が用意したものを利用してください。特にアプリの名前は、すでに使われている名前を入力するとエラーになるので注意しましょう。

5 App情報の各項目を次のように設定し、画面右上の［保存］ボタンをクリックする。［名前］と［バンドルID］は手順❹で入力したものがデフォルトで入力されているので変更しない。［プライバシーポリシー URL］は、ユーザ情報を登録するアプリ以外はほぼ審査に影響しないので、個人のホームページやブログのURLで構わない。ここでは例としてWINGSプロジェクトのホームページのURL（https://wings.msn.to/）を入力する。

項目	概要	設定内容
名前	アプリの名前	（デフォルト値のままにする）
サブタイトル	アプリのサブタイトル	（オプション、本書では何も入力しない）
プライバシーポリシー URL	アプリのプライバシーポリシーのURL	（例）**https://wings.msn.to/** と入力
バンドルID	App IDを作成したときのBundle ID	（デフォルト値のままにする）
カテゴリ	ストア内のカテゴリ	プライマリに［エンターテインメント］を選択

結果 入力した内容が保存される。

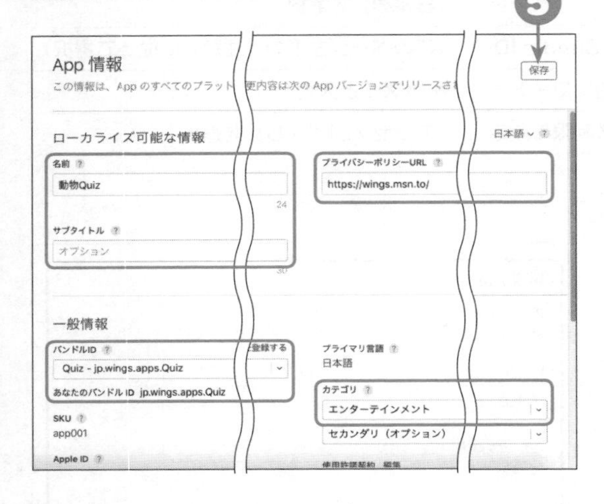

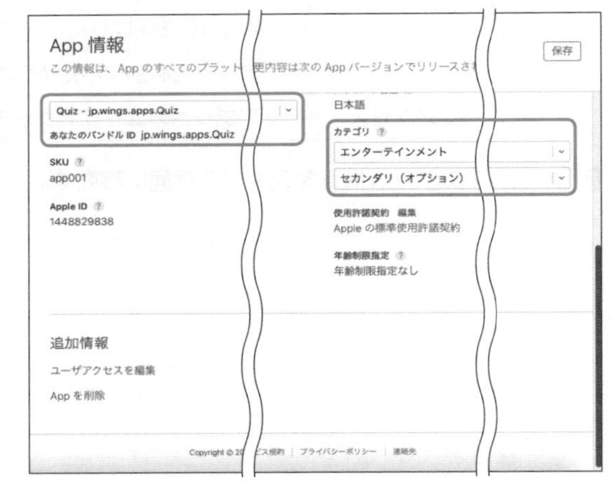

6 画面左側のメニューから［価格および配信状況］をクリックする。

結果 価格を設定する画面に移動する。

[価格] の一覧から [JPY 0 (無料)] を選択し、画面右上の [保存] ボタンをクリックする。

結果 アプリの価格が無料に設定される。

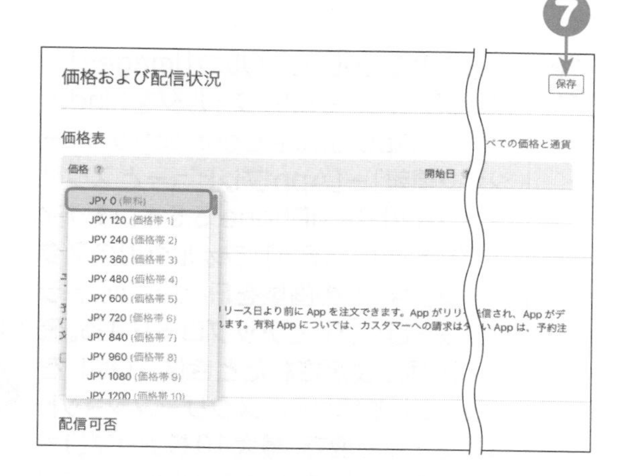

ヒント

登録するURL

手順❺のプライバシーポリシーURL以外に、URLを入力する項目は、次の項で説明するサポートURLとマーケティングURL (オプション) があります。本来ならば、これらの項目にはアプリの使い方などを記載したホームページのURLを入力します。ですが、複雑な操作が求められるアプリでもない限り、開発者個人のホームページ、ブログ、Twitter、Facebookなどの URL でも審査への影響はありません。本書では例として、WINGSプロジェクトのホームページのURL「https://wings.msn.to/」を入力しています。

アプリのバージョンの情報を登録しよう

App Storeで公開するアプリは、更新されていくことが前提となっています。そのため、アプリ自体の情報とは別に、アップロードするバイナリ単位で公開するアプリの情報をバージョンとして分けています。ここでは、初回の登録ですので、バージョンを1.0としてバージョン情報を登録します。

1 App Store Connectのページで、画面左側のメニューから [1.0 提出準備中] のリンクをクリックする。

結果 アプリのバージョン情報を登録する画面に移動する。

2 本書のサンプルファイルの[images]－[AppStore]－[5.5]フォルダをFinderで開く。App Store Connectの［バージョン情報］－[Appプレビューとスクリーンショット]－[iPhone 5.5インチディスプレイ］に、[5.5］フォルダ内のスクリーンショットの画像をFinderからドラッグ＆ドロップしてアップロードする。確認の画面が表示されたときは［OK］をクリックして続ける。スクリーンショットは最低1枚必要で、最大10枚アップロードできる。同様の手順で［iPhone 6.5インチディスプレイ]にも、サンプルファイルの[images]－[AppStore]－[6.5]フォルダ内のスクリーンショットをアップロードする。

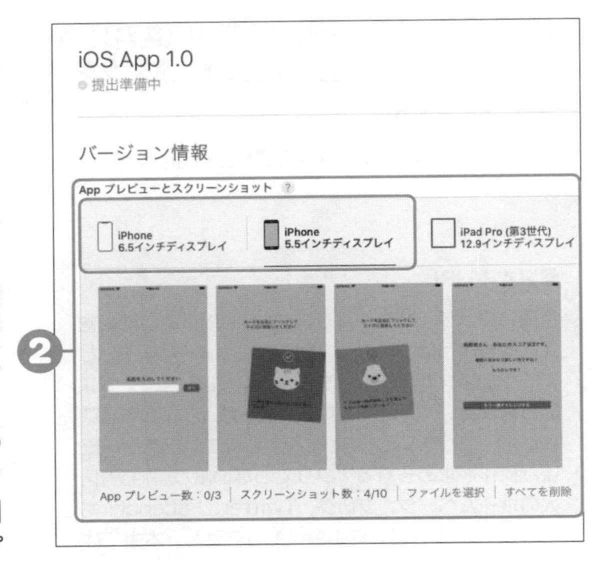

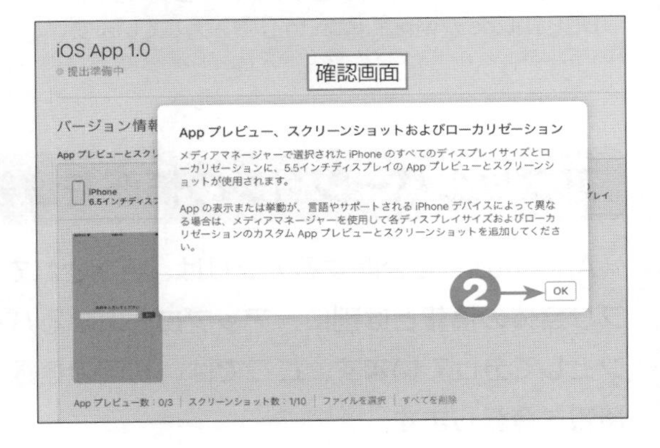

3 画面を下にスクロールし、次の項目を設定する。

項目	概要
プロモーション用テキスト	アプリのアピール文
概要	アプリの使い方などの概要
キーワード	App Store内で検索されるときのキーワード
サポートURL	サポートページのURL
マーケティングURL	アプリを宣伝するためのURL（オプション、必須ではない）

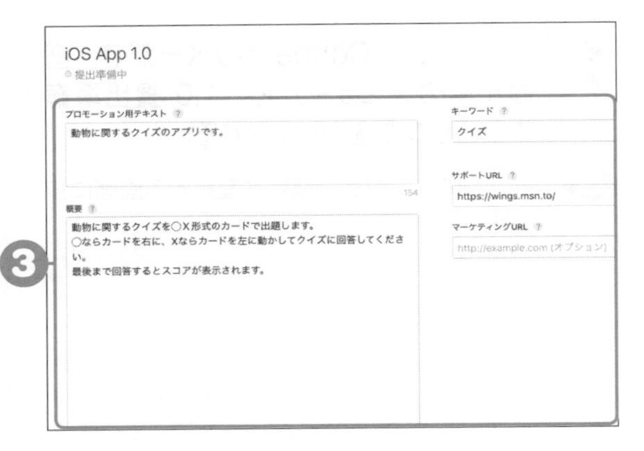

ヒント

スクリーンショットの撮り方

スクリーンショットは、シミュレーターでアプリを起動した後、キーボードの⌘キーとSキーを同時に押すことでデスクトップに保存できます。スクリーンショットはアプリの任意の画面で構いません。アプリの動きがわかるようなスクリーンショットをアップロードしてください。
本書ではサンプルファイルに用意されているスクリーンショットを使います。

4 画面を下にスクロールし、[App一般情報] で次の項目を設定する。

項目	概要	本書での値
App Store アイコン	1024×1024のアイコン画像	[ファイルを選択] リンクをクリックし、本書のサンプルファイルの [images] − [AppIcon] − [icon_1024.png] をアップロード
バージョン	バージョン番号	**1.0**と入力
Copyright	アプリのコピーライト	**wings**と入力
通商代表連絡先情報	韓国App Storeでアプリを公開する場合のみチェックを入れる（「注意」を参照）	チェックしない

5 [年齢制限指定] の [編集] リンクをクリックし、表示されたウィンドウで各項目を設定する。本書で作成するクイズアプリのコンテンツで年齢制限に触れる項目はないので、すべて [なし] および [いいえ] を選択し、[終了] ボタンをクリックする。

結果 年齢制限指定が設定される。

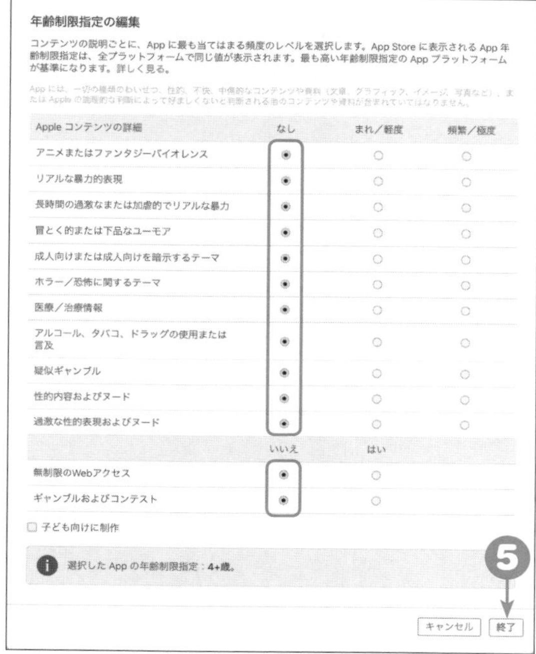

注意

[通商代表連絡先情報] について

この項目は韓国の法制度上表示される項目です。今後は表示されなくなることもあります。表示されない場合はスキップしてください。

6 画面を下にスクロールし、[App Reviewに関する情報] の [サインイン情報] で [サインインが必要です] のチェックを外す。[連絡先情報] に、App Storeのアプリの審査で重大な不備や過失などがあった場合の連絡先（氏名、電話番号、電子メールアドレス）を入力する。電話番号は、先頭に国コード（日本は+81）をつけて入力する。連絡先は、App Storeでは公開されない。

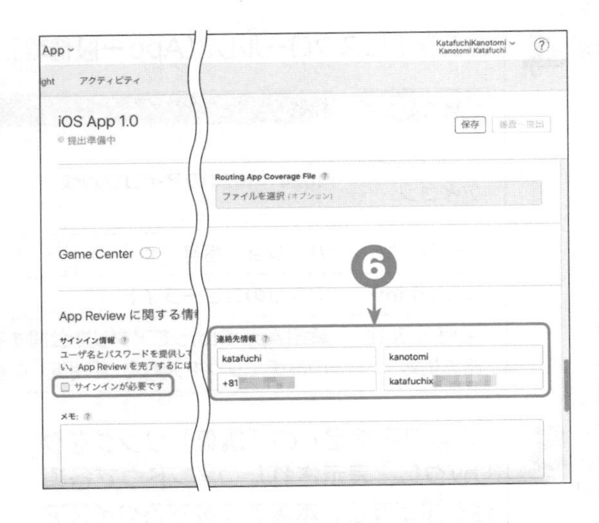

7 画面を下にスクロールし、[バージョンのリリース] で [このバージョンを自動的にリリースする] を選択する。審査に通過した後のアプリをリリース（公開）する日付を指定したい場合は、他の項目を選択する。

8 右上の [保存] ボタンをクリックする。

結果 入力した内容が保存される。

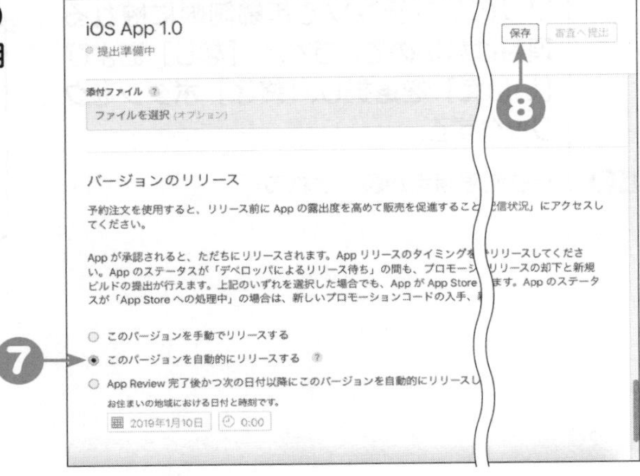

アプリのバイナリファイルをアップロードしよう

アプリのバージョン情報の各項目を入力した後に、アプリのバイナリをアップロードしましょう。

アプリのバイナリファイルを作成してアップロードしよう

アプリのバイナリファイルの作成とアップロードは、Xcodeで行います。

1 Xcodeでクイズアプリのプロジェクトを開き、ナビゲーターエリアで最上位の［Quiz］をクリックし、［TARGETS］－［Quiz］を選択する。

結果 エディタエリアにクイズアプリの設定画面が表示される。

2 ［General］タブで次の項目を設定する。Display NameとBundle Identifierはこれまでに入力した値のままにする。

項目	概要	値
Display Name	インストールした後にアイコンの下に表示されるアプリの表示名	動物Quiz
Bundle Identifier	App IDを作成したときのBundle ID	（各自が設定した値）
Version	バージョン番号	1.0と入力
Build	バージョンのバイナリを区別する番号	1と入力
Target	対応するiOSのバージョン	［iOS13.0］を選択
Device	対応する端末	［iPhone］を選択
Device Orientation	端末の向きのサポート	［Portrait］（縦向き）のみ選択

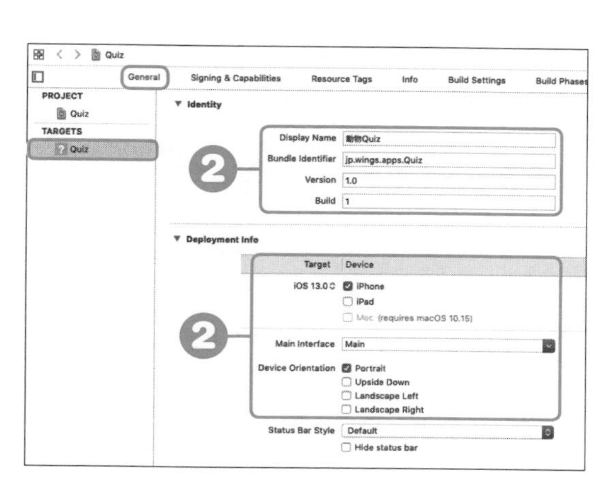

注意

設定画面の内容について

ここでの手順もこれまでと同様に、例としてBundle Identifierを「jp.wings.apps.Quiz」として進めます。バイナリファイルのアップロードもサンプルのバイナリで進めます。手順内の各項目は、読者自身が設定したものと読み替えて進めてください。

3 ツールバーのシミュレーターを選択する項目で［Generic iOS Device］を選択し、［Product］メニューから［Archive］を選択する。

結果 アプリのバイナリの生成が開始される。キーチェーンに含まれるキーへのアクセスを確認する警告が表示されたときは、［許可］または［常に許可］をクリックして続ける。完了するとバイナリを処理するためのウィンドウが表示される。

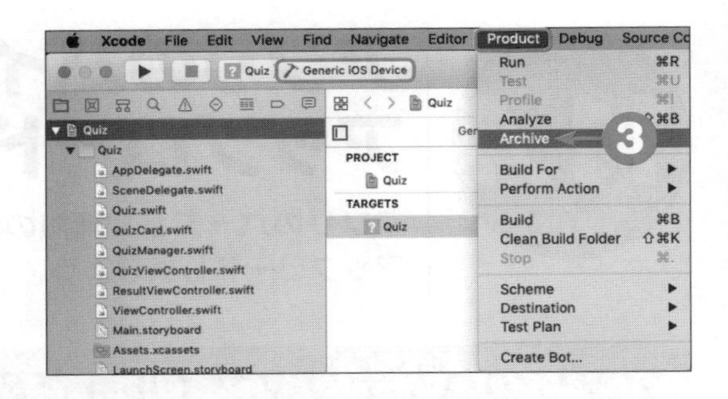

4 ウィンドウ右側の［Distribute App］ボタンをクリックする。

結果 アプリの配布方法を選択するウィンドウが表示される。

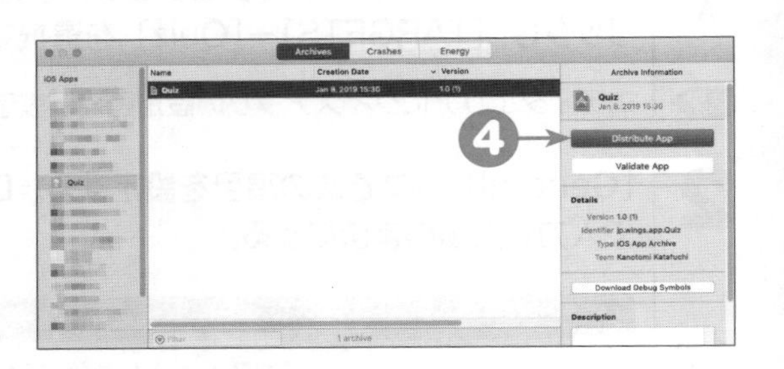

5 ［App Store Connect］を選択し、［Next］ボタンをクリックする。

結果 出力の種別を選択するウィンドウが表示される。

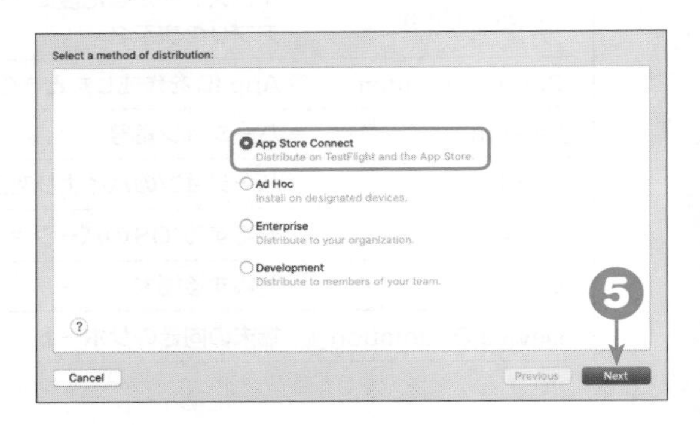

6 ［Upload］を選択し、［Next］ボタンをクリックする。

結果 アップロードの際のオプションを選択するウィンドウに移動する。

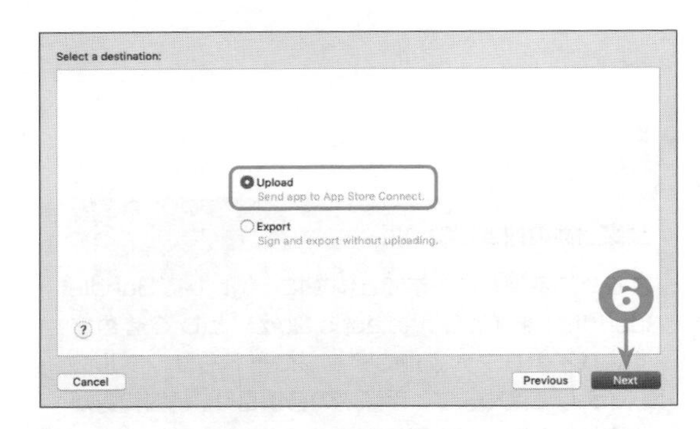

7 すべてのオプションを選択し（デフォルトの選択のまま）、[Next] ボタンをクリックする。

結果 Apple DeveloperとApp Store Connectに自動でサインインするか、手動でサインインするか選択する画面が表示される。

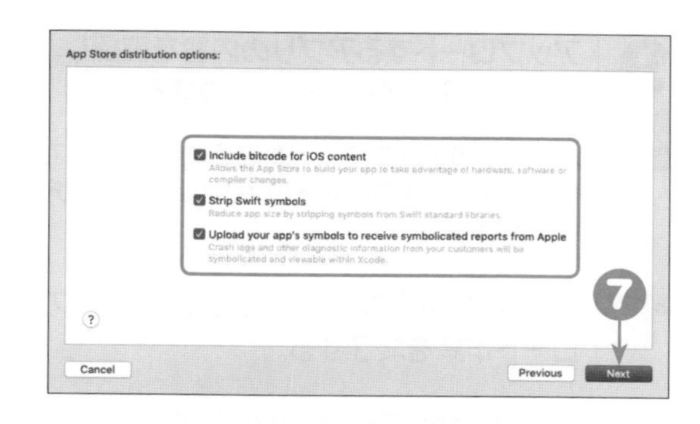

8 [Automatically manage signing]を選択し、[Next] ボタンをクリックする。

結果 Apple DeveloperおよびApp Store Connectとの通信が開始され、通信が終わるとアップロードするアプリの確認画面が表示される。

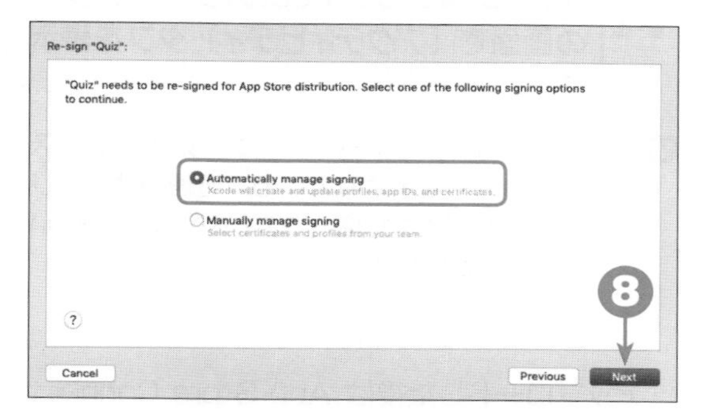

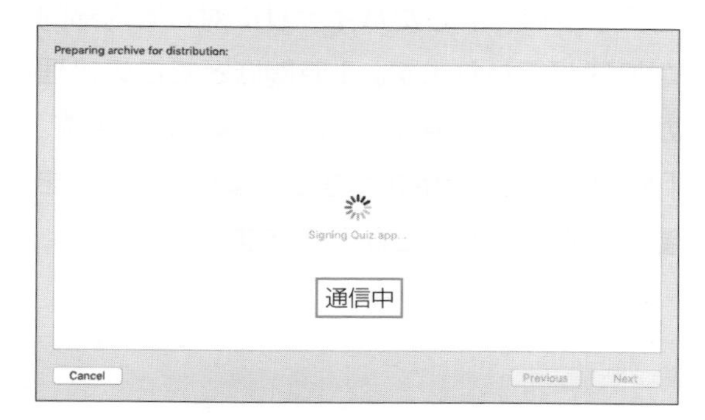

ヒント

画面の内容が異なることがある

お使いのXcodeの状態によっては、手順❼で表示される画面のオプション数が本書と異なることがあります。この場合もデフォルトの選択のまま（すべてのオプションが選択されている状態で）[Next] ボタンをクリックしてください。

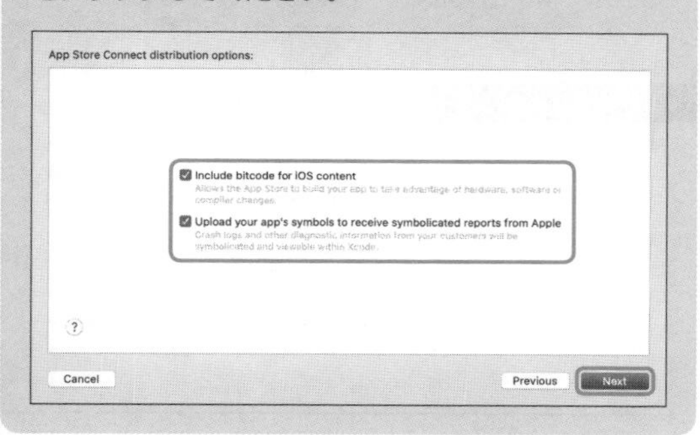

9 アップロードするアプリの内容を確認し、[Upload] ボタンをクリックする。

結果 バイナリのアップロードが開始され、アップロードが完了すると右下の [Done] ボタンが有効となる。

10 [Done] ボタンをクリックし、アップロード作業を終了する。

11 App Store Connectのクイズアプリの画面で [アクティビティ] タブを表示する。

結果 アップロードしたバイナリが「処理中」のステータスで表示されている。処理中はアプリアイコンがまだ認識されていないので、白いアイコンが表示される。

アップロードした後は、App Store Connectでアップロードしたバイナリに対して内部的な処理が行われます。1時間ほどでこの処理が完了し、「処理中」の表示がなくなります。「処理中」の表示がなくなった後に、アプリを審査に提出することができます。

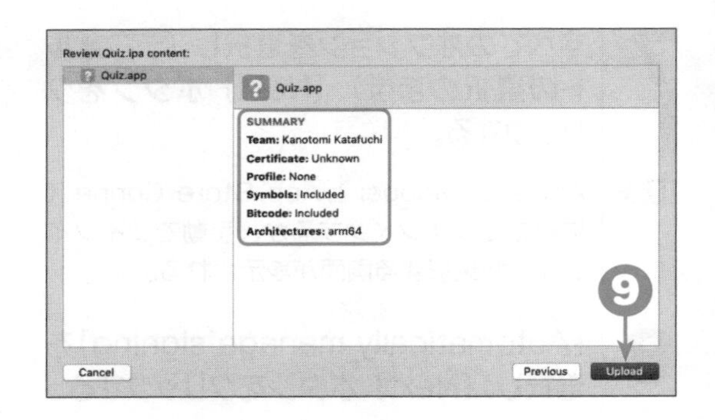

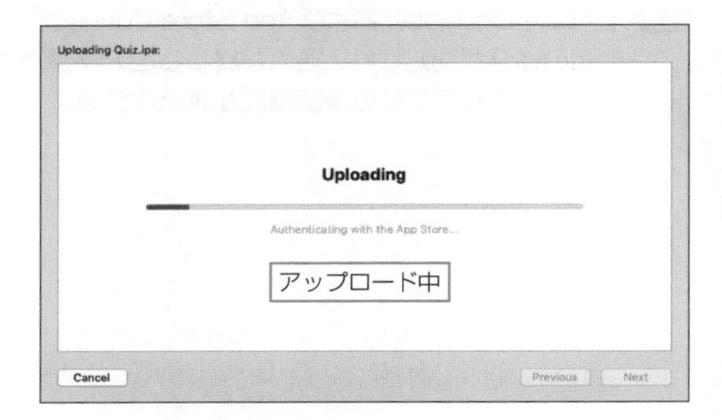

審査に提出しよう

アップロードしたバイナリから「処理中」の表示がなくなった後に、App Store にアプリを申請します。前の節の手順から1時間ほど時間をおいて申請の手順に進みます。

アップロードしたバイナリを選択して審査に提出しよう

App Storeへの申請には、バージョン情報でアップロードしたバイナリの選択が必要です。バイナリ以外の項目も確認しながら申請の手順に進みましょう。

1 App Store Connectの画面左側のメニューから、[1.0 提出準備中] のリンクをクリックする。

結果 アプリのバージョン情報を登録する画面に移動する。

2 画面を下にスクロールし、「ビルド」という見出しの右側の [+] ボタンをクリックする([+] ボタンはバイナリのアップロードに成功しないと表示されない)。

結果 ビルドを選択するウィンドウが表示される。

3 前の節でアップロードしたバイナリを選択し、[終了] ボタンをクリックする。

結果 バージョン情報を登録する画面に戻り、アップロードしたバイナリが選択されている。

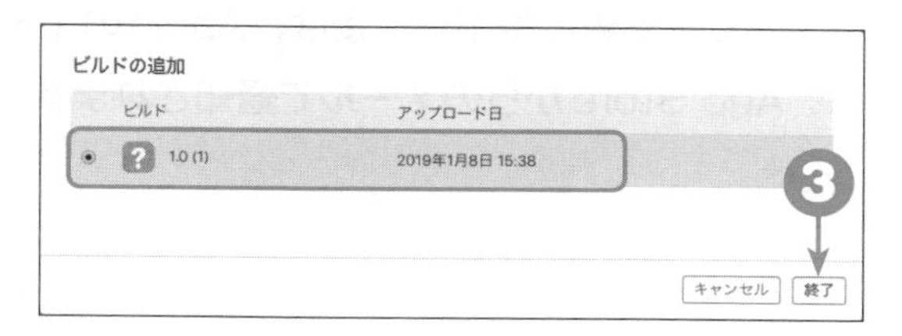

4 画面右上の [保存] ボタンをクリックする。

結果 バージョン情報が保存され、[審査へ提出] ボタンがアクティブになる。

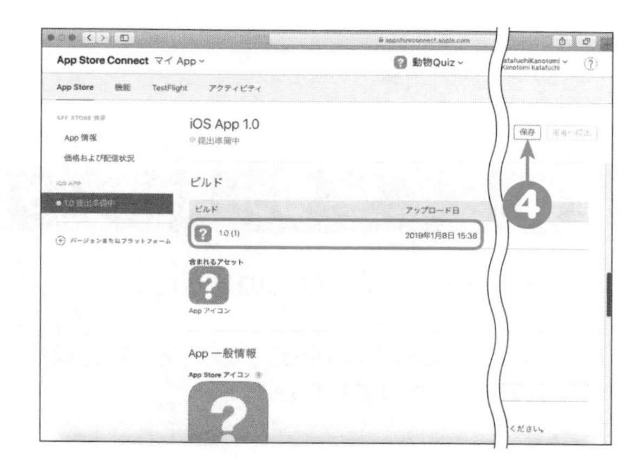

5 ［審査へ提出］ボタンをクリックする。

結果 審査へ提出する前の最終的な確認画面に移動する。

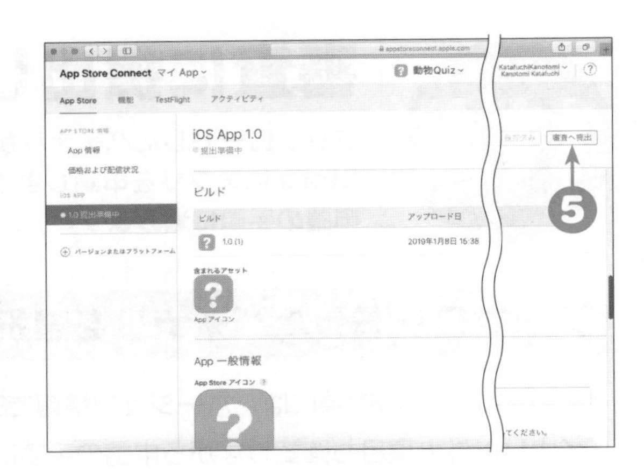

6 各項目を選択し、［送信］ボタンをクリックする。本書ではすべて［いいえ］を選択する。

項目	概要	選択
輸出コンプライアンス	コンテンツを暗号化しているか	［いいえ］
コンテンツ配信権	他社のコンテンツを利用するか	［いいえ］
広告ID	ターゲティング広告を利用するか	［いいえ］

結果 アプリが送信され、アプリの審査への提出が完了する。

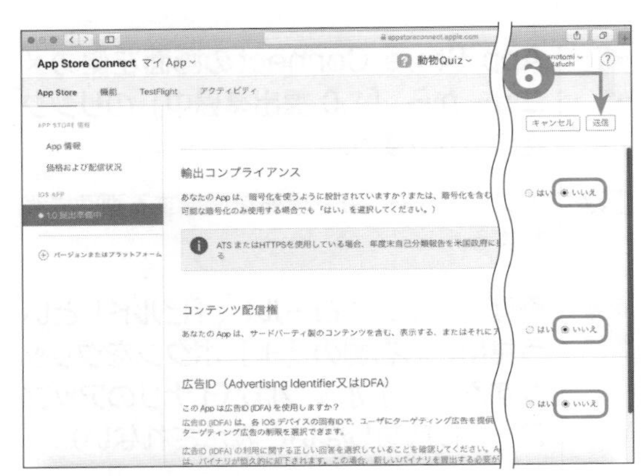

アプリを審査に提出した後は、Appleの1～2営業日ほどで審査が行われます。審査の結果は、App Storeからのメールで通知されます。

～もう一度確認しよう！～ チェック項目

- □ App IDの作り方がわかりましたか？
- □ App Store Connectでのアプリの登録方法がわかりましたか？
- □ バイナリをアップロードする方法がわかりましたか？
- □ 審査へ提出する手順がわかりましたか？

索引

索引

索引

索引

●か

●さ

●た

索引

●著者紹介

WINGSプロジェクト 片渕 彼富（かたふち かのとみ）

執筆コミュニティ「WINGSプロジェクト」所属のライター。旅行、EC、アイドル関係のコンテンツ会社勤務後、フリーへ。iOS/Androidアプリの大規模案件に幅広く関わることが多い。主な著書に『Swiftポケットリファレンス』『iPhone/iPad開発ポケットリファレンス』（以上、技術評論社）。

●監修者紹介

山田 祥寛（やまだ よしひろ）

千葉県鎌ヶ谷市在住のフリーライター。Microsoft MVP for Visual Studio and Development Technologies。執筆コミュニティ「WINGSプロジェクト」代表。主な著書に『書き込み式SQLのドリル　改訂新版』（日経BP）、『改訂新版JavaScript本格入門』『Angularアプリケーションプログラミング』（以上、技術評論社）、「これからはじめるVue.js 実践入門」（SBクリエイティブ）、『はじめてのAndroidアプリ開発　第3版』（秀和システム）、「独習」シリーズ（Java・PHP・ASP.NET・C#、翔泳社）など。最近の活動内容はサポートサイト（https://wings.msn.to/）にて。

●本書についてのお問い合わせ方法、訂正情報、重要なお知らせについては、下記Webページをご参照ください。なお、本書の範囲を超えるご質問にはお答えできませんので、あらかじめご了承ください。

https://project.nikkeibp.co.jp/bnt/

●ソフトウェアの機能や操作方法に関するご質問は、ソフトウェア発売元または提供元の製品サポート窓口へお問い合わせください。

作って楽しむプログラミング　iPhoneアプリ超入門
Xcode 11 & Swift 5で学ぶはじめてのスマホアプリ作成

2020年 3月3日　初版第1刷発行

著　　者　WINGSプロジェクト 片渕 彼富
監 修 者　山田 祥寛
発 行 者　村上 広樹
編　　集　生田目 千恵
発　　行　日経BP
　　　　　東京都港区虎ノ門4-3-12　〒105-8308
発　　売　日経BPマーケティング
　　　　　東京都港区虎ノ門4-3-12　〒105-8308
装　　丁　小口 翔平＋岩永 香穂（tobufune）
DTP制作　株式会社シンクス
印刷･製本　図書印刷株式会社

ISBN978-4-8222-5391-2　　Printed in Japan